"十三五" 国家重点出版物出版规划项目　名校名家基础学科系列

北京高等教育精品教材

北京工业大学本科生创新改革系列教材

高等数学教程

上册

第 4 版

范周田　张汉林　黄秋梅　编

机械工业出版社

本套教材为高等数学课程教材，以"透彻研究、简单呈现"为编写理念，文字叙述直观平易，在呈现微积分知识的同时展示其数学思想与方法.

本套教材分为上、下册，并有《高等数学例题与习题集》与之配套. 本书是上册，内容包括：函数、极限与连续、导数与微分、微分中值定理及其应用、不定积分、定积分及其应用.

本书各节末配有分层习题（除第 1 章外），各章末配有综合习题，书后附有"部分习题答案与提示". 与教材相关的数字资源，如习题详细解答和教学视频等，可通过扫描书中二维码访问相关小程序或网站学习使用.

本书为高等院校理工科类各专业学生的教材，也可作为自学或考研的参考书.

图书在版编目（CIP）数据

高等数学教程. 上册/范周田，张汉林，黄秋梅编. —4 版. —北京：机械工业出版社，2023. 12

"十三五"国家重点出版物出版规划项目　名校名家基础学科系列　北京高等教育精品教材　北京工业大学本科生创新改革系列教材

ISBN 978-7-111-74516-7

Ⅰ. ①高…　Ⅱ. ①范… ②张… ③黄…　Ⅲ. ①高等数学 – 高等学校 – 教材　Ⅳ. ①O13

中国国家版本馆 CIP 数据核字（2024）第 006507 号

机械工业出版社（北京市百万庄大街 22 号　邮政编码 100037）
策划编辑：韩效杰　　　　　责任编辑：韩效杰　刘　畅
责任校对：杜丹丹　梁　静　封面设计：王　旭
责任印制：邬　敏
三河市国英印务有限公司印刷
2024 年 7 月第 4 版第 1 次印刷
184mm×260mm · 15. 75 印张 · 366 千字
标准书号：ISBN 978-7-111-74516-7
定价：49. 80 元

电话服务　　　　　　　　网络服务
客服电话：010-88361066　机　工　官　网：www. cmpbook. com
　　　　　010-88379833　机　工　官　博：weibo. com/cmp1952
　　　　　010-68326294　金　书　网：www. golden-book. com
封底无防伪标均为盗版　机工教育服务网：www. cmpedu. com

序

  本书是北京工业大学理学部的范周田、张汉林、黄秋梅等教师经过数年探索和总结，结合自身教学实践而编写出来的公共数学教材，在概念和方法上都很有创新.

  高等数学几乎是所有大学生的必上之课，恐怕也是最重要的一门基础课了. 现在的高等数学教材种类繁多，内容大同小异，那么选什么教材就变得尤为关键，而本书是一本内容翔实、易教易学的高等数学教材.

  本书从无到有，由浅入深，抓住了微积分的牛鼻子，从无穷小入手，进而引入极限的一般概念，循序渐进地将学生引入微积分的殿堂. 书中有很多评注和要点总结，这是学生最希望看到的.

  值得一提的是，在第 2 章中引入无穷小时，书中话语通俗易懂、平易直观，摆脱了以往教材生硬、古板、上来就是 ε-δ 语言的讲法，而是一语中的，抓住了"无穷小"的本质. 生动之后又将其数学化，老师易教，学生也易学. 将复杂的内容，抓住实质讲得明白，使学生觉得自然亲切，真正是以一个例子说清楚了最不易说清楚而又不得不说的无穷小问题.

  微积分的教学改革既举足轻重，又颇具难度. 本书对微积分的教学改革是一个很大的推动. 应该说，微积分的教学改革是一场攻坚战，我们仍需努力，将它进行到底！

中国科学院　院士

林　群

第 4 版前言

本次修订延续了前 3 版逻辑简约，语言科学、平易的优点，汲取了国内外优秀教材的众家之长，秉承透彻研究、简单呈现的原则，对高等数学的内容及叙述方式做了进一步的梳理，以微积分中的数学思想为主线，对一些重点或难点知识进行了优化，降低了教与学的难度，有利于学习者理解、掌握数学的思维方式，并将之应用于解决实际问题.

本次修订进一步完善了教材相关的数字资源，如习题答案、习题详解和教学视频等. 这些资源可以通过不同方式使用：通过扫描书中二维码访问习题详解和部分教学视频；登录中国大学慕课网站学习北京工业大学高等数学慕课；推荐学习者同步加入北京工业大学高等数学 AI 课程，借助知识图谱、人工智能等实现个性化学习.

本书的编写得到了众多的帮助与支持，在此表示感谢！

由于编者水平和时间有限，书中难免有不妥之处，敬请广大读者批评指正.

编　者

第 3 版前言

除了本身的知识外，高等数学（微积分）还是学习解决问题的思想方法的一门课程．尽管有些人可能在毕业之后不再直接用到微积分，但是他们仍然可以从微积分的学习中受益，因为他们在此过程中所获得的能力，包括严密的逻辑思维能力，对问题的分析和判断能力，不仅可以用于专业，而且可以用于生活的方方面面．编辑本书是期望读者能够更顺利地完成微积分的学习．

在内容方面，本书延续了第 1、2 版逻辑简约，语言科学、平易的优点，汲取了国内外优秀教材的众家之长，秉承透彻研究、简单呈现的原则，对微积分内容及叙述方式做了进一步的梳理；以微积分中的数学思想为主线，对一些重点或难点知识进行了优化，降低了教与学的难度，有利于学习者理解、掌握数学的思维方式，并将之应用于解决实际问题．

在形式方面，本书是融合式教学的一种载体，是传统微积分教材与现代网络教育技术结合的有机体．教材中的二维码精确关联与之对应的网络教学资源，包括视频、音频或文本等，支持重点知识解析、图形演示、精选例题讲解、习题答案或提示、扩展阅读、讨论和节点检测等．共享的网络资源定位准确，并不断更新和丰富．

本书的编写得到了众多的帮助与支持，特别在此表示感谢！

感谢北京工业大学副校长吴斌教授、教务处长郭福教授．

感谢北京工业大学高等数学课程组全体同事及北京服装学院的同仁们．

对关心并支持我们的朋友和出版社的朋友们一并表示感谢！

由于编者水平和时间有限，书中难免有不妥之处，敬请广大读者批评指正．

编　者

2017 秋于北京工业大学

第 1 版前言

高等数学（微积分）是大学各工科专业最重要的公共基础课程，具有周期长、课时多、内容多、难点多等特点．一套好的高等数学（微积分）教材应该用科学、平易的语言阐明它的主要内容，并且应该易教易学．

为了实现这一目标，我们长期致力于高等数学教材的建设工作，先后有范周田、张汉林、平艳茹、杨晓华、丁津、唐兢、王术、田鑫、张方、李贵斌、胡京兴、徐大川等十余位教师参与其中．

在教材的写作过程中，我们有幸得到了林群院士的指导．林群院士指出："擒贼先擒王，无穷小就是微积分的王．抓住了无穷小就可以学会微积分．"同时，我们学习了张景中院士的教育数学理论，即要"通过对数学本身的研究来化解数学的难点"，知识的结构与表达要做到"逻辑结构尽可能简单，概念引入要平易直观，要建立有力而通用的解题工具"．《高等数学教程》的写作充分借鉴了这些思想和理论．

《高等数学教程》具有以下特点：

1. 化解障碍，平易衔接．极限理论是微积分理论的重要基础，也是微积分入门的主要障碍．我们首先从自变量的变化趋势出发，直观地介绍了三个基本的无穷小，然后用极限的 $\varepsilon\text{-}\delta$ 定义证明了无穷小的比较定理．以此为基础，我们从正面诠释极限理论，避开了极限定义中"颠倒因果关系"造成的学习困难．这样既能表达极限 $\varepsilon\text{-}\delta$ 语言的意境和作用，又和初学者已有的知识水平和思维习惯相适应，在一定程度上降低了极限理论的学习难度．

2. 重点突出，难点分散．例如，中值定理是导数应用的理论基础，也是一元微积分教学的重点和难点，我们从便于学习者加深理解并掌握的角度对其进行了重新设计．每一节都只有一个重点或难点，从定理证明、思想方法、应用等多侧面由易到难进行介绍．

3. 对重点概念或定理的表述更加科学，更加平易直观．例如，函数、不定积分和曲率等概念的表述，以及复合函数的导数公式、积分换元法、牛顿-莱布尼茨公式的证明等．

4. 突出数学的思想方法，用数学思想解决实际问题．例如，教材中借助求解常微分方程过程中经常使用的变量替换的思想，简化了二阶常系数线性微分方程的求解过程．又如，对坐标的曲面积分是为解决物理中的场论问题产生的，我们从物理问题出发建立对坐标的曲面积分的概念，并从概念中产生了计算方法．

《高等数学教程》整套教材的写作得到了韩云瑞教授、李心灿教授、郭镜明教授等多位专家的热心支持与无私帮助，其中韩云瑞教授认真审阅了本书的全部书稿，李心灿教授审阅了部分书稿，并提出了许多宝贵意见．专家们广博深厚的知识、严谨治学的风范以及乐于助人的美德深刻地影响了我们．正是在他们的帮助和鼓励下本书才得以顺利完成，在此向他们表示崇高的敬意!

在《高等数学教程》成书之际,诚挚感谢林群院士和张景中院士!

感谢我校蒋毅坚副校长、教务处及数理学院的相关领导们长期以来对我们的关心和支持!

对我们的同事,关心并支持我们的朋友和出版社的朋友们一并表示感谢!

由于编者水平和时间有限,书中难免有不妥之处,敬请广大读者批评指正.

编　者

2011 年春于北京工业大学

目　录

1

为了方便阅读本书，我们把初等数学已经涉及但又和微积分密切相关的一些知识进行了罗列或重新叙述，如函数的概念、某些特殊形式的函数，以及基本初等函数的图像与性质等，以备读者参考、查阅.

1.1 函数的概念

在微积分中，我们主要研究数值之间的对应关系，即函数.

设 D 为实数集 $\mathbf{R}$ 的一个非空子集. 如果对 D 中的任意一个数值 x，都存在 $\mathbf{R}$ 中唯一的一个数值 y 与之对应，那么我们称这两个数值之间的对应关系为函数，记为 f，并记 $y = f(x)$，把 x 称为**自变量**，把 y 称为**因变量**，自变量的取值范围称为函数的**定义域**，因变量的取值范围称为函数的**值域**，分别记为 D_f 和 R_f.

我们通过一个简单的例子来进行说明.

令 $D = \{1, 2, 3\}$，D 到 $\mathbf{R}$ 的对应关系是：1 对应 5，2 对应 10，3 对应 15.

这个对应方式满足唯一性的要求，因此是一个函数，记之为 f. 函数 f 可以描述为：D 中的每个数值都对应其自身的 5 倍.

把集合 D 内的数值用 x 表示，即 x 取值可以是 1，2，3 这三个数值中的任意一个，则函数 f 可以描述为：x 对应 $5x$，记为 $y = f(x) = 5x$. 定义域 $D_f = \{1, 2, 3\}$，值域 $R_f = \{5, 10, 15\}$.

需要注意的是，f 与 $f(x)$ 是有所不同的：f 是对应关系，即函数，而 $f(x)$ 则表示函数 f 在 x 处的值. 一般情况下不做严格区分，我们说函数 f，也说函数 $f(x)$ 或者说函数 $y = f(x)$. 另外，函数的表示与自变量和因变量所使用的字母是无关的，也**不一定有表达式**.

如果函数用于表达实际问题，那么它的定义域也由实际问题确定. 例如，设半径为 r 的圆的面积为 S，则有函数关系

$$S = \pi r^2$$

由于 r 表示半径，因此有 $r>0$.

微积分中许多时候不涉及函数的实际意义，只讨论函数的表达式．在这种情况下，函数的定义域是使表达式有意义的所有值构成的集合．例如，函数 $y=\pi x^2$ 的定义域是 $(-\infty,+\infty)$.

函数 $y=f(x)$ 是一元函数．一般来说，一个函数可以用来表示一个变量与另外一组变量之间的确定关系，即当这一组变量的取值都确定后，这个变量的取值也随之唯一确定，这一组中有几个变量就称这个函数是几元函数.

1.2　几种具有特殊性质的函数

1. 单调函数

设函数 $y=f(x)$ 的定义域为 D．如果对任意的 $x_1>x_2\in D$，都有 $f(x_1)>f(x_2)$，就称 $f(x)$ 是单调递增函数，简称单增．如果对任意的 $x_1>x_2\in D$，都有 $f(x_1)<f(x_2)$，就称 $f(x)$ 是单调递减函数，简称单减．单调递增函数和单调递减函数统一称为单调函数.

一般而言，一个函数往往在其定义域内的某些区间上是递增的，而在另外的区间上是递减的，这样的区间称为函数的单调区间．例如，函数 $y=x^2$ 在 $[0,+\infty)$ 内单调递增，在 $(-\infty,0]$ 内单调递减，$[0,+\infty)$ 和 $(-\infty,0]$ 就是函数 $y=x^2$ 的单调区间.

2. 奇函数与偶函数

设函数 $y=f(x)$ 的定义域为 D．如果对任意 $x\in D$，都有 $-x\in D$，我们就说 D 关于原点对称.

如果函数 $y=f(x)$ 的定义域 D 关于坐标原点对称，且对任意 $x\in D$，都有 $f(-x)=-f(x)$，则称 $f(x)$ 为奇函数．奇函数的图形关于原点对称.

如果函数 $y=f(x)$ 的定义域 D 关于原点对称，而且对任意 $x\in D$，都有 $f(-x)=f(x)$，则称 $f(x)$ 为偶函数．偶函数的图形关于 y 轴对称.

例如，$y=x^2$，$x\in(-\infty,+\infty)$ 是偶函数，而 $y=x^3$，$x\in(-\infty,+\infty)$ 是奇函数.

3. 周期函数

设 $y=f(x)$ 为函数，如果存在正数 T，使得 $f(x)=f(x+T)$ 对任意实数 x 都成立，则称 $y=f(x)$ 为周期函数，T 是一个周期.

在通常情况下，我们关心周期函数的最小正周期，简称周期．例如，正弦函数 $y=\sin x$ 和余弦函数 $y=\cos x$ 的周期都是 2π，而正切函数 $y=\tan x$ 和余切函数 $y=\cot x$ 的周期都是 π.

也有例外的情况，例如常数函数 $y=C$ 是周期函数，任意正数都是它的周期，因此它没有最小正周期.

4. 有界函数

设 $f(x)$ 在 D 上有定义. 若存在常数 $M>0$ 使得一切 $x\in D$，有 $|f(x)|\leqslant M$，则称 $f(x)$ 在 D 上有界，也称 $f(x)$ 是 D 上的有界函数.

例如，因 $|\sin x|\leqslant 1$，故 $y=\sin x$ 在 $(-\infty,+\infty)$ 上有界. 有界函数也可以做如下定义：若存在常数 m 和 M 使得一切 $x\in D$，有 $m\leqslant f(x)\leqslant M$，则称 $f(x)$ 在 D 上有界，其中 m 称为函数 $f(x)$ 的一个下界，M 称为函数 $f(x)$ 的一个上界.

例如，函数 $y=\dfrac{1}{x}$ 在 $(1,+\infty)$ 上有界，因为 $0<\dfrac{1}{x}<1,x\in(1,+\infty)$.

1.3 反函数

设 f 为一元函数，如果对任意的 $y\in R_f$，都存在唯一的 $x\in D_f$，使得 $y=f(x)$，则称函数 f 有**反函数**，f 的反函数记为 f^{-1}.

函数 $y=f(x)$ 的反函数可以记为 $x=f^{-1}(y)$，也可以记为 $y=f^{-1}(x)$. 函数 $y=f(x)$ 与 $x=f^{-1}(y)$ 的图像是相同的，与 $y=f^{-1}(x)$ 的图像关于直线 $y=x$ 对称.

例如，$y=\sqrt{x}$ 有反函数 $x=y^2$，也可以说 $y=\sqrt{x}$ 的反函数是 $y=x^2$.

一般地，并不是任意的函数都有反函数. 例如，$y=x^2$，$-\infty<x<+\infty$ 就没有反函数.

函数 $y=f(x)$ 存在反函数的充分必要条件是：对任意的 x_1，$x_2\in D_f$，如果 $x_1\neq x_2$，则 $f(x_1)\neq f(x_2)$. 特别地，**单调函数有反函数**.

例如，正弦函数 $y=\sin x$ 在 $(-\infty,+\infty)$ 内有定义但却没有反函数. 对任意给定的整数 k，函数 $y=\sin x$ 在区间 $\left[k\pi-\dfrac{\pi}{2},k\pi+\dfrac{\pi}{2}\right]$ 上单调，因此有反函数. 特别地，我们把正弦函数 $y=\sin x$ 在区间 $\left[-\dfrac{\pi}{2},\dfrac{\pi}{2}\right]$ 上的反函数记为 $y=\arcsin x$，$x\in[-1,1]$，$y\in\left[-\dfrac{\pi}{2},\dfrac{\pi}{2}\right]$.

类似地，反余弦函数、反正切函数和反余切函数见表 1-4 ~ 表 1-6.

微课视频：
函数 $y=\mathrm{e}^x$ 的反函数是
$x=\ln y$ 还是 $y=\ln x$？

1.4 函数的表示

通常可以用集合、图表、数据对应、图形和解析表达式等表示函数.

1. 解析表达式（显函数）

我们在初等数学中所熟知的函数，如多项式函数 $y = x^2 + 5x + 3$、正弦函数 $y = \sin x$、指数函数 $y = a^x$（$a > 0$，$a \neq 1$）、对数函数 $y = \log_a x$（$a > 0$，$a \neq 1$）等都是用解析表达式表示的.

2. 分段函数

一个函数在其定义域的不同部分可以有不同的表达式，即所谓的分段函数.

例 1.1　　符号函数

$$y = \operatorname{sgn} x = \begin{cases} 1, & x > 0 \\ 0, & x = 0 \\ -1, & x < 0 \end{cases}$$

如图 1-1 所示，该分段函数的定义域为 $(-\infty, +\infty)$，值域为 $\{-1, 0, 1\}$. 由符号函数的定义，对任意实数 x，都有 $x = |x| \operatorname{sgn} x$.

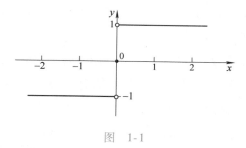

图　1-1

例 1.2　　设分段函数

$$y = \begin{cases} x^2 - 1, & x \in [-1, 0) \\ 2x, & x \in [0, 1) \\ -2x + 4, & x \in [1, 2) \\ 0, & x \in [2, 3] \end{cases}$$

函数的定义域为 $[-1, 3]$，如图 1-2 所示.

例 1.3　　取整函数

对任意实数 x，用 $y = f(x) = [x]$，表示不超过 x 的最大整数，称为取整函数，其定义域为 $(-\infty, +\infty)$，值域为整数集 **Z**. 函数的图像呈阶梯状，如图 1-3 所示.

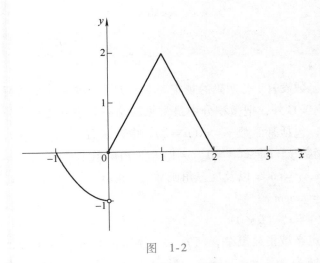

图　1-2

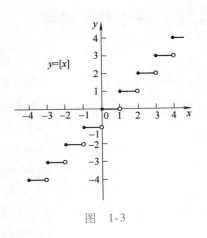

图　1-3

例 1.4　　狄利克雷（Dirichlet）函数

$$D(x) = \begin{cases} 1, & x \in \mathbf{Q} \\ 0, & x \in \mathbf{R} \backslash \mathbf{Q} \end{cases}$$

狄利克雷函数十分特殊：$D(x)$ 是有界函数，因为 $|D(x)| \leqslant 1$，$D(x)$ 又是偶函数，即 $D(-x) = D(x)$；$D(x)$ 还是周期函数，以任意的正有理数为周期，由于没有最小的正有理数，所以 $D(x)$ 也就没有最小正周期．另外，我们无法画出 $D(x)$ 的图像．

3. 隐函数

在平面直角坐标系 Oxy 中，以坐标原点为圆心的单位圆可以用方程 $x^2 + y^2 = 1$ 表示．如果只考虑上半圆，即 $y \geqslant 0$，则可以从方程 $x^2 + y^2 = 1$ 中解出 $y = \sqrt{1-x^2}$；如果只考虑下半圆，即 $y \leqslant 0$，则可以从方程 $x^2 + y^2 = 1$ 中解出 $y = -\sqrt{1-x^2}$．我们说函数 $y = \sqrt{1-x^2}$ 和函数 $y = -\sqrt{1-x^2}$ 都是由方程 $x^2 + y^2 = 1$ 确定的函数，称为隐函数．

一般地，如果函数 $y = f(x)$ 满足方程 $F(x, y) = 0$，即 $F(x, f(x)) = 0$，我们就说 y 是由方程 $F(x, y) = 0$ 所确定的 x 的隐函数．

在通常情况下，即使知道 y 是由方程 $F(x, y) = 0$ 所确定的 x 的隐函数，也不一定能够从方程 $F(x, y) = 0$ 中把 y 解出来．

4. 参数方程确定的函数

我们可以用 $\begin{cases} x = \cos t \\ y = \sin t \end{cases}$，$0 \leqslant t < 2\pi$，来表示单位圆 $x^2 + y^2 = 1$，这种表示称为参数方程，t 称为参数．

参数方程的一般形式为 $\begin{cases} x = \varphi(t) \\ y = \psi(t) \end{cases}$．如果 $x = \varphi(t)$ 有反函数，即 $t = \varphi^{-1}(x)$，代入 $y = \psi(t)$ 就得到 $y = \psi(\varphi^{-1}(x))$，即 y 是 x 的函数，我们称之为 y 是由参数方程 $\begin{cases} x = \varphi(t) \\ y = \psi(t) \end{cases}$ 确定的 x 的函数．

1.5 基本初等函数

基本初等函数没有十分明确的规定. 本书为了方便, 除了较特殊的**常数函数** $y = C$ 外, 把微积分中最常见的函数分为五类, 称为**基本初等函数**, 包括幂函数 $y = x^\mu (\mu \neq 0)$, 指数函数 $y = a^x (a > 0, a \neq 1)$, 对数函数 $y = \log_a x (a > 0, a \neq 1)$, 三角函数 $y = \sin x$, $y = \cos x$, $y = \tan x$, $y = \cot x$ 以及反三角函数 $y = \arcsin x$, $y = \arccos x$, $y = \arctan x$, $y = \text{arccot}\, x$.

1. 幂函数 $y = x^\mu$ $(\mu \neq 0)$

幂函数的定义域稍显复杂, 与 μ 的具体取值有关: 当 μ 为正整数时, 定义域为 $(-\infty, +\infty)$; 当 μ 为负整数时, 定义域为 $(-\infty, 0) \cup (0, +\infty)$; 其他情况详见表 1-1, 其中 p、q 是正整数, 表达式中的分数都是既约的.

表 1-1   幂函数的定义域

函数	$y = x^\mu (\mu \neq 0)$				
μ	$\mu = \dfrac{q}{2p}$	$\mu = \dfrac{q}{2p+1}$	$\mu = -\dfrac{q}{2p}$	$\mu = -\dfrac{q}{2p+1}$	μ 为无理数
定义域	$[0, +\infty)$	$(-\infty, +\infty)$	$(0, +\infty)$	$(-\infty, 0) \cup (0, +\infty)$	$(0, +\infty)$

由表 1-1 可见, 对于任意实数 $\mu \neq 0$, 幂函数 $y = x^\mu$ 都在 $(0, +\infty)$ 内有定义. 当 $\mu > 0$ 时, $y = x^\mu$ 在 $(0, +\infty)$ 内单增; 当 $\mu < 0$ 时, $y = x^\mu$ 在 $(0, +\infty)$ 内单减.

2. 指数函数与对数函数（见表 1-2）

表 1-2   指数函数与对数函数

函数	指数函数 $y = a^x$ $(a > 0, a \neq 1)$	对数函数 $y = \log_a x$ $(a > 0, a \neq 1)$
定义域	$(-\infty, +\infty)$	$(0, +\infty)$
值域	$(0, +\infty)$	$(-\infty, +\infty)$
$a = 2$ 与 $a = \dfrac{1}{2}$ 时的图形		

（续）

函数	指数函数 $y = a^x$ （$a > 0, a \neq 1$）	对数函数 $y = \log_a x$ （$a > 0$，$a \neq 1$）
性质	当 $a > 1$ 时，$y = a^x$ 单调递增； 当 $0 < a < 1$ 时，$y = a^x$ 单调递减	当 $a > 1$ 时，$y = \log_a x$ 单调递增； 当 $0 < a < 1$ 时，$y = \log_a x$ 单调递减

以 e 为底的对数函数记为 $\ln x$，即 $\ln x = \log_e x$，称为**自然对数**.

3. 三角函数与反三角函数

三角函数与反三角函数的图像与性质见表 1-3 ~ 表 1-6.

表 1-3 正弦函数与反正弦函数

函数	正弦函数 $y = \sin x$	反正弦函数 $y = \arcsin x$
定义域	$(-\infty, +\infty)$	$[-1, 1]$
值域	$[-1, 1]$	$\left[-\dfrac{\pi}{2}, \dfrac{\pi}{2}\right]$
图形		
奇偶性	$\sin x$ 为奇函数，图形关于原点对称	$\arcsin x$ 为奇函数，图形关于原点对称
周期性	最小正周期 2π	非周期函数
单调性	在 $\left(-\dfrac{\pi}{2} + 2k\pi, \dfrac{\pi}{2} + 2k\pi\right)$，$k \in \mathbf{Z}$ 上单调递增； 在 $\left(\dfrac{\pi}{2} + 2k\pi, \dfrac{3\pi}{2} + 2k\pi\right)$，$k \in \mathbf{Z}$ 上单调递减	单调递增

表 1-4 余弦函数与反余弦函数

函数	余弦函数 $y = \cos x$	反余弦函数 $y = \arccos x$
定义域	$(-\infty, +\infty)$	$[-1, 1]$
值域	$[-1, 1]$	$[0, \pi]$
图形		

（续）

函数	余弦函数 $y = \cos x$	反余弦函数 $y = \arccos x$
奇偶性	$\cos x$ 为偶函数，图形关于 y 轴对称	$\arccos x$ 非奇非偶
周期性	最小正周期 2π	非周期函数
单调性	在 $(2k\pi, \pi + 2k\pi)$，$k \in \mathbf{Z}$ 上单调递减；在 $(-\pi + 2k\pi, 2k\pi)$，$k \in \mathbf{Z}$ 上单调递增	单调递减

表 1-5　正切函数与反正切函数

函数	正切函数 $y = \tan x$	反正切函数 $y = \arctan x$
定义域	$x \neq k\pi + \dfrac{\pi}{2}$，$k \in \mathbf{Z}$	$(-\infty, +\infty)$
值域	$(-\infty, +\infty)$	$\left(-\dfrac{\pi}{2}, \dfrac{\pi}{2}\right)$
图形		
奇偶性	$\tan x$ 为奇函数，图形关于原点对称	$\arctan x$ 为奇函数，图形关于原点对称
周期性	最小正周期 π	非周期函数
单调性	在每个周期内都单调递增	单调递增

表 1-6　余切函数与反余切函数

函数	余切函数 $y = \cot x$	反余切函数 $y = \operatorname{arccot} x$
定义域	$x \neq k\pi$，$k \in \mathbf{Z}$	$(-\infty, +\infty)$
值域	$(-\infty, +\infty)$	$(0, \pi)$
图形		
奇偶性	$\cot x$ 为奇函数，图形关于原点对称	$\operatorname{arccot} x$ 非奇非偶
周期性	最小正周期 π	非周期函数
单调性	在每个周期中都单调递减	单调递减

下列函数也常在工程数学中用到.

正割函数　　　　　$y = \sec x = \dfrac{1}{\cos x} \quad \left(x \neq k\pi + \dfrac{\pi}{2}, k \in \mathbf{Z} \right)$

余割函数　　　　　$y = \csc x = \dfrac{1}{\sin x} \quad (x \neq k\pi, k \in \mathbf{Z})$

双曲正弦函数　　　$y = \sinh x = \dfrac{e^x - e^{-x}}{2}$

双曲余弦函数　　　$y = \cosh x = \dfrac{e^x + e^{-x}}{2}$

双曲正切函数　　　$y = \tanh x = \dfrac{\sinh x}{\cosh x} = \dfrac{e^x - e^{-x}}{e^x + e^{-x}}$

在初等数学中, 最重要的三角函数公式有两个:

$$\sin(x \pm y) = \sin x \cos y \pm \cos x \sin y$$
$$\cos(x \pm y) = \cos x \cos y \mp \sin x \sin y$$

微积分中需要的三角函数公式都可以由这两个公式推导出来.

例如, 令 $y = x$, 由 $\cos(x - y) = \cos x \cos y + \sin x \sin y$ 得到

$$\sin^2 x + \cos^2 x = 1$$

等式两边同时除以 $\cos^2 x$ 得到

$$\tan^2 x + 1 = \frac{1}{\cos^2 x} = \sec^2 x$$

等式两边同时除以 $\sin^2 x$ 得到

$$\cot^2 x + 1 = \frac{1}{\sin^2 x} = \csc^2 x$$

令 $y = x$, 由 $\cos(x + y) = \cos x \cos y - \sin x \sin y$ 得到

$$\cos 2x = \cos^2 x - \sin^2 x = 2\cos^2 x - 1 = 1 - 2\sin^2 x$$

令 $y = x$, 由 $\sin(x + y) = \sin x \cos y + \cos x \sin y$ 得到

$$\sin 2x = 2\sin x \cos x$$

另外有

和差化积公式

$$\sin x + \sin y = 2\sin \frac{x+y}{2} \cos \frac{x-y}{2}$$

$$\cos x + \cos y = 2\cos \frac{x+y}{2}\cos \frac{x-y}{2}$$

$$\cos x - \cos y = -2\sin \frac{x+y}{2}\sin \frac{x-y}{2}$$

积化和差公式

$$\sin x\cos y = \frac{1}{2}\sin(x+y) + \frac{1}{2}\sin(x-y)$$

$$\cos x\cos y = \frac{1}{2}\cos(x+y) + \frac{1}{2}\cos(x-y)$$

$$\sin x\sin y = \frac{1}{2}\cos(x-y) - \frac{1}{2}\cos(x+y)$$

1.6　复合函数

微课视频：
函数是怎样复合的？

　　类似于实数，函数之间也可以进行加、减、乘、除的四则运算．此外，函数还可以进行复合运算．

　　函数 f 和函数 g 的复合函数记为 $f \circ g$，在 x 处的值为 $f \circ g(x) = f(g(x))$．在形式上，相当于把函数 $u = g(x)$ 代入函数 $y = f(u)$ 中，得到 $y = f(g(x))$．如果存在 x 使得表达式 $y = f(g(x))$ 有意义，则称 $y = f(g(x))$ 为函数 f 与函数 g 的**复合函数**，称 u 为**中间变量**．

　　例如，$y = \arcsin u$ 与 $u = \ln x$ 复合得到 $y = \arcsin \ln x$，定义域为 $x \in \left[\dfrac{1}{e},\ e \right]$．

　　如果表达式 $y = f(g(x))$ 在对 x 的任意取值都没有意义，我们也说 $y = f(u)$ 与 $u = g(x)$ 不能复合．例如，$y = \arcsin u$ 与 $u = \sqrt{4 + x^2}$ 就不能复合．

　　如此定义的函数复合运算可以推广至任意有限层．例如 $y = f(u)$，$u = g(v)$，$v = h(s)$，有复合函数

$$y = f(g(h(s)))$$

　　简单的复合函数就是把基本初等函数的自变量 x 换成函数 $f(x)$，即

$$[f(x)]^{\alpha},\ a^{f(x)},\ \log_a f(x),\ \sin f(x),\ \cos f(x),\ \tan f(x),\ \cot f(x),$$
$$\arcsin f(x),\ \arccos f(x),\ \arctan f(x),\ \text{arccot}\, f(x)$$

　　其中，$f(x) \neq x$，更复杂的复合函数则可以通过多层复合得到．

形如 $f(x)^{g(x)}$ ($f(x)>0$ 且 $f(x)\neq1$) 的函数称为幂指函数，因为它兼具幂函数和指数函数的特点. 幂指函数也是复合函数，我们有 $f(x)^{g(x)}=\mathrm{e}^{g(x)\ln f(x)}$.

由常数函数和基本初等函数经过有限次的四则运算和有限次的复合运算所得到的函数叫作**初等函数**. 初等函数一定可以用一个解析式表示.

1.7　极坐标系与极坐标方程

1. 极坐标系

在平面上取定一点 O，称为极点. 从 O 点出发引一条射线并取定一个长度单位，称为**极轴**. 设 P 是平面上任意一点，$r=|OP|$ 是线段 OP 的长度，θ 是以极轴为始边、$\overrightarrow{OP}$ 为终边的有向角（按逆时针方向为正，顺时针方向为负），则点 P 的位置由 r 和 θ 唯一确定，如图 1-4 所示. 有序数组 (r,θ) 称为点 P 的**极坐标**，记为 $P(r,\theta)$，其中 r 称为点 P 的**极径**，θ 称为点 P 的**极角**.

通常限定极角取值范围为 $0\leqslant\theta<2\pi$ 或 $-\pi<\theta\leqslant\pi$.

设 Oxy 是平面直角坐标系，取 x 轴的正半轴为极轴，如图 1-5 所示，则点的直角坐标与极坐标有如下关系：

$$x=r\cos\theta,\ y=r\sin\theta$$

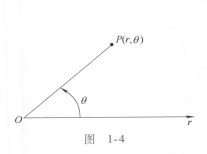
图 1-4

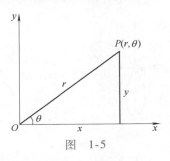
图 1-5

在极坐标系中，$r=a(a>0$ 为常数) 表示以极点为圆心，以 a 为半径的圆.

$\theta=\varphi(\varphi$ 为常数) 表示以极点为起点，与极轴夹角为 φ 的一条射线.

2. 极坐标方程

例 1.5　将下列直角坐标方程化为极坐标方程：

（1）$y=-\sqrt{3}x$；（2）$x=\dfrac{1}{2}$；（3）$y=x^2$.

解　令 $x=r\cos\theta,\ y=r\sin\theta$.

（1）由 $y = -\sqrt{3}x$，有 $r\sin\theta = -\sqrt{3}\,r\cos\theta$，解出 $\tan\theta = -\sqrt{3}$，极坐标方程为

$$\theta = -\frac{\pi}{3}\text{或}\theta = \frac{2\pi}{3}$$

（2）由 $x = \dfrac{1}{2}$，得 $r\cos\theta = \dfrac{1}{2}$，极坐标方程为

$$r = \frac{1}{2\cos\theta}$$

（3）由 $y = x^2$，得 $r\sin\theta = r^2\cos^2\theta$，极坐标方程为

$$r = \tan\theta\sec\theta$$

例 1.6　　将下列极坐标方程化为直角坐标方程：

（1）$r = a\cos\theta\,(a > 0)$；

（2）$r = a\sin\theta\,(a > 0)$.

解　（1）由 $r = a\cos\theta$，等式两边同时乘以 r，得 $r^2 = ar\cos\theta$. 直角坐标方程为

$$x^2 + y^2 = ax$$
$$\left(x - \frac{a}{2}\right)^2 + y^2 = \left(\frac{a}{2}\right)^2$$

（2）同理，$r = a\sin\theta$ 的直角坐标方程为

$$x^2 + \left(y - \frac{a}{2}\right)^2 = \left(\frac{a}{2}\right)^2$$

图 1-6 给出了一些常见的极坐标方程及其图形.

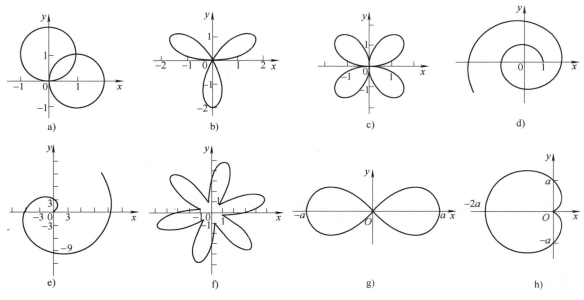

图　1-6

a）圆 $r = 2\sin\theta$ 和 $r = 2\cos\theta$　　b）三叶玫瑰线 $r = a\sin 3\theta\,(a = 2)$　　c）四叶玫瑰线 $r = a\left|\sin 2\theta\right|\,(a = 2)$

d）对数螺线 $r = e^{a\theta}$　　e）阿基米德螺线 $r = a\theta\,(a = 2)$　　f）$r = 3 + 2\sin 6\theta$

g）双纽线 $r = a\sqrt{\cos 2\theta}$　　h）心脏线 $r = a(1 - \cos\theta)$

1.8 常用符号

自然数集：$\mathbf{N}$

有理数集：$\mathbf{Q}$

实数集：　$\mathbf{R}$

整数集：　$\mathbf{Z}$

正整数集：$\mathbf{N}^*$ 或 $\mathbf{Z}^*$

全称量词：$\forall$ 表示"任给"或"任意给定"等

存在量词：$\exists$ 表示"存在"或"能够找到"等

属于符号：$\in$ 表示"属于"

例如，对于任意给定的自然数 x，存在自然数 y，使得 $y > x$，可以简写为

$$\forall x \in \mathbf{N}, \exists y \in \mathbf{N}, 使得 y > x.$$

开区间：$(a, b) = \{x \mid a < x < b\}$

闭区间：$[a, b] = \{x \mid a \leqslant x \leqslant b\}$

半开半闭区间：$[a, b) = \{x \mid a \leqslant x < b\}, (a, b] = \{x \mid a < x \leqslant b\}$

无穷区间：$[a, +\infty) = \{x \mid a \leqslant x < +\infty\}, (-\infty, b) = \{x \mid -\infty < x < b\}$

$$(-\infty, +\infty) = \{x \mid -\infty < x < +\infty\}$$

x_0 的 δ 邻域（$\delta > 0$）：

$$U(x_0, \delta) = \{x \mid x_0 - \delta < x < x_0 + \delta\}$$

或

$$U(x_0, \delta) = \{x \mid \mid x - x_0 \mid < \delta\}$$

是一个以 x_0 为中心、长度为 2δ 的对称开区间，区间半长 δ 称作邻域的半径.

x_0 的去心 δ 邻域

$$\mathring{U}(x_0, \delta) = \{x \mid 0 < \mid x - x_0 \mid < \delta\}$$

去心邻域也称空心邻域.

1.9 关于命题

数学的讨论离不开命题. 关于命题的学习是初等数学和高等数学中的难点，本小节我们简单介绍一些与命题有关的问题，特别介绍命题的否定形式. 我们用 A 表示一个命题，命题 A 的否定记作"$\neg A$"，读作非 A. 如果命题 A 成立时能够推导出命题 B 也一

定成立，我们就称由命题 A 可以推出命题 B，记作"$A \Rightarrow B$"，表示由 A 可推出 B. 此时 A 称为 B 的充分条件，B 称为 A 的必要条件. 很明显，如果 $A \Rightarrow B$ 并且 B 不成立，那么 A 也一定不成立，即非 B 可以推出非 A. 也就是说，$A \Rightarrow B$ 与"$\neg B \Rightarrow \neg A$"同时成立或者同时不成立.

　　在数学中，通常只对某些概念本身而不对其否定形式进行描述，比如，对周期函数、有界函数和单调函数都有严格的数学定义，但是一般不会给出非周期函数、无界函数和非单调函数的数学定义. 这样做的原因是，当一个命题给定后，其否定命题可以按照确定的程式得到. 例如，命题"$\forall x \in D$，有 $P(x)$ 成立"表示："对 D 中所有的 x，都有 $P(x)$ 成立"，其否定为"不是对 D 中所有的 x 都有 $P(x)$ 成立"，也就是说，对于 D 中的某些 x，$P(x)$ 不成立，亦即"存在 $x \in D$，有 $\neg P(x)$ 成立"，表示为"$\exists x \in D$，有 $\neg P(x)$ 成立". 同样，命题"$\exists x \in D$，$P(x)$ 成立"的否定为"$\forall x \in D$，$\neg P(x)$ 成立".

例 1.7　　$y = f(x)$ 为周期函数：
$$\exists T > 0, \forall x \in \mathbf{R}, \text{有} f(x + T) = f(x).$$

$y = f(x)$ 不是周期函数：
$$\forall T > 0, \exists x \in \mathbf{R}, \text{有} f(x + T) \neq f(x).$$

例 1.8　　证明：$f(x) = \dfrac{1}{x}$ 在 $(0, 1)$ 内无界.

分析　　$f(x)$ 在 $(0, 1)$ 内有界可以定义为
$$\exists M > 0, \forall x \in (0, 1), |f(x)| \leqslant M$$

显然，无界即为有界的否定，其数学表示为
$$\forall M > 0, \exists x \in (0, 1), |f(x)| > M$$

证明

$\forall M > 0$，取 $x = \dfrac{1}{M + 1}$，显然 $\exists x \in (0, 1)$（即存在），有
$$|f(x)| = \frac{1}{\dfrac{1}{M + 1}} = M + 1 > M$$

所以 $f(x) = \dfrac{1}{x}$ 在 $(0, 1)$ 内无界.

部分题目详解与提示

综合习题 1

1. 画出下列函数的图形，并求出定义域和值域：　　　　(1) $f(x) = -|3 - x| + 2$；

$$(2)\ f(x) = \begin{cases} 4 - x^2, & x \leqslant 0, \\ \dfrac{3}{2}x + \dfrac{3}{2}, & 0 < x \leqslant 1, \\ x + 3, & x > 1. \end{cases}$$

2. （1）设 $f(x) = \begin{cases} 2x + 1, & x \geqslant 0 \\ x^2 + 4, & x < 0 \end{cases}$，求 $f(x-1)$

和 $f(x+1)$；

（2）已知 $f\left(x + \dfrac{1}{x}\right) = x^2 + \dfrac{1}{x^2}$，求 $f(x)$；

（3）已知 $f\left(\dfrac{1}{x}\right) = x + \sqrt{x^2 + 1}\,(x < 0)$，求 $f(x)$；

（4）已知 $f\left(\sin \dfrac{x}{2}\right) = 1 + \cos x$，求 $f(\cos x)$.

3. 求下列函数的反函数：

（1）$y = \lg(x + 2) + 1$；　　（2）$y = 2\sin 3x$；

（3）$y = \dfrac{2^x}{2^x + 1}$；　　　　（4）$y = \arctan(2 + 3^x)$；

（5）$y = \dfrac{e^x - e^{-x}}{2}$；

（6）$y = \begin{cases} 2x + 1, & x \geqslant 0, \\ x^3, & x < 0. \end{cases}$

4. 回答下列问题，并说明理由：

（1）两个偶函数之积一定是偶函数吗？

（2）两个奇函数之积会有几种结果？

（3）有没有一个既是奇函数又是偶函数的函数？

5. 将下列初等函数分解成基本初等函数的复合或者四则运算：

（1）$y = \arctan(e^x + \sin x^2)$；

（2）$y = 2^{\arcsin \frac{1}{1 + x^2}}$；

（3）$y = \operatorname{arccot} x^2 \cdot \log_a \dfrac{1 - x^2}{1 + x^2}$；

（4）$y = \sqrt{x + \sqrt{x + \sqrt{x}}}$；

（5）$y = \sqrt{x \sqrt{x \sqrt{x}}}$.

6. 若 $u(x) = 4x - 5, v(x) = x^2, f(x) = \dfrac{1}{x}$，求下

列复合函数的解析表达式：

（1）$u[v(f(x))]$；

（2）$v[u(f(x))]$；

（3）$f[u(v(x))]$.

7. 把下列每组两个函数的图形画在同一坐标系，并观察取了绝对值后对图形有何影响.

（1）$f_1(x) = x^2, f_2(x) = |x|^2$；

（2）$f_1(x) = \sqrt{x}, f_2(x) = \sqrt{|x|}$；

（3）$f_1(x) = \sin x, f_2(x) = \sin |x|$；

（4）$f_1(x) = x^2 + x, f_2(x) = |x^2 + x|$.

8. 判断下列函数的奇偶性：

（1）$f(x) = 3x - x^3$；

（2）$f(x) = (1 - \sqrt[3]{x^2}) + (1 + \sqrt[3]{x^2})$；

（3）$f(x) = \lg \dfrac{1 - x}{1 + x}$；

（4）$f(x) = \lg(x + \sqrt{1 + x^2})$.

9. 对于任一定义在对称区间 $(-a, a)$ 上的函数 $f(x)$，证明：

（1）$g(x) = \dfrac{1}{2}[f(x) + f(-x)]$ 是偶函数；

（2）$h(x) = \dfrac{1}{2}[f(x) - f(-x)]$ 是奇函数；

（3）$f(x)$ 总可以表示为一个偶函数与一个奇函数之和.

10. 将下列极坐标方程化为直角坐标方程：

（1）$r\cos\theta + r\sin\theta = 1$；

（2）$r = \dfrac{\cos\theta}{\sin\theta + \cos\theta}$.

11. 将下列直角坐标方程化为极坐标方程：

（1）$x = 7$；　　　　（2）$\dfrac{x^2}{9} + \dfrac{y^2}{4} = 1$；

（3）$x^2 + (y - 2)^2 = 4$；　　（4）$y^2 = 3x$.

12. 已知 $f(x)$ 的定义域为 $(-\infty, +\infty)$，试写出 $f(x)$ 不是偶函数的数学定义.

2

第 2 章
极限与连续

微积分的研究对象是函数，而研究函数的主要工具是导数和积分，即微积分．尽管微积分的思想很早就在人类的生产实践中产生了，但作为一门完整的学科体系却是建立在极限的基础之上的．本章我们试图用最直接的方式来介绍极限的基本思想以及函数的连续性．

2.1 数列无穷小与极限

人们对"数"的认识是从自然数开始的．本书中，我们对函数的研究也从自然数集上的函数——数列开始．微积分学中的数列泛指无限（无穷）数列．数列可以看作是定义在正整数集上的一类特殊的函数

$$x_n = f(n), \ n = 1, 2, 3, \cdots$$

简记为 $\{x_n\}$．

例如，

$$\frac{1}{2}, \frac{1}{4}, \frac{1}{8}, \cdots, \frac{1}{2^n}, \cdots$$

$$1, -2, 3, \cdots, (-1)^{n+1}n, \cdots$$

$$2, 4, 6, \cdots, 2n, \cdots$$

$$0, \frac{3}{2}, \frac{2}{3}, \cdots, \frac{n+(-1)^n}{n}, \cdots$$

都是数列．

数列的定义域正整数集合是无限集，没有最大的正整数，即对任意给定的正数 C，总存在正整数 N，使得 $N > C$．

在几何上，数列 $\{x_n\}$ 可以看作数轴上的动点，依次取 x_1，x_2，$\cdots$，x_n，$\cdots$．

数列 $\{x_n\}$ 的变化过程包含两个相关的无限过程：自变量 n 的主动变化过程和因变量 x_n 的被动变化过程．n 的主动变化过程

是 $n = 1$，2，3，…，即 n 从 1 开始，不断增大（每次加 1）. 我们将 n 的这种变化过程称为 n 趋于无穷大，记为 $n \to \infty$.

对于数列 $\{x_n\}$，在微积分中，我们主要研究当 $n \to \infty$ 时 x_n 的变化趋势.

考察数列 $\left\{ x_n = \dfrac{1}{n} \right\}$.

在数轴上，随着 n 从 1 开始不断增大，点 $x_n = \dfrac{1}{n}$ 越来越接近坐标原点 O. 我们用比较法描述点 x_n 与点 O 的接近程度，即先给定一个正数，记之为 ε，然后比较 $|x_n - 0|$ 与 ε 的大小.

注意，$|x_n - 0| = \dfrac{1}{n} < \varepsilon$ 等价于 $n > \dfrac{1}{\varepsilon}$. 而在所有正整数中，大于 $\dfrac{1}{\varepsilon}$ 的正整数有无限多个，我们从中任意选定一个，记之为 N，即 $N > \dfrac{1}{\varepsilon}$. 于是，当 $n > N$ 时，有

$$|x_n - 0| = |x_n| = \frac{1}{n} < \frac{1}{N} < \varepsilon$$

即数列 $x_n = \dfrac{1}{n}$ 从某一项（第 $N + 1$ 项）开始，每一项的绝对值都小于 ε.

上述讨论对任意的正数 ε 都成立，数列 $\left\{ x_n = \dfrac{1}{n} \right\}$ 具备的特征是：对于给定的正数 ε，无论 ε 多么小，数列 $\{x_n\}$ 都从某一项开始，有 $|x_n| < \varepsilon$.

我们把具有这种特征的数列称为无穷小，也可以说它的极限是 $0(n \to \infty)$. 数列极限的精确数学定义如下：

微课视频：
如何从几何上
直观认识无穷小?

> **定义 2.1　（数列极限的 $\varepsilon\text{-}N$ 定义）**　设 $\{x_n\}$ 为数列，如果对于任意给定的正数 ε，都存在正整数 N，使得当 $n > N$ 时，不等式
> $$|x_n| < \varepsilon$$
> 成立，则称当 $n \to \infty$ 时数列 $\{x_n\}$ 的极限是 0，或称数列 $\{x_n\}$ 是无穷小，记作 $\lim\limits_{n \to \infty} x_n = 0$.
>
> 如果存在某个常数 A，使得 $\lim\limits_{n \to \infty} (x_n - A) = 0$，则称当 $n \to \infty$ 时数列 $\{x_n\}$ 的极限是 A，或称数列 $\{x_n\}$ 收敛于 A，记作 $\lim\limits_{n \to \infty} x_n = A$ 或 $x_n \to A\ (n \to \infty)$.
>
> 如果不存在这样的常数 A 使得 $\lim\limits_{n \to \infty} (x_n - A) = 0$，则称数列 $\{x_n\}$ 极限不存在，也称数列 $\{x_n\}$ 发散.

借助于我们前面给出的记号，定义 2.1 可简写为

$$\lim_{n\to\infty}x_n=0 \Leftrightarrow \forall \varepsilon >0, \exists N \in \mathbf{N}^*, \text{当}\, n>N\, \text{时，有}\, |x_n|<\varepsilon,$$

$$\lim_{n\to\infty}x_n=A \Leftrightarrow \forall \varepsilon >0, \exists N \in \mathbf{N}^*, \text{当}\, n>N\, \text{时，有}\, |x_n-A|<\varepsilon.$$

例 2.1 对任意的 $p>0$，证明 $\lim\limits_{n\to\infty}\dfrac{1}{n^p}=0$.

证明 任意给定 $\varepsilon >0$，要使

$$\left|\frac{1}{n^p}\right|=\frac{1}{n^p}<\varepsilon$$

只要

$$n^p>\frac{1}{\varepsilon}, \text{即}\, n>\left(\frac{1}{\varepsilon}\right)^{\frac{1}{p}}$$

微课视频：
如何用极限的
算术化定义做证明？

取正整数 $N>\left(\dfrac{1}{\varepsilon}\right)^{\frac{1}{p}}$，当 $n>N$ 时，有

$$\left|\frac{1}{n^p}\right|=\frac{1}{n^p}<\frac{1}{N^p}<\varepsilon$$

由数列极限的 ε-N 定义，有 $\lim\limits_{n\to\infty}\dfrac{1}{n^p}=0$.

为了更好地理解极限的概念，我们暂时放弃这种形式化要求较高的证明方式. 由于 $\lim\limits_{n\to\infty}x_n=A$ 等价于 $\lim\limits_{n\to\infty}(x_n-A)=0$，即 x_n-A 是无穷小，因此我们首先通过数列之间的比较来研究数列的极限.

定理 2.1 （无穷小比较定理） 设 $\lim\limits_{n\to\infty}x_n=0$，$A$ 是常数. 如果存在正数 C，使得对于所有正整数 n，都有 $|y_n-A|\leqslant C|x_n|$，则 $\lim\limits_{n\to\infty}y_n=A$.

证明 对于任意给定的 $\varepsilon >0$，由于 $\lim\limits_{n\to\infty}x_n=0$，故存在正整数 N，使得当 $n>N$ 时，有 $|x_n|<\dfrac{\varepsilon}{C}$. 于是，当 $n>N$ 时，有

$$|y_n-A|\leqslant C|x_n|<C\cdot\frac{\varepsilon}{C}=\varepsilon$$

因此，$\lim\limits_{n\to\infty}(y_n-A)=0$，即 $\lim\limits_{n\to\infty}y_n=A$.

特别地，无穷小比较定理说明了两件事：

（1）一个无穷小的任意常数倍还是无穷小；

（2）如果一个数列的绝对值小于某个无穷小，那么它也是无穷小.

例 2.2 证明：$\lim\limits_{n\to\infty}\dfrac{n+(-1)^n}{n}=1$.

证明

$$\left|\frac{n+(-1)^n}{n}-1\right|=\frac{1}{n}$$

由 $\lim\limits_{n\to\infty}\dfrac{1}{n}=0$ 及无穷小比较定理，有

$$\lim_{n\to\infty}\frac{n+(-1)^n}{n}=1$$

例 2.3 证明：$\lim\limits_{n\to\infty}\dfrac{3n+\sqrt{n}+5}{n+2}=3$.

证明 注意到

$$\left|\frac{3n+\sqrt{n}+5}{n+2}-3\right|=\frac{\sqrt{n}-1}{n+2}<\frac{\sqrt{n}-1}{n}<\frac{1}{\sqrt{n}}\quad(\text{放大分子，缩小分母})$$

由 $\lim\limits_{n\to\infty}\dfrac{1}{\sqrt{n}}=0$ 及无穷小比较定理，有

$$\lim_{n\to\infty}\frac{3n+\sqrt{n}+5}{n+2}=3$$

例 2.4 证明：$\lim\limits_{n\to\infty}\dfrac{1}{a^n}=0$，其中 $|a|>1$.

证明 令 $|a|=1+c$，则 $c>0$. 由二项式定理，有

$$(1+c)^n=1+nc+\frac{n(n-1)}{2}c^2+\cdots+c^n$$

因此

$$(1+c)^n>cn$$

于是

$$\left|\frac{1}{a^n}\right|=\frac{1}{(1+c)^n}<\frac{1}{c}\cdot\frac{1}{n}$$

由 $\lim\limits_{n\to\infty}\dfrac{1}{n}=0$ 及无穷小比较定理，有

$$\lim_{n\to\infty}\frac{1}{a^n}=0$$

极限 $\lim\limits_{n\to\infty}x_n=A$ 的几何意义如下（见图 2-1）：

将数列 x_1，x_2，$\cdots$，x_n，$\cdots$ 在数轴上对应的点标出，对任意给定的 $\varepsilon>0$，做点 A 的 ε 邻域. $\lim\limits_{n\to\infty}x_n=A$ 意味着，存在正整数 N，当 $n>N$ 时，$|x_n-A|<\varepsilon$，即 x_{N+1}，x_{N+2}，$\cdots$ 都在邻域 $(A-\varepsilon,\ A+\varepsilon)$ 之内，因此，数列 $\{x_n\}$ 中最多只有有限项落在该邻域以外.

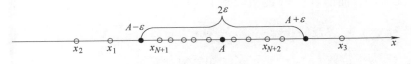

图 2-1

部分题目详解与提示

习题 2.1

A 组

1. 在数轴上表示下列数列，并猜测数列是否收敛.

（1）$x_n = (-1)^n \dfrac{2n-1}{2n+1}$；

（2）$x_n = \begin{cases} \dfrac{1}{n}+1, & n \text{ 为奇数}, \\ \dfrac{1}{n}-1, & n \text{ 为偶数}; \end{cases}$

（3）$x_n = (-1)^n \dfrac{1}{n}$；

（4）$x_n = \dfrac{2^n-1}{3^n}$.

2. 用数列的极限定义证明：

（1）$\lim\limits_{n\to\infty} \dfrac{n^2(2n+1)}{n^3+4} = 2$；

（2）$\lim\limits_{n\to\infty} (\sqrt{n+1}-\sqrt{n}) = 0$.

B 组

1. 证明下列极限：

（1）$\lim\limits_{n\to\infty} \dfrac{1}{n}\sin\dfrac{n}{3} = 0$；

（2）$\lim\limits_{n\to\infty} \dfrac{3\sqrt{n}-1}{2\sqrt{n}+1} = \dfrac{3}{2}$；

（3）$\lim\limits_{n\to\infty} \dfrac{\sqrt{n^2+a^2}}{n} = 1$；

（4）$\lim\limits_{n\to\infty} \dfrac{1}{\sqrt[5]{n}} e^{-2n\pi} = 0$；

（5）$\lim\limits_{n\to\infty} 0.\underbrace{99\cdots9}_{n\uparrow} = 1$；

（6）$\lim\limits_{n\to\infty} \dfrac{n!}{n^n} = 0$.

2. 若 $\lim u_n = a$，证明：$\lim\limits_{n\to\infty} |u_n| = |a|$。举例说明，若 $\lim\limits_{n\to\infty} |u_n| = |a|$，但 $\{u_n\}$ 的极限未必存在.

2.2　函数无穷小与极限

上一节我们介绍了数列极限的概念，这一节我们介绍函数的极限.

2.2.1　函数在一点的极限

数列是定义在正整数集上的函数，而一般的函数其定义域可以是整个或部分实数轴，因此，自变量就有了多样的变化形式.

在几何上，常量对应数轴上的定点，变量对应数轴上的动点. 我们用 $x \to x_0$ 来表示自变量 x 无限接近但不等于 x_0 的情况，即 $x \neq x_0$ 且动点 x 到定点 x_0 的距离 $|x-x_0|$ 无限接近于 0.

考察函数 $y = x-1$ 和函数 $y = x$（见图 2-2）. 显然，当 $x \to 1$ 时，函数 $y = x-1$ 无限接近于 0，而函数 $y = x$ 无限接近于 1，我们说当 $x \to 1$ 时函数 $y = x-1$ 的极限是 0，或者说当 $x \to 1$ 时函数 $y = x-1$ 是无穷小，而函数 $y = x$ 的极限是 1.

定义 2.2　（**函数极限的 $\varepsilon\text{-}\delta$ 定义**）　假设当 $0 < |x-x_0| < c$ 时（c 为正常数），$f(x)$ 有定义. 如果对任意给定的 $\varepsilon > 0$，总存在 $\delta > 0$，当 $0 < |x-x_0| < \delta$ 时，有

$$|f(x)| < \varepsilon$$

则称当 $x \to x_0$ 时 $f(x)$ 的极限是 0，或称当 $x \to x_0$ 时 $f(x)$ 为无穷小，记作 $\lim\limits_{x \to x_0} f(x) = 0$.

如果 A 是常数，且 $\lim\limits_{x \to x_0} [f(x) - A] = 0$，则称当 $x \to x_0$ 时 $f(x)$ 的极限是 A，记作 $\lim\limits_{x \to x_0} f(x) = A$.

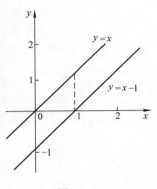

图 2-2

定义 2.2 可简写为

$\lim\limits_{x \to x_0} f(x) = 0 \Leftrightarrow \forall \varepsilon > 0$，$\exists \delta > 0$，当 $0 < |x - x_0| < \delta$ 时，有 $|f(x)| < \varepsilon$；

$\lim\limits_{x \to x_0} f(x) = A \Leftrightarrow \forall \varepsilon > 0$，$\exists \delta > 0$，当 $0 < |x - x_0| < \delta$ 时，有 $|f(x) - A| < \varepsilon$.

按照上述定义，显然有 $\lim\limits_{x \to x_0}(x - x_0) = 0$，即当 $x \to x_0$ 时 $x - x_0$ 是无穷小.

我们首先通过函数之间的比较来研究函数的极限，即

假设 $\lim\limits_{x \to x_0} f(x) = 0$. 如果在 x_0 的某个空心邻域内有 $|g(x) - A| \leqslant C|f(x)|$（$C$ 为常数），则 $\lim\limits_{x \to x_0} g(x) = A$.

例 2.5 证明：$\lim\limits_{x \to 0} x \sin \dfrac{1}{x} = 0$.

证明 因为 $\left| x \sin \dfrac{1}{x} \right| \leqslant |x|$，而 $\lim\limits_{x \to 0} x = 0$，所以 $\lim\limits_{x \to 0} x \sin \dfrac{1}{x} = 0$.

例 2.6 证明：$\lim\limits_{x \to \frac{1}{2}} \dfrac{4x^2 - 1}{2x - 1} = 2$.

证明 由 $x \to \dfrac{1}{2}$，有 $x \neq \dfrac{1}{2}$.

$$\left| \frac{4x^2 - 1}{2x - 1} - 2 \right| = |2x + 1 - 2| = 2\left| x - \frac{1}{2} \right|$$

由 $\lim\limits_{x \to \frac{1}{2}}\left(x - \dfrac{1}{2} \right) = 0$，有

$$\lim\limits_{x \to \frac{1}{2}} \frac{4x^2 - 1}{2x - 1} = 2.$$

例 2.7 设 $x_0 > 0$，求证：$\lim\limits_{x \to x_0} \sqrt{x} = \sqrt{x_0}$.

证明

$$\left| \sqrt{x} - \sqrt{x_0} \right| = \frac{\left| \sqrt{x} - \sqrt{x_0} \right| \cdot \left| \sqrt{x} + \sqrt{x_0} \right|}{\sqrt{x} + \sqrt{x_0}} \leqslant \frac{|x - x_0|}{\sqrt{x_0}}$$

由 $\lim\limits_{x \to x_0}(x - x_0) = 0$，有 $\lim\limits_{x \to x_0}\sqrt{x} = \sqrt{x_0}$.

下面我们介绍函数在一点的**单侧极限**.

我们用 $x \to x_0^-$ 表示"$x < x_0$ 且 $x \to x_0$"，$x \to x_0^+$ 表示"$x > x_0$ 且 $x \to x_0$". 在几何上，$x \to x_0^-$ 表示动点 x 从 x_0 的**左侧**无限接近 x_0，$x \to x_0^+$ 表示动点 x 从 x_0 的**右侧**无限接近 x_0.

在定义 2.2 中，把 $|x - x_0|$ 分别改为 $x_0 - x$ 和 $x - x_0$，就得到 $\lim\limits_{x \to x_0^-}f(x) = A$ 和 $\lim\limits_{x \to x_0^+}f(x) = A$ 的数学定义，分别称作 $f(x)$ 在点 x_0 的**左极限**和**右极限**.

左、右极限统称单侧极限. 我们有

定理 2.2 （极限与左、右极限的关系）
$$\lim_{x \to x_0}f(x) = A \Leftrightarrow \lim_{x \to x_0^-}f(x) = A \text{ 且 } \lim_{x \to x_0^+}f(x) = A$$

证明　必要性是显然的，这里只证明充分性.

充分性　设 $\lim\limits_{x \to x_0^-}f(x) = A$ 且 $\lim\limits_{x \to x_0^+}f(x) = A$. 由定义，对于任意给定的 $\varepsilon > 0$，

存在 $\delta_1 > 0$，当 $0 < x_0 - x < \delta_1$ 时，有 $|f(x) - A| < \varepsilon$；

存在 $\delta_2 > 0$，当 $0 < x - x_0 < \delta_2$ 时，有 $|f(x) - A| < \varepsilon$；

令 $\delta = \min\{\delta_1, \delta_2\}$，则当 $0 < |x - x_0| < \delta$ 时，有 $|f(x) - A| < \varepsilon$，即 $\lim\limits_{x \to x_0}f(x) = A$.

注　$\lim\limits_{x \to x_0^-}f(x)$ 也记作 $f(x_0^-)$ 或 $f(x_0 - 0)$，$\lim\limits_{x \to x_0^+}f(x)$ 也记作 $f(x_0^+)$ 或 $f(x_0 + 0)$.

例 2.8　证明：$\lim\limits_{x \to 0}\dfrac{x}{|x|}$ 不存在.

证明　因为
$$\lim_{x \to 0^+}\frac{x}{|x|} = \lim_{x \to 0^+}\frac{x}{x} = \lim_{x \to 0^+}1 = 1$$
$$\lim_{x \to 0^-}\frac{x}{|x|} = \lim_{x \to 0^-}\frac{x}{-x} = \lim_{x \to 0^-}-1 = -1$$

由于左、右极限不相等，所以 $\lim\limits_{x \to 0}\dfrac{x}{|x|}$ 不存在.

2.2.2　函数在无穷远的极限

我们用 $x \to \infty$ 来表示动点 x 无限地远离坐标原点，即 $|x|$ 无限增大的过程.

考察函数 $f(x)=\dfrac{1}{x}$. 当 $x\to\infty$ 时，$|x|$ 无限增大，因此，$f(x)=\dfrac{1}{x}$ 无限接近于 0. 我们说，当 $x\to\infty$ 时函数 $f(x)=\dfrac{1}{x}$ 的极限为 0，或者说当 $x\to\infty$ 时，函数 $f(x)=\dfrac{1}{x}$ 为无穷小.

定义 2.3　（函数极限的 ε-X 定义）　设当 $|x|>c$ 时（c 为常数）函数 $f(x)$ 有定义. 如果对任意给定的 $\varepsilon>0$，总存在 $X>0$，当 $|x|>X$ 时，有

$$|f(x)|<\varepsilon$$

则称当 $x\to\infty$ 时 $f(x)$ 的极限是 0，或称当 $x\to\infty$ 时 $f(x)$ 为无穷小，记作 $\lim\limits_{x\to\infty}f(x)=0$.

　　如果 A 是某个常数，且 $\lim\limits_{x\to\infty}[f(x)-A]=0$，则称当 $x\to\infty$ 时 $f(x)$ 的极限是 A，记作 $\lim\limits_{x\to\infty}f(x)=A$.

用极限的记号写出来，我们有 $\lim\limits_{x\to\infty}\dfrac{1}{x}=0$.

定义 2.3 可简写为

$$\lim\limits_{x\to\infty}f(x)=0\Leftrightarrow\forall\,\varepsilon>0,\ \exists\,X>0,\text{当}\,|x|>X\,\text{时,有}\,|f(x)|<\varepsilon$$

$$\lim\limits_{x\to\infty}f(x)=A\Leftrightarrow\lim\limits_{x\to\infty}[f(x)-A]=0$$

$\lim\limits_{x\to\infty}f(x)=A$ 的几何意义如下：

任意给定 $\varepsilon>0$，总存在 $X>0$，当 $|x|>X$ 时，函数 $y=f(x)$ 的图像总落在带状区域 $(-\infty,+\infty)\times(A-\varepsilon,A+\varepsilon)$ 之内（见图 2-3）.

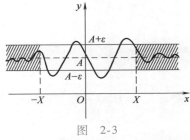

图　2-3

比较法的思想同样可以用来研究自变量趋于无穷时函数的极限，即

假设 $\lim\limits_{x\to\infty}f(x)=0$. 如果当 $|x|$ 大于某个数之后有 $|g(x)-A|\le C|f(x)|$（C 为常数），则 $\lim\limits_{x\to\infty}g(x)=A$.

例 2.9　　证明：$\lim\limits_{x\to\infty}\dfrac{1}{x^n}=0$，其中 n 为正整数.

证明　由于 $x \to \infty$，可以认为 $|x|$ 大于任意给定的正数，因此，不妨设 $|x| > 1$. 我们有

$$\left| \frac{1}{x^n} \right| = \frac{1}{|x|^n} < \frac{1}{|x|} = \left| \frac{1}{x} \right|$$

由 $\lim\limits_{x \to \infty} \frac{1}{x} = 0$，有 $\lim\limits_{x \to \infty} \frac{1}{x^n} = 0$.

例 2.10　证明：$\lim\limits_{x \to \infty} \frac{x^2 + 2x + 1}{x^2 + 1} = 1$.

证明

$$\left| \frac{x^2 + 2x + 1}{x^2 + 1} - 1 \right| = \left| \frac{2x}{x^2 + 1} \right| \leqslant \frac{2|x|}{x^2} = 2 \left| \frac{1}{x} \right|$$

由 $\lim\limits_{x \to \infty} \frac{1}{x} = 0$，有 $\lim\limits_{x \to \infty} \frac{x^2 + 2x + 1}{x^2 + 1} = 1$.

微课视频：
如何用比较法
理解函数的极限

我们用 $x \to +\infty$ 来表示 x 无限增大，用 $x \to -\infty$ 来表示 $-x$ 无限增大. 在几何上，$x \to +\infty$ 表示动点沿 x 轴正方向无限远离原点，$x \to -\infty$ 表示动点沿 x 轴负方向无限远离原点.

在定义 2.3 中，如果把 $|x|$ 分别改为 x 和 $-x$，我们就分别得到了 $x \to +\infty$ 和 $x \to -\infty$ 时函数 $f(x)$ 的极限是 A 的 ε-X 定义，分别记作 $\lim\limits_{x \to +\infty} f(x) = A$ 和 $\lim\limits_{x \to -\infty} f(x) = A$. 而且有

$$\lim\limits_{x \to \infty} f(x) = A \Leftrightarrow \lim\limits_{x \to +\infty} f(x) = A \text{ 且 } \lim\limits_{x \to -\infty} f(x) = A$$

例 2.11　$\lim\limits_{x \to +\infty} \arctan x = \frac{\pi}{2}$，$\lim\limits_{x \to -\infty} \arctan x = -\frac{\pi}{2}$，因而 $\lim\limits_{x \to \infty} \arctan x$ 不存在.

2.2.3　极限的性质

定理 2.3　（唯一性）　若 $\lim\limits_{x \to x_0} f(x)$ 存在，则极限值是唯一的.

定理 2.4　（局部有界性）　若 $\lim\limits_{x \to x_0} f(x)$ 存在，则 $f(x)$ 在 x_0 的某个空心邻域内有界.

证明　设 $\lim\limits_{x \to x_0} f(x) = A$，取 $\varepsilon = 1$，由极限的定义，$\exists \delta > 0$，当 $0 < |x - x_0| < \delta$ 时，有 $|f(x) - A| < 1$，即 $|f(x)| < |A| + 1$. 所以 $f(x)$ 在 x_0 的空心邻域 $0 < |x - x_0| < \delta$ 内有界.

定理 2.5　（局部保号性）　设 $\lim\limits_{x\to x_0}f(x)=A$.

（1）如果 $A\neq0$，则 $f(x)$ 在 x_0 的某个空心邻域内与 A 同号；

（2）如果 $f(x)$ 在 x_0 的某个空心邻域内有 $f(x)\geqslant0$（或 $\leqslant0$），则 $A\geqslant0$（或 $\leqslant0$）.

证明　定理的两个结论互为逆否命题，我们只证明第一部分.

不妨设 $A>0$，因 $\lim\limits_{x\to x_0}f(x)=A$，对 $\varepsilon=\dfrac{A}{2}>0$，$\exists\,\delta>0$，使得当 $0<|x-x_0|<\delta$ 时，$|f(x)-A|<\dfrac{A}{2}$，于是 $f(x)>A-\dfrac{A}{2}=\dfrac{A}{2}>0$（同理可证 $A<0$ 的情况）.

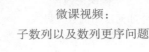

微课视频：
子数列以及数列更序问题

注　极限的性质对数列极限及 $x\to x_0^+$，$x\to x_0^-$，$x\to\infty$，$x\to+\infty$ 和 $x\to-\infty$ 都成立. 作为练习，请同学们分情况写出并讨论相应结论.

2.2.4　无穷大

考察函数 $f(x)=\dfrac{1}{x-1}$ 当 $x\to1$ 时的变化趋势. 任意给定正数 M，无论 M 多么大，只要 $0<|x-1|<\dfrac{1}{M}$，就有 $|f(x)|>M$. 我们称当 $x\to1$ 时 $f(x)$ 是无穷大量，简称无穷大.

定义 2.4　设 $f(x)$ 在 $0<|x-x_0|<c$ 内有定义. 如果对任意给定的 $M>0$，总存在 $\delta>0$，当 $0<|x-x_0|<\delta$ 时，有
$$|f(x)|>M$$
则称当 $x\to x_0$ 时 $f(x)$ 是无穷大，记作 $\lim\limits_{x\to x_0}f(x)=\infty$.

注意　如果当 $x\to x_0$ 时函数 $f(x)$ 是无穷大，则 $f(x)$ 不会和任意一个固定的常数无限接近，因而它的极限不存在. 只是在这个过程中 $f(x)$ 有确定的变化趋势，习惯用极限记号 $\lim\limits_{x\to x_0}f(x)=\infty$ 来表示.

如果把定义中的 $|f(x)|>M$ 分别改为 $f(x)>M$ 和 $-f(x)>M$，就得到了正无穷大和负无穷大的定义，分别记作 $\lim\limits_{x\to x_0}f(x)=+\infty$ 和 $\lim\limits_{x\to x_0}f(x)=-\infty$.

作为练习，请读者自行给出 $x\to\infty$，$x\to+\infty$，$x\to-\infty$，$x\to x_0^+$ 和 $x\to x_0^-$ 时函数 $f(x)$ 是（正、负）无穷大的定义，以及数列无穷大的定义.

注意 "$|f(x)|$ 大于任意给定的正数"与"$\left|\dfrac{1}{f(x)}\right|$ 小于任意给定的正数"等价,所以

$$\lim_{x\to x_0}f(x)=\infty \Leftrightarrow \lim_{x\to x_0}\dfrac{1}{f(x)}=0$$

也就是说,在 x 的某个变化过程中, $f(x)$ 是无穷大等价于 $\dfrac{1}{f(x)}$ 是无穷小. 这就是**无穷大与无穷小的关系**.

微课视频:
如何证明函数无界或
极限不存在

例 2.12　证明: $\lim\limits_{x\to 1}\dfrac{x+2}{x^2-1}=\infty$.

证明　只要证明 $\lim\limits_{x\to 1}\dfrac{x^2-1}{x+2}=0$, 由 $x\to 1$, 不妨设 $|x-1|<\dfrac{1}{2}$. 于是

$$\left|\dfrac{x^2-1}{x+2}\right|=\left|\dfrac{x+1}{x+2}\right|\cdot|x-1|\leqslant|x-1|$$

所以 $\lim\limits_{x\to 1}\dfrac{x^2-1}{x+2}=0$, 即 $\lim\limits_{x\to 1}\dfrac{x+2}{x^2-1}=\infty$.

常见的无穷大有 $\lim\limits_{x\to +\infty}e^x=+\infty$, $\lim\limits_{x\to +\infty}\ln x=+\infty$ 和 $\lim\limits_{x\to +\infty}x^p=+\infty$, 其中 $p>0$.

注意 正、负无穷大都是无穷大. 无穷大不是数,不能和很大的数相混淆.

部分题目详解与提示

习题 2.2

A 组

1. 用函数的极限定义证明:

(1) $\lim\limits_{x\to 2}(4x+1)=9$;

(2) $\lim\limits_{x\to\infty}\dfrac{1+2x^3}{2x^3}=1$.

2. 证明: 当 $x\to 1$ 时, 函数 $f(x)=10^{100}(x-1)^2$ 是无穷小.

3. 设 $f(x)=a\dfrac{|x-x_0|}{x-x_0}$, 证明: 当 $x\to x_0$ 时, $f(x)$ 的极限存在的充分必要条件是 $a=0$.

4. 证明: (1) $\lim\limits_{x\to 3}\dfrac{x^2+9}{x^2-9}=\infty$;

(2) $\lim\limits_{x\to\infty}(3x+1)=\infty$.

B 组

1. 证明下列无穷小:

(1) $f(x)=\dfrac{2}{\sqrt{x+3}}-1$ $(x\to 1)$;

(2) $f(x)=\dfrac{x^2-1}{x+1}+2$ $(x\to -1)$;

(3) $f(x)=\dfrac{x^2-4}{x^2+1}$ $(x\to 2)$;

(4) $f(x)=\dfrac{2x-2}{x}-2$ $(x\to\infty)$;

(5) $f(x)=\dfrac{1}{\sqrt{x}}\cos x$ $(x\to +\infty)$;

(6) $f(x)=(x-x_0)\arctan\dfrac{1}{x-x_0}$ $(x\to x_0)$.

2. 证明: $f(x)=\dfrac{1}{x}\cos\dfrac{1}{x}$ 在 $(0,+\infty)$ 内无界,但当 $x\to 0^+$ 时, $f(x)$ 不是无穷大.

3. 设 $f(x)\to A(x\to x_0^+)$, $f(x)\to B(x\to x_0^-)$, 且 $g(x)\to 0(x\to x_0)$, 证明:
$$f(x)g(x)\to 0(x\to x_0).$$

4. 证明: 若当 $x\to a$ 时 $f(x)$ 是无穷大, 且 $|g(x)|\geqslant\delta>0$, 则当 $x\to a$ 时 $f(x)g(x)$ 是无穷大.

2.3 极限的运算法则

对于函数 $f(x)$，我们可以考察 $x \to \infty$，$x \to +\infty$，$x \to -\infty$，$x \to x_0$，$x \to x_0^+$ 或 $x \to x_0^-$ 时函数的极限，加上数列的极限，我们通常需要讨论 7 种极限过程. 为了叙述方便，我们只写出 $x \to x_0$ 的情况，其余情形则可以类似写出.

微课视频：
函数的运算法则

> **定理 2.6** 两个无穷小之和为无穷小，即如果 $\lim\limits_{x \to x_0} f(x) = 0$ 且 $\lim\limits_{x \to x_0} g(x) = 0$，则 $\lim\limits_{x \to x_0} [f(x) + g(x)] = 0$.

证明 对于任意给定的 $\varepsilon > 0$，由 $\lim\limits_{x \to x_0} f(x) = 0$ 且 $\lim\limits_{x \to x_0} g(x) = 0$，当 x 与 x_0 足够接近，即 $|x - x_0|$ 足够小时，总有 $|f(x)| < \dfrac{\varepsilon}{2}$ 且 $|g(x)| < \dfrac{\varepsilon}{2}$. 于是

$$|f(x) + g(x)| < \varepsilon$$

即 $\lim\limits_{x \to x_0} [f(x) + g(x)] = 0$.

由定理 2.6 可立即得出结论：有限多个无穷小之和仍是无穷小.

> **定理 2.7** 无穷小与有界函数的乘积为无穷小.

定理 2.7 其实是比较法的直接推论.

例 2.13 求 $\lim\limits_{x \to 1} [(x - 1) \arccos x]$.

解 由 $\arccos x$ 有界，$\lim\limits_{x \to 1} (x - 1) = 0$，有 $\lim\limits_{x \to 1} [(x - 1) \arccos x] = 0$.

> **定理 2.8** （极限四则运算法则） 如果 $\lim\limits_{x \to x_0} f(x)$ 和 $\lim\limits_{x \to x_0} g(x)$ 都存在，则
> (1) $\lim\limits_{x \to x_0} [f(x) \pm g(x)] = \lim\limits_{x \to x_0} f(x) \pm \lim\limits_{x \to x_0} g(x)$;
> (2) $\lim\limits_{x \to x_0} [f(x) g(x)] = \lim\limits_{x \to x_0} f(x) \cdot \lim\limits_{x \to x_0} g(x)$;
> (3) $\lim\limits_{x \to x_0} \dfrac{f(x)}{g(x)} = \dfrac{\lim\limits_{x \to x_0} f(x)}{\lim\limits_{x \to x_0} g(x)}$，其中，$\lim\limits_{x \to x_0} g(x) \neq 0$.

极限四则运算法则是说，在一定条件下，函数先进行四则运算再取极限与先分别取极限再进行四则运算结果相等.

证明 这里只证明 (2)，其余留作练习.

设 $\lim\limits_{x \to x_0} f(x) = A$，$\lim\limits_{x \to x_0} g(x) = B$，我们证明 $\lim\limits_{x \to x_0} [f(x) g(x)] = AB$.

$$f(x)g(x) - AB = f(x)g(x) - AB - f(x)B + f(x)B$$
$$= f(x)[g(x) - B] + [f(x) - A]B$$

由 $\lim\limits_{x \to x_0} f(x) = A$ 和 $\lim\limits_{x \to x_0} g(x) = B$, 有 $f(x) - A$ 和 $g(x) - B$ 都是无穷小, $f(x)$ 在 x_0 附近有界. 由定理 2.7, $f(x)[g(x) - B]$ 和 $[f(x) - A]B$ 都是无穷小. 再由定理 2.6 可知, $f(x)[g(x) - B] +$ $[f(x) - A]B$ 是无穷小. 所以 $f(x)g(x) - AB$ 是无穷小, 即

$$\lim_{x \to x_0}[f(x)g(x)] = AB$$

注意　运算法则 (1) 和 (2) 可以推广到有限多个函数, 即在极限都存在的条件下, 有限多个函数的代数和的极限等于其极限的代数和; 有限多个函数的乘积的极限等于其极限的乘积. 特别地,

$$\lim_{x \to x_0}[Cf(x)] = C\lim_{x \to x_0}f(x)$$

即常数 C 可以提到极限符号的外面.

利用极限的四则运算法则我们已经可以求解一些简单函数, 例如有理函数的极限问题. 反复使用极限的四则运算法则以及 $\lim\limits_{x \to x_0}C = C$, $\lim\limits_{x \to x_0}x = x_0$, 对任意的多项式函数

$$P_n(x) = a_0x^n + a_1x^{n-1} + \cdots + a_n$$

有
$$\lim_{x \to x_0}P_n(x) = P_n(x_0)$$

例 2.14　求 $\lim\limits_{x \to 2}\dfrac{x^3 - 1}{x^2 - 3x + 1}$.

解　因为
$$\lim_{x \to 2}(x^3 - 1) = 2^3 - 1 = 7, \; \lim_{x \to 2}(x^2 - 3x + 1) = 2^2 - 3 \times 2 + 1 = -1 \neq 0$$
由函数商的极限法则, 有

$$\lim_{x \to 2}\frac{x^3 - 1}{x^2 - 3x + 1} = \frac{\lim\limits_{x \to 2}(x^3 - 1)}{\lim\limits_{x \to 2}(x^2 - 3x + 1)} = \frac{7}{-1} = -7$$

例 2.15　求 $\lim\limits_{x \to 1}\dfrac{x^3 - 1}{x^2 - 3x + 2}$.

解　消去分子、分母中的无穷小公因式

$$\lim_{x \to 1}\frac{x^3 - 1}{x^2 - 3x + 2} = \lim_{x \to 1}\frac{(x-1)(x^2 + x + 1)}{(x-1)(x-2)} = \lim_{x \to 1}\frac{x^2 + x + 1}{x - 2} = -3$$

例 2.16　求 $\lim\limits_{x \to \infty}\dfrac{x^3 + 7x - 1}{2x^3 - 5x + 2}$.

解　分子、分母同时除以最高次幂

$$\lim_{x\to\infty}\frac{x^3+7x-1}{2x^3-5x+2}=\lim_{x\to\infty}\frac{1+\dfrac{7}{x^2}-\dfrac{1}{x^3}}{2-\dfrac{5}{x^2}+\dfrac{2}{x^3}}=\frac{1}{2}$$

一般地

$$\lim_{x\to\infty}\frac{a_0x^n+a_1x^{n-1}+\cdots+a_n}{b_0x^m+b_1x^{m-1}+\cdots+b_m}=\begin{cases}\dfrac{a_0}{b_0},&n=m\\0,&n<m\\\infty,&n>m\end{cases}$$

其中 $a_0b_0\neq0$.

例 2.17 求 $\lim\limits_{x\to+\infty}\left(\sqrt{x+10}-\sqrt{x}\right)$.

解 根式有理化

$$\lim_{x\to+\infty}\left(\sqrt{x+10}-\sqrt{x}\right)=\lim_{x\to+\infty}\frac{\left(\sqrt{x+10}-\sqrt{x}\right)\left(\sqrt{x+10}+\sqrt{x}\right)}{\sqrt{x+10}+\sqrt{x}}$$

$$=\lim_{x\to+\infty}\frac{10}{\sqrt{x+10}+\sqrt{x}}=0$$

除了四则运算之外，函数还可以进行复合运算.

定理 2.9 （复合函数的极限法则） 设复合函数 $f(g(x))$ 在 x_0 的某个空心邻域内有定义，如果 $\lim\limits_{x\to x_0}g(x)=u_0$（当 $x\neq x_0$ 时 $g(x)\neq u_0$），$\lim\limits_{u\to u_0}f(u)=A$，则

$$\lim_{x\to x_0}f(g(x))=\lim_{u\to u_0}f(u)=A$$

在定理 2.9 的条件中，$\lim\limits_{u\to u_0}f(u)=A$ 可以理解为：只要自变量趋于（但不等于）u_0，就有函数趋于 A；而 $\lim\limits_{x\to x_0}g(x)=u_0$（当 $x\neq x_0$ 时 $g(x)\neq u_0$）可以理解为：当 $x\to x_0$ 时，$g(x)$ 趋于但不等于 u_0，所以有 $\lim\limits_{x\to x_0}f(g(x))=A$.

注 如果 $A=f(u_0)$，则条件"当 $x\neq x_0$ 时，$g(x)\neq u_0$"可以去掉.

根据复合函数的极限法则，为了求 $\lim\limits_{x\to x_0}f(g(x))$，令 $u=g(x)$（称为**变量代换**），先求得 $\lim\limits_{x\to x_0}g(x)=u_0$，再求 $\lim\limits_{u\to u_0}f(u)$.

例 2.18 求 $\lim\limits_{x\to2}\sqrt{3x^2+2x}$.

解 由 $\lim\limits_{x\to2}(3x^2+2x)=16$，$\lim\limits_{u\to16}\sqrt{u}=4$，有 $\lim\limits_{x\to2}\sqrt{3x^2+2x}=4$.

复合函数的极限运算法则实际上还包含许多形式，我们用定理形式给出两个例子.

定理 2.10　（函数极限与数列极限的关系）　如果 $\lim\limits_{x\to x_0} f(x)=A$，$\lim\limits_{n\to\infty} x_n=x_0$，且 $x_n\neq x_0(n\geq 1)$，则 $\lim\limits_{n\to\infty} f(x_n)=A$.

例 2.19　证明：$\lim\limits_{x\to 0}\sin\dfrac{1}{x}$ 不存在.

证明　令 $x_n=\dfrac{1}{n\pi}$，则

$$\lim_{n\to\infty}\sin\frac{1}{x_n}=\lim_{n\to\infty}\sin(n\pi)=0$$

令 $y_n=\dfrac{1}{2n\pi+\dfrac{\pi}{2}}$，则

$$\lim_{n\to\infty}\sin\frac{1}{y_n}=\lim_{n\to\infty}\sin\left(2n\pi+\frac{\pi}{2}\right)=1$$

如果 $\lim\limits_{x\to 0}\sin\dfrac{1}{x}$ 存在，设 $\lim\limits_{x\to 0}\sin\dfrac{1}{x}=A$，则由定理 2.10 分别有 $A=0$ 和 $A=1$，矛盾！

下面我们给出数列的子数列的概念. 在数列 $\{x_n\}$ 中任意抽取无限多项并保持它们在原数列中的先后次序，得到的数列称为原数列的一个子数列（简称子列）. 设在数列 $\{x_n\}$ 中，第一次抽取 x_{n_1}，第二次在 x_{n_1} 后抽取 x_{n_2}，第三次在 x_{n_2} 后抽取 x_{n_3}，无休止地抽取下去得到子数列

$$x_{n_1},x_{n_2},\cdots,x_{n_k},\cdots$$

其中 $\{n_k\}$ 严格单调递增.

不难发现，数列 $\{x_n\}$ 的任意子列 $\{x_{n_k}\}$ 都可以看作由函数 $x_n=f(n)$ 与严格递增的函数

$$n=g(k),k=1,2,3,\cdots$$

复合得到. 由复合函数的极限法则直接得到收敛数列与其子数列间的关系.

定理 2.11　（收敛数列与其子数列间的关系）　如果数列 $\{x_n\}$ 收敛于 A，则它的任意子数列也收敛于 A.

由定理 2.11，如果一个数列有发散的子列，那么这个数列是发散的. 另外，如果一个数列的两个子列都收敛，但极限值不同，那么这个数列也是发散的.

例 2.20　考察数列 $x_n = (-1)^n$ 的敛散性.

解　由 $x_{2n} = (-1)^{2n} = 1$，$x_{2n+1} = (-1)^{2n+1} = -1$，有

$$\lim_{n \to \infty} x_{2n} = 1, \lim_{n \to \infty} x_{2n+1} = -1$$

因为 $1 \neq -1$，所以 $\lim\limits_{n \to \infty} x_n$ 不存在，即 $x_n = (-1)^n$ 是发散的.

部分题目详解与提示

习题 2.3

A 组

1. 求下列函数的极限：

(1) $\lim\limits_{x \to \sqrt{3}} \dfrac{x^2 - 3}{x^2 + 1}$；

(2) $\lim\limits_{x \to -\frac{1}{2}} \sqrt{\dfrac{x+2}{x+1}}$；

(3) $\lim\limits_{n \to \infty} \left[1 - \dfrac{1}{2} + \dfrac{1}{2^2} - \dfrac{1}{2^3} + \cdots + (-1)^n \dfrac{1}{2^n} \right]$；

(4) $\lim\limits_{n \to \infty} \dfrac{1 + 2 + \cdots + n}{n^2}$；

(5) $\lim\limits_{x \to 1} \left(\dfrac{1}{1-x} - \dfrac{3}{1-x^3} \right)$；

(6) $\lim\limits_{x \to 0} \dfrac{x^2}{1 - \sqrt{1 + x^2}}$；

(7) $\lim\limits_{x \to \infty} \left(2 - \dfrac{1}{x} + \dfrac{1}{x^2} \right)$；

(8) $\lim\limits_{x \to \infty} (2x^2 + x - 1)$；

(9) $\lim\limits_{x \to 0} x^2 \sin \dfrac{1}{x}$；

(10) $\lim\limits_{x \to \infty} \dfrac{x^2 + 1}{x^3} (1 + \cos x)$；

(11) $\lim\limits_{n \to \infty} \dfrac{3^{n+1} + 5^{n+1}}{3^n + 5^n}$；

(12) $\lim\limits_{x \to \infty} \dfrac{(3x+1)^{30} (4x-5)^{40}}{(4x+3)^{70}}$；

(13) $\lim\limits_{x \to \infty} \dfrac{4x+1}{\sqrt[5]{x^3 - x + 1}}$；

(14) $\lim\limits_{x \to +\infty} \sqrt{\dfrac{x^2 - 2x + 3}{x^2 + 2x - 5}}$；

(15) $\lim\limits_{x \to \infty} \dfrac{x - \sin x}{x + \sin x}$；

(16) $\lim\limits_{x \to 1^-} (x+3) \dfrac{\sqrt{2x}\,(x-1)}{|x-1|}$.

2. 求下列极限：

(1) $\lim\limits_{x \to +\infty} \left[\sqrt{(x+a)(x+b)} - x \right]$；

(2) $\lim\limits_{x \to +\infty} \left(\sqrt{x^2 + x + 1} - x \right)$；

(3) $\lim\limits_{x \to +\infty} \left(\sqrt{x^2 + x} - \sqrt{x^2 - x} \right)$；

(4) $\lim\limits_{x \to -\infty} \left(\sqrt{x^2 + x} - \sqrt{x^2 - x} \right)$.

3. 证明：$\lim\limits_{n \to \infty} (-1)^n \dfrac{n^2 + 3n - 1}{2n^2 + 7}$ 不存在.

4. 证明：$\lim\limits_{x \to 0^+} \sin \dfrac{1}{\sqrt{x}}$ 不存在.

B 组

1. 求下列函数的极限：

(1) $\lim\limits_{x \to 1} \dfrac{x^m - 1}{x^n - 1}$（$m$，$n$ 为正整数）；

(2) $\lim\limits_{x \to 1} \dfrac{x + x^2 + \cdots + x^n - n}{x - 1}$；

(3) $\lim\limits_{x \to +\infty} \left[\sqrt{x} \left(\sqrt{x+2} - \sqrt{x+1} \right) \right]$；

(4) $\lim\limits_{h \to 0^+} \dfrac{\sqrt{h^2 + 4h + 5} - \sqrt{5}}{h}$；

(5) $\lim\limits_{n \to \infty} \left[\left(1 - \dfrac{1}{2^2} \right) \cdot \left(1 - \dfrac{1}{3^2} \right) \cdots \cdot \left(1 - \dfrac{1}{n^2} \right) \right]$；

(6) $\lim\limits_{n \to \infty} \left[\dfrac{1}{1 \times 2} + \dfrac{1}{2 \times 3} + \cdots + \dfrac{1}{n(n+1)} \right]$.

2. 推断极限值：

(1) 若 $\lim\limits_{x \to -2} \dfrac{f(x)}{x^2} = 1$，求 $\lim\limits_{x \to -2} \dfrac{f(x)}{x}$；

(2) 若 $\lim\limits_{x \to 2} \dfrac{f(x) - 5}{x - 2} = 3$，求 $\lim\limits_{x \to 2} f(x)$；

(3) 若 $\lim\limits_{x \to x_0} \dfrac{f(x) - f(x_0)}{x - x_0} = A$，求 $\lim\limits_{x \to x_0} f(x)$.

3. 确定 a，b 的值，使下列极限等式成立：

(1) $\lim\limits_{x \to 3} \dfrac{x^2 - 2x + a}{x - 3} = 4$；

(2) $\lim\limits_{x \to 1} \dfrac{x^2 + ax + b}{x - 1} = 3$；

(3) $\lim\limits_{x \to +\infty} \left(\sqrt{x^2 - x + 1} - ax - b \right) = 0$；

(4) $\lim\limits_{x \to -\infty} \left(\sqrt{x^2 - x + 1} - ax - b \right) = 0$.

4. 下列说法是否正确？为什么？

（1）无穷小量是很小很小的数，无穷大量是很大很大的数；

（2）无穷小量就是 0；

（3）0 是无穷小量；

（4）无穷大量一定是无界变量；

（5）无界变量一定是无穷大量；

（6）无穷大量与无穷大量的和是无穷大量；

（7）无穷大量与有界变量的和是无穷大量；

（8）无穷大量与有界变量的乘积是无穷大量；

（9）无穷大量与无穷小量的和仍是无穷大量；

（10）无穷多个无穷小量的和仍是无穷小量；

（11）无穷大量的倒数是无穷小量；

（12）无穷小量的倒数是无穷大量；

（13）正无穷大量加负无穷大量等于零；

（14）无穷小量与无穷小量的商仍是无穷小量；

（15）若数列 $\{x_n\}$ 收敛于 A，则其任意子列 $\{x_{n_k}\}$ 也收敛于 A；

（16）若 $\lim\limits_{x \to x_0}[f(x) + g(x)]$ 存在，则必有 $\lim\limits_{x \to x_0}[f(x) + g(x)] = \lim\limits_{x \to x_0}f(x) + \lim\limits_{x \to x_0}g(x)$；

（17）若 $\lim\limits_{x \to x_0}f(x)$ 存在，$\lim\limits_{x \to x_0}g(x)$ 不存在，则 $\lim\limits_{x \to x_0}[f(x) + g(x)]$ 一定不存在；

（18）若 $\lim\limits_{x \to x_0}f(x)$ 存在，$\lim\limits_{x \to x_0}g(x)$ 不存在，则 $\lim\limits_{x \to x_0}[f(x) \cdot g(x)]$ 一定不存在.

5. 证明：$\lim\limits_{n \to \infty}x_n = a$ 的充要条件是
$$\lim\limits_{n \to \infty}x_{2n} = a \text{ 且 } \lim\limits_{n \to \infty}x_{2n+1} = a.$$

6. 证明：若单调数列 $\{x_n\}$ 的某一子列 $\{x_{n_k}\}$ 收敛于 A，则该数列也必定收敛于 A.

2.4 极限存在准则与两个重要极限

这一节介绍极限存在的两个充分条件，称之为极限存在准则，并用它们来证明两个重要的极限.

> **准则 I （夹挤定理）** 设 $f(x)$，$h(x)$ 和 $g(x)$ 满足：
> （1）在 x_0 的某个空心邻域内有 $f(x) \leqslant h(x) \leqslant g(x)$；
> （2）$\lim\limits_{x \to x_0}f(x) = \lim\limits_{x \to x_0}g(x) = A$.
> 则 $\lim\limits_{x \to x_0}h(x) = A$.

微课视频：
夹挤定理

证明 由 $f(x) \leqslant h(x) \leqslant g(x)$，有
$$|h(x) - A| \leqslant |f(x) - A| + |g(x) - A|$$
又由 $\lim\limits_{x \to x_0}f(x) = \lim\limits_{x \to x_0}g(x) = A$，有 $|f(x) - A| + |g(x) - A|$ 为无穷小，所以
$$\lim\limits_{x \to x_0}h(x) = A$$

注 1 夹挤定理也称**夹逼定理**，更有人将其形象地称为**三明治定理**. 它是无穷小比较定理的一般化，本质上和无穷小比较定理等价.

注 2 把夹挤定理中的 $x \to x_0$ 替换为 $x \to \infty$，$x \to +\infty$，$x \to -\infty$，$x \to x_0^+$ 或 $x \to x_0^-$，并相应修改不等式 $f(x) \leqslant h(x) \leqslant g(x)$ 成立的范围，定理仍然成立. 另外，把 x 替换为 n，同时把 $x \to x_0$ 替换为 $n \to \infty$ 就能得到数列形式的夹挤定理.

例 2.21 求：$\lim\limits_{n\to\infty}\sqrt[m]{1+\dfrac{1}{n}}$，$m$ 为正整数.

解 由 m 为正整数，有

$$1\leqslant\sqrt[m]{1+\frac{1}{n}}\leqslant 1+\frac{1}{n}$$

注意到 $\lim\limits_{n\to\infty}\left(1+\dfrac{1}{n}\right)=1$，$\lim\limits_{n\to\infty}1=1$，由夹挤定理，有

$$\lim_{n\to\infty}\sqrt[m]{1+\frac{1}{n}}=1$$

例 2.22 求 $\lim\limits_{n\to\infty}a^{\frac{1}{n}}$，其中 $a>1$.

解 由 $a>1$，有 $a^{\frac{1}{n}}>1$. 令 $a^{\frac{1}{n}}=1+\alpha_n$，则 $\alpha_n>0$，两边取 n 次方，

$$a=\left(1+\alpha_n\right)^n=1+n\alpha_n+\cdots+\alpha_n^n>n\alpha_n$$

有 $\alpha_n<\dfrac{a}{n}$，于是有 $1<a^{\frac{1}{n}}<1+\dfrac{a}{n}$，由夹挤定理，$\lim\limits_{n\to\infty}a^{\frac{1}{n}}=1$.

下面我们借助几何图形（见图 2-4），讨论两个与三角函数有关的极限.

观察图 2-4，有 $0<\triangle OAP$ 的面积 $<$ 扇形 OAP 的面积 $<$ $\triangle OAT$的面积
即

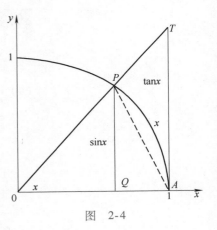

图 2-4

$$\frac{1}{2}\cdot 1\cdot\sin x<\frac{1}{2}\cdot x\cdot 1^2<\frac{1}{2}\cdot 1\cdot\tan x$$

亦即

$$0<\sin x<x<\tan x,\quad 0<x<\frac{\pi}{2} \tag{2-1}$$

同时除以 x，得

$$\frac{\sin x}{x}<1<\frac{1}{\cos x}\cdot\frac{\sin x}{x}$$

即

$$\cos x<\frac{\sin x}{x}<1,\quad 0<x<\frac{\pi}{2} \tag{2-2}$$

注意到 $\sin(-x)=-\sin x$，$\tan(-x)=-\tan x$，由式（2-1），有

$$|\sin x|\leqslant|x|\leqslant|\tan x|,\ |x|<\frac{\pi}{2} \tag{2-3}$$

且等号仅在 $x=0$ 时成立.

再注意到 $\cos(-x)=\cos x$，$\dfrac{\sin(-x)}{-x}=\dfrac{\sin x}{x}$，由式（2-2），有

$$\cos x<\frac{\sin x}{x}<1,\quad 0<|x|<\frac{\pi}{2} \tag{2-4}$$

由式（2-3），有

$$\lim_{x \to 0} \sin x = 0$$

因而 $\lim\limits_{x \to 0} \cos x = \lim\limits_{x \to 0} \sqrt{1 - (\sin x)^2} = 1$. 结合式（2-4）和夹挤定理，有

$$\lim_{x \to 0} \frac{\sin x}{x} = 1$$

这个结果在讨论一些和三角函数有关的极限中十分重要，因此称之为**第一个重要极限**.

由复合函数的极限法则，第一个重要极限的一般形式为

$$\lim_{u(x) \to 0} \frac{\sin u(x)}{u(x)} = 1$$

例 2.23　　求下列极限：

（1）$\lim\limits_{x \to 0} \dfrac{\sin 3x}{x}$;　　　（2）$\lim\limits_{x \to 0} \dfrac{\tan 5x}{\sin x}$;　　　（3）$\lim\limits_{x \to 0} \dfrac{1 - \cos x}{x^2}$;

（4）$\lim\limits_{x \to 0} \dfrac{x \tan x}{2 - 2\cos x}$.

解

（1）$\lim\limits_{x \to 0} \dfrac{\sin 3x}{x} = \lim\limits_{x \to 0} \dfrac{\sin 3x}{3x} \times 3 = 3$;

（2）$\lim\limits_{x \to 0} \dfrac{\tan 5x}{\sin x} = \lim\limits_{x \to 0} \dfrac{\sin 5x}{\cos 5x \cdot \sin x} = \lim\limits_{x \to 0} \left(\dfrac{\sin 5x}{5x} \cdot \dfrac{x}{\sin x} \cdot 5 \cdot \dfrac{1}{\cos 5x} \right)$

$$= 1 \times 1 \times 5 \times \frac{1}{1} = 5;$$

（3）$\lim\limits_{x \to 0} \dfrac{1 - \cos x}{x^2} = \lim\limits_{x \to 0} \dfrac{2\sin^2 \dfrac{x}{2}}{x^2}$

$$= \frac{1}{2} \lim_{x \to 0} \left(\frac{\sin \dfrac{x}{2}}{\dfrac{x}{2}} \right)^2 = \frac{1}{2};$$

（4）$\lim\limits_{x \to 0} \dfrac{x \tan x}{2 - 2\cos x} = \dfrac{1}{2} \lim\limits_{x \to 0} \left(\dfrac{x^2}{1 - \cos x} \cdot \dfrac{1}{x^2} \cdot \dfrac{x \sin x}{\cos x} \right)$

$$= \frac{1}{2} \lim_{x \to 0} \left(\frac{x^2}{1 - \cos x} \cdot \frac{\sin x}{x} \cdot \frac{1}{\cos x} \right)$$

$$= 1.$$

准则 II　单调有界数列必有极限.

单调数列包括单调增数列和单调减数列. 设 $\{x_n\}$ 为数列，如果

$$x_1 \leqslant x_2 \leqslant x_3 \leqslant \cdots \leqslant x_n \leqslant x_{n+1} \leqslant \cdots$$

则称 $\{x_n\}$ 是单调增数列. 易见，单调增数列一定有下界 x_1，因此，单调增数列的有界主要是指其有上界.

类似地，如果

$$x_1 \geqslant x_2 \geqslant x_3 \geqslant \cdots \geqslant x_n \geqslant x_{n+1} \geqslant \cdots$$

则称 $\{x_n\}$ 是单调减数列. 易见，单调减数列一定有上界 x_1，因此，单调减数列的有界数列主要是指其有下界.

准则 II 是说，单调增且有上界的数列和单调减且有下界的数列一定有极限. 我们用它来证明**第二个重要极限**：

（1）数列形式　$\lim\limits_{n \to \infty} \left(1 + \dfrac{1}{n}\right)^n$ 存在（记为 e）；

（2）函数形式　$\lim\limits_{x \to \infty} \left(1 + \dfrac{1}{x}\right)^x = \mathrm{e}$.

微课视频：
单调有界准则

　　证明　（1）我们通过证明数列 $\left\{\left(1 + \dfrac{1}{n}\right)^n\right\}$ 单调增且有上界来证明极限 $\lim\limits_{n \to \infty} \left(1 + \dfrac{1}{n}\right)^n$ 存在. 首先证明数列 $\left\{\left(1 + \dfrac{1}{n}\right)^n\right\}$ 单调增加，即

$$\left(1 + \frac{1}{n}\right)^n < \left(1 + \frac{1}{n+1}\right)^{n+1}, \quad n \geqslant 1$$

这等价于

$$\left[\left(1 + \frac{1}{n}\right)^n\right]^{\frac{1}{n+1}} < 1 + \frac{1}{n+1}, \quad n \geqslant 1$$

由均值不等式，有

$$\left[1 \cdot \left(1 + \frac{1}{n}\right)^n\right]^{\frac{1}{n+1}} < \frac{1 + n\left(1 + \dfrac{1}{n}\right)}{n+1} = 1 + \frac{1}{n+1}$$

所以数列 $\left\{\left(1 + \dfrac{1}{n}\right)^n\right\}$ 是严格单调递增的.

其次，我们证明数列 $\left\{\left(1 + \dfrac{1}{n}\right)^n\right\}$ 有上界. 由二项式定理，有

$$\left(1 + \frac{1}{n}\right)^n = \sum_{k=0}^{n} \mathrm{C}_n^k \frac{1}{n^k}$$

$$= 1 + 1 + \sum_{k=2}^{n} \frac{n(n-1)\cdots(n-k+1)}{n^k \cdot k!}$$

$$\leqslant 2 + \sum_{k=2}^{n} \frac{1}{k!}$$

$$\leqslant 2 + \sum_{k=2}^{n} \frac{1}{(k-1)k}$$

$$2 + \sum_{k=2}^{n} \frac{1}{(k-1)k} = 2 + \left(1 - \frac{1}{2}\right) + \left(\frac{1}{2} - \frac{1}{3}\right) + \cdots + \left(\frac{1}{n-1} - \frac{1}{n}\right)$$

$$= 3 - \frac{1}{n} < 3$$

综合上述结果，数列$\left\{\left(1 + \frac{1}{n}\right)^n\right\}$是严格单调递增且有上界的，由极限存在准则 II，$\lim\limits_{n\to\infty}\left(1 + \frac{1}{n}\right)^n$存在.

许多数学家都发现，这一极限值在微积分学中有重要应用，而瑞士数学家欧拉（L. Euler）最先用字母 e 表示这个极限并一直沿用至今，即

$$\lim_{n\to\infty}\left(1 + \frac{1}{n}\right)^n = e$$

微课视频：
两个重要极限

欧拉
（L. Euler，1707—1783）
瑞士数学家、物理学家

e 是一个无理数，前 30 位数字为

     2. 718 281 828 459 045 235 360 287 471 35

（2）首先证明 $\lim\limits_{x\to+\infty}\left(1 + \frac{1}{x}\right)^x = e$.

不妨设 $x > 1$，我们用 n 表示 x 的整数部分，即 $n \leqslant x < n+1$，则有

$$\left(1 + \frac{1}{n+1}\right)^n < \left(1 + \frac{1}{x}\right)^x < \left(1 + \frac{1}{n}\right)^{n+1}$$

注意到当 $x\to+\infty$ 时，有 $n\to+\infty$，而且

$$\lim_{n\to+\infty}\left(1 + \frac{1}{n+1}\right)^n = \lim_{n\to+\infty}\left[\left(1 + \frac{1}{n+1}\right)^{n+1} \Big/ \left(1 + \frac{1}{n+1}\right)\right] = \frac{e}{1} = e$$

$$\lim_{n\to+\infty}\left(1 + \frac{1}{n}\right)^{n+1} = \lim_{n\to+\infty}\left[\left(1 + \frac{1}{n}\right)^n \cdot \left(1 + \frac{1}{n}\right)\right] = e \cdot 1 = e$$

由夹挤定理有 $\lim\limits_{x\to+\infty}\left(1 + \frac{1}{x}\right)^x = e$.

再证 $\lim\limits_{x\to-\infty}\left(1 + \frac{1}{x}\right)^x = e$.

令 $y = -x$，则有

$$\lim_{x\to-\infty}\left(1 + \frac{1}{x}\right)^x = \lim_{y\to+\infty}\left(1 + \frac{1}{-y}\right)^{-y}$$

$$= \lim_{y\to+\infty}\left(\frac{y-1}{y}\right)^{-y}$$

$$= \lim_{y\to+\infty}\left(\frac{y}{y-1}\right)^{y}$$

$$= \lim_{y\to+\infty}\left[\left(1 + \frac{1}{y-1}\right)^{y-1} \cdot \left(1 + \frac{1}{y-1}\right)\right]$$

$$= e \cdot 1 = e$$

所以，$\lim\limits_{x\to\infty}\left(1 + \frac{1}{x}\right)^x = e$.

由复合函数的极限法则，第二个重要极限的一般形式为

$$\lim_{v(x)\to\infty}\left[1+\frac{1}{v(x)}\right]^{v(x)}=\mathrm{e}$$

或

$$\lim_{u(x)\to 0}\left[1+u(x)\right]^{\frac{1}{u(x)}}=\mathrm{e}$$

微课视频：

数 e 有什么实际意义

注　$\lim\limits_{n\to\infty}\left(1+\dfrac{1}{n}\right)^{n}=\mathrm{e}$ 可以看作是实数 e 的定义，但数列 $\left(1+\dfrac{1}{n}\right)^{n}$ 收敛的速度非常慢，例如 $\left(1+\dfrac{1}{6000}\right)^{6000}\approx 2.7181.$

例 2.24　求 $\lim\limits_{x\to 0}(1-x)^{\frac{1}{x}}$

解　令 $t=\dfrac{-1}{x}$，则

$$\lim_{x\to 0}(1-x)^{\frac{1}{x}}=\lim_{t\to\infty}\left(1+\frac{1}{t}\right)^{-t}$$

$$=\frac{1}{\lim\limits_{t\to\infty}\left(1+\dfrac{1}{t}\right)^{t}}$$

$$=\frac{1}{\mathrm{e}}$$

例 2.25　求 $\lim\limits_{x\to\infty}\left(1-\dfrac{2}{x}\right)^{x}$

解　$\lim\limits_{x\to\infty}\left(1-\dfrac{2}{x}\right)^{x}=\lim\limits_{x\to\infty}\left(1+\dfrac{2}{-x}\right)^{\frac{-x}{2}\cdot(-2)}$

注意到当 $x\to\infty$ 时，有 $-\dfrac{x}{2}\to\infty$. 由第二个重要极限和复合函数的极限法则，有

$$\lim_{x\to\infty}\left(1-\frac{2}{x}\right)^{x}=\lim_{x\to\infty}\left[\left(1+\frac{2}{-x}\right)^{\frac{-x}{2}}\right]^{-2}=\mathrm{e}^{-2}$$

极限存在准则 II 的函数形式如下：

准则 II′　如果函数 $y=f(x)$ 在开区间 I 内单调，则 $f(x)$ 在 I 内每一点的左、右极限都存在.

例 2.26　求 $\lim\limits_{x\to 0}a^{x}$，其中 $a>0$ 为常数.

解　指数函数 $y=a^{x}$ 在 $(-\infty,+\infty)$ 单调，由**准则 II′**，$\lim\limits_{x\to 0^{+}}a^{x}$ 存在. 当 $a>1$ 时，

$$\lim_{x\to0^+}a^x=\lim_{n\to\infty}a^{\frac{1}{n}}=1\,(见定理2.10及例2.22)$$

令 $x=-t$，则

$$\lim_{x\to0^-}a^x=\lim_{t\to0^+}a^{-t}=\lim_{t\to0^+}\frac{1}{a^t}=1$$

因此，$\lim_{x\to0}a^x=1$.

当 $0<a<1$ 时，令 $x=-t$，则 $\lim_{x\to0}a^x=\lim_{t\to0}a^{-t}=\lim_{t\to0}\left(\frac{1}{a}\right)^t=1$

*柯西收敛准则

夹挤定理和单调有界数列必有极限都是数列极限存在的充分条件，而柯西收敛准则是数列收敛的一个充分必要条件.

部分题目详解与提示

柯西收敛准则　数列 $\{x_n\}$ 收敛的充分必要条件是：$\forall\varepsilon>0$，$\exists N>0$，当 $m>N$，$n>N$ 时，有
$$|x_n-x_m|<\varepsilon$$

证明从略.

习题 2.4

A组

1. 求下列极限：

(1) $\lim\limits_{x\to0}\dfrac{\sin\omega x}{3x}$；　　(2) $\lim\limits_{x\to0}\dfrac{\sin2x}{\sin3x}$；

(3) $\lim\limits_{x\to0}x\cot x$；　　(4) $\lim\limits_{x\to0}\dfrac{\arcsin x}{x}$；

(5) $\lim\limits_{x\to0}\dfrac{x-\sin x}{x+\sin x}$；　　(6) $\lim\limits_{x\to1}\dfrac{\sin(x^2-1)}{x-1}$；

(7) $\lim\limits_{x\to0}\dfrac{1-\cos2x}{x\sin x}$；

(8) $\lim\limits_{n\to\infty}2^n\sin\dfrac{x}{2^n}(x\neq0$ 为常数$)$；

(9) $\lim\limits_{x\to\pi}\dfrac{\sin x}{x-\pi}$；　　(10) $\lim\limits_{x\to1}(1-x)\tan\dfrac{\pi x}{2}$；

(11) $\lim\limits_{x\to0}\dfrac{\tan x-\sin x}{\sin^3x}$；　　(12) $\lim\limits_{x\to0}\dfrac{\sin(\sin x)}{x}$；

(13) $\lim\limits_{x\to\infty}x^2\sin\dfrac{1}{2x^2}$；　　(14) $\lim\limits_{x\to0}\dfrac{\tan(\sin x)}{\sin(\tan x)}$；

(15) $\lim\limits_{x\to0}\dfrac{\sqrt{1+\sin^2x}-1}{x\tan x}$；

(16) $\lim\limits_{x\to0}\dfrac{(\sqrt[3]{1+\tan x}-1)(\sqrt{1+x^2}-1)}{\tan x-\sin x}$.

2. 求下列极限：

(1) $\lim\limits_{x\to0}(1-3x)^{\frac{1}{x}}$；　　(2) $\lim\limits_{x\to0}(1+2x)^{\frac{2}{x}}$；

(3) $\lim\limits_{x\to\infty}\left(1-\dfrac{1}{x}\right)^{kx}$（$k$ 为正整数）；

(4) $\lim\limits_{x\to\infty}\left(\dfrac{1+x}{x}\right)^{2x}$；

(5) $\lim\limits_{x\to\infty}\left(\dfrac{x+n}{x}\right)^{mx}$（$m$，$n$ 为正整数）；

(6) $\lim\limits_{n\to\infty}\left(1+\dfrac{2}{3^n}\right)^{3^n}$；

(7) $\lim\limits_{x\to\infty}\left(1-\dfrac{1}{x}\right)^{1-x}$；

(8) $\lim\limits_{x\to\infty}\left(\dfrac{x^2+1}{x^2-x}\right)^{x-2+\frac{2}{x-1}}$.

3. 根据所给 x 的各种变化情况，讨论下列函数的极限：

(1) $f(x)=\dfrac{1}{x}\cos\dfrac{1}{x}$　$(x\to\infty)$；

(2) $f(x)=\begin{cases}\dfrac{\sin x}{x}, & x<0 \\[2mm] (1+x)^{\frac{1}{x}}, & x>0\end{cases}$，$x\to0^+$，

$x\to0^-$，$x\to0$.

B 组

1. 用夹挤定理证明下列极限:

(1) $\lim\limits_{n\to\infty}\left[n\cdot\left(\dfrac{1}{n^2+\pi}+\dfrac{1}{n^2+2\pi}+\cdots+\dfrac{1}{n^2+n\pi}\right)\right]=1$;

(2) $\lim\limits_{n\to\infty}\left(\dfrac{3^n+5^n}{2}\right)^{\frac{1}{n}}=5$; (3) $\lim\limits_{x\to0}x\left[\dfrac{1}{x}\right]=1$.

2. 利用单调有界数列必有极限证明:

(1) 数列 $\sqrt{2}$, $\sqrt{2+\sqrt{2}}$, $\sqrt{2+\sqrt{2+\sqrt{2}}}$, $\cdots$, 的极限存在,并求出极限值;

(2) $\lim\limits_{n\to\infty}\left[\left(1+\dfrac{1}{2}\right)\times\left(1+\dfrac{1}{2^2}\right)\times\cdots\times\left(1+\dfrac{1}{2^{2^{n-1}}}\right)\right]$ 存在,并求该极限.

3. 证明: $\lim\limits_{x\to0}\left[\lim\limits_{n\to\infty}\left(\cos\dfrac{x}{2}\cos\dfrac{x}{2^2}\cdots\cos\dfrac{x}{2^n}\right)\right]=1$.

4. 证明: 当 $x\to0$ 时, 函数 $\dfrac{1-\mathrm{e}^{\frac{1}{x}}}{1+\mathrm{e}^{\frac{1}{x}}}+\dfrac{\sin x}{|x|}$ 是无穷小.

5. 设 $f(x)=\begin{cases}(1+ax)^{\frac{1}{x}}, & x>0\\[2mm]\dfrac{\sin bx}{x}+3, & x<0\end{cases}$, 试求 a、b 的值使 $\lim\limits_{x\to0}f(x)=2$.

2.5　函数的连续性

这一节我们首先介绍函数连续性的概念,函数的间断点及其分类,然后介绍初等函数的连续性,最后介绍闭区间上连续函数的性质及其应用.

2.5.1　函数连续性的概念

> **定义 2.5**　(**函数在一点的连续性**)　如果 $\lim\limits_{x\to x_0}f(x)=f(x_0)$, 则称 $f(x)$ 在点 x_0 连续.

注意　函数在一点的连续性包含以下三个条件:

(1) $f(x)$ 在点 x_0 有定义, 即 $f(x_0)$ 有意义;

(2) 极限 $\lim\limits_{x\to x_0}f(x)$ 存在;

(3) $\lim\limits_{x\to x_0}f(x)=f(x_0)$.

其中, 条件 (2) 隐含 $f(x)$ 首先要在点 x_0 的某个空心邻域内有定义. 结合条件 (1), 只有当 $f(x)$ 在点 x_0 的某个邻域内有定义时, 才可以讨论函数在该点的连续性.

如果用 "$\varepsilon-\delta$" 语言描述, 则 $f(x)$ 在点 x_0 连续等价于

> $\forall\varepsilon>0$, $\exists\delta>0$, 当 $|x-x_0|<\delta$ 时,有 $|f(x)-f(x_0)|<\varepsilon$

记自变量 x 在点 x_0 的增量为 Δx, 对应函数增量为
$$\Delta y=f(x_0+\Delta x)-f(x_0)$$
则 $f(x)$ 在点 x_0 连续等价于
$$\lim\limits_{\Delta x\to0}\Delta y=\lim\limits_{\Delta x\to0}\left[f(x_0+\Delta x)-f(x_0)\right]=0$$

即当函数自变量的改变量 $\Delta x \to 0$ 时，相应地也有函数的改变量 $\Delta y \to 0$，亦即 Δx 为无穷小时，Δy 也为无穷小.

> **定义 2.6** （函数在一点左、右连续）　如果 $\lim\limits_{x \to x_0^-} f(x) = f(x_0)$，则称 $f(x)$ 在点 x_0 **左连续**. 如果 $\lim\limits_{x \to x_0^+} f(x) = f(x_0)$，则称 $f(x)$ 在 x_0 点**右连续**.

由极限与左、右极限的关系得到：

$f(x)$ 在点 x_0 连续 $\Leftrightarrow f(x)$ 在 x_0 点左、右连续.

例 2.27　　讨论函数

$$f(x) = \begin{cases} \dfrac{\sin x}{x}, & x < 0 \\ 1, & x = 0 \\ \dfrac{(1+x)^{\frac{1}{x}}}{e}, & x > 0 \end{cases}$$

在点 $x = 0$ 的连续性.

解　由于

$$\lim_{x \to 0^-} f(x) = \lim_{x \to 0^-} \frac{\sin x}{x} = 1 = f(0)$$

$$\lim_{x \to 0^+} f(x) = \lim_{x \to 0^-} \frac{(1+x)^{\frac{1}{x}}}{e} = 1 = f(0)$$

所以 $f(x)$ 在点 $x = 0$ 左连续且右连续，即 $f(x)$ 在点 $x = 0$ 连续.

> **定义 2.7** （函数在区间连续）　如果 $f(x)$ 在开区间 (a,b) 内的每一点连续，则称它在开区间 (a,b) 内连续. 如果 $f(x)$ 在开区间 (a,b) 内连续，且在点 a 右连续，在点 b 左连续，则称它在闭区间 $[a,b]$ 上连续.

通常把区间 I 上的所有连续函数构成的集合记作 $C(I)$，如闭区间 $[a,b]$ 上连续函数的全体记为 $C[a,b]$.

例 2.28　　证明：$y = \sin x$ 在 $(-\infty, +\infty)$ 连续.

证明　对任意的 $x_0 \in (-\infty, +\infty)$，我们证明 $y = \sin x$ 在点 x_0 连续，即 $\lim\limits_{x \to x_0} \sin x = \sin x_0$. 注意到

$$0 \leqslant |\sin x - \sin x_0| = \left| 2\cos \frac{x + x_0}{2} \sin \frac{x - x_0}{2} \right| \leqslant |x - x_0|$$

由夹挤定理有　$\lim\limits_{x \to x_0} \sin x = \sin x_0$.

类似地，$y = \cos x$ 在 $(-\infty, +\infty)$ 连续.

例 2.29　　证明：$y = a^x (a > 0, a \neq 1)$ 在 $(-\infty, +\infty)$ 连续.

证明　对任意的 $x_0 \in (-\infty, +\infty)$，由例 2.26 的结论，有

$$\lim_{x \to x_0}(a^x - a^{x_0}) = a^{x_0}\lim_{x \to x_0}(a^{x-x_0} - 1) = 0$$

即 $\lim\limits_{x \to x_0} a^x = a^{x_0}$.

结合极限的运算法则和连续性的定义，有如下定理.

> **定理 2.12**　（函数四则运算的连续性）　设 $f(x)$ 和 $g(x)$ 在点 x_0 连续，则
> 　（1）$f(x) \pm g(x)$ 在点 x_0 连续；
> 　（2）$f(x)g(x)$ 在点 x_0 连续；
> 　（3）$\dfrac{f(x)}{g(x)}$ 在点 x_0 连续（若 $g(x_0) \neq 0$）.

微课视频：
函数连续性的概念 2

例如，由 $y = \sin x$ 和 $y = \cos x$ 在 $(-\infty, +\infty)$ 连续，利用函数四则运算的连续性可以推出 $y = \tan x$ 和 $y = \cot x$ 在各自定义区间内连续.

> **定理 2.13**　（复合函数的连续性）　设函数 $u = \varphi(x)$ 在点 x_0 连续，函数 $y = f(u)$ 在点 $u_0 = \varphi(x_0)$ 连续，则复合函数 $f(\varphi(x))$ 在点 $x = x_0$ 也连续.

复合函数的连续性可以理解为，如果 $\lim\limits_{x \to x_0}\varphi(x) = \varphi(x_0)$，$\lim\limits_{u \to u_0} f(u) = f(u_0)$，其中 $u_0 = \varphi(x_0)$，则

$$\lim_{x \to x_0} f(\varphi(x)) = f(\lim_{x \to x_0}\varphi(x)) = f(\varphi(x_0))$$

上述等式实际上就是交换极限符号 $\lim\limits_{x \to x_0}$ 和连续函数 f、φ 的次序.

另外，还有反函数的连续性定理.

> **定理 2.14**　设函数 $y = f(x)$ 在区间 I 上单调而且连续，则其反函数也单调且连续.

由于我们可以把一个函数及其反函数看作同一条曲线，所以反函数的连续性是显而易见的. 例如，由 $\sin x$，$\cos x$，$\tan x$ 和 $\cot x$ 的连续性可以分别推得 $\arcsin x$，$\arccos x$，$\arctan x$ 和 $\text{arccot } x$ 的连续性.

再例如，由 $y = e^x$ 的连续性可以推出 $y = \ln x$ 在 $(0, +\infty)$ 连续，再利用复合函数的连续性可以推出 $x^\mu = e^{\mu \ln x}$ 在 $(0, +\infty)$ 连续.

综合上述结论，我们有如下定理.

定理 2.15 （初等函数的连续性） 初等函数在其定义区间内连续.

初等函数的连续性提供了一种求简单极限的方法.

例 2.30 求 $\lim\limits_{x \to 1}\left[\sqrt{1 + \ln x} + (x^2 - 1)^{\frac{2}{3}}\right]$.

解 函数 $\sqrt{1 + \ln x} + (x^2 - 1)^{\frac{2}{3}}$ 的定义域为 $x \geqslant e^{-1}$，$x = 1$ 是定义区间内的点，所以由初等函数的连续性，有

$$\lim\limits_{x \to 1}\left[\sqrt{1 + \ln x} + (x^2 - 1)^{\frac{2}{3}}\right] = \sqrt{1 + \ln 1} + (1^2 - 1)^{\frac{2}{3}} = 1$$

简单地说，只要 $f(x)$ 用一个初等表达式表示且在 x_0 的某个邻域内有意义，就有 $\lim\limits_{x \to x_0} f(x) = f(x_0)$.

例 2.31 已知 $\lim\limits_{x \to x_0} f(x) = A$，其中 $A > 0$，$\lim\limits_{x \to x_0} g(x) = B$，求 $\lim\limits_{x \to x_0} f(x)^{g(x)}$.

解 因为 $\lim\limits_{x \to x_0} f(x) = A$，且 $A > 0$，由极限的保号性，在 x_0 的某个空心邻域内有 $f(x) > 0$. 在这个空心邻域内有恒等式

$$f(x)^{g(x)} = e^{g(x)\ln f(x)}$$

由指数函数和对数函数的连续性，有

$$\lim\limits_{x \to x_0} f(x)^{g(x)} = \lim\limits_{x \to x_0} e^{g(x)\ln f(x)} = e^{\lim\limits_{x \to x_0}\left[g(x)\ln f(x)\right]} = e^{B\ln A} = A^B$$

例 2.32 求 $\lim\limits_{x \to 0}(\cos x)^{\frac{1}{x^2}}$.

解

$$\lim\limits_{x \to 0}(\cos x)^{\frac{1}{x^2}} = \lim\limits_{x \to 0}(\cos^2 x)^{\frac{1}{2x^2}}$$
$$= \lim\limits_{x \to 0}(1 - \sin^2 x)^{\frac{1}{2x^2}}$$
$$= \lim\limits_{x \to 0}\left[(1 - \sin^2 x)^{\frac{-1}{\sin^2 x}}\right]^{-\frac{\sin^2 x}{2x^2}}$$

由第二个重要极限有

$$\lim\limits_{x \to 0}(1 - \sin^2 x)^{\frac{-1}{\sin^2 x}} = e$$

由第一个重要极限有

$$\lim\limits_{x \to 0}\frac{-\sin^2 x}{2x^2} = -\frac{1}{2}$$

所以，$\lim\limits_{x \to 0}(\cos x)^{\frac{1}{x^2}} = e^{-\frac{1}{2}}$.

2.5.2 函数的间断点

函数间断点的概念源于对函数图形的研究.

首先，观察函数 $f(x) = \begin{cases} 1, & x > 0 \\ x, & x \leqslant 0 \end{cases}$ 和 $g(x) = \dfrac{x^2 - 1}{x - 1}$ 的图形，分别如图 2-5 和图 2-6 所示.

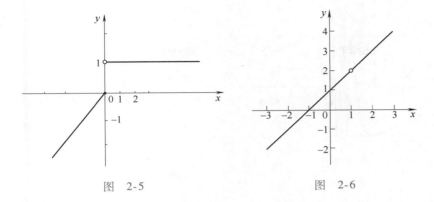

图　2-5　　　　　　　　图　2-6

从图 2-5 可以发现，曲线 $y=f(x)$ 在 $x=0$ 处是断开的，而从图 2-6 则可以发现，曲线 $y=g(x)$ 在 $x=1$ 处是断开的. 我们把这样的点称为函数的**间断点**.

在图 2-5 中，$\lim\limits_{x\to 0^-}f(x)=0$，$\lim\limits_{x\to 0^+}f(x)=1$，而 $0\neq 1$，函数值在点 $x=0$ 的左、右出现跳跃变化，称 $x=0$ 是函数 $f(x)$ 的**跳跃间断点**.

在图 2-6 中，$\lim\limits_{x\to 1^-}g(x)=\lim\limits_{x\to 1^-}\dfrac{x^2-1}{x-1}=2$，$\lim\limits_{x\to 1^+}g(x)=2$，因而 $\lim\limits_{x\to 1}g(x)=2$. $g(x)$ 在 $x=1$ 没有定义，函数曲线因此间断. 如果重新定义 $g(1)=2$，则这个间断点就去掉了. 称 $x=1$ 是 $g(x)$ 的**可去间断点**.

一般地，设 $f(x)$ 在 x_0 的某个空心邻域内有定义. 如果 $f(x)$ 在点 x_0 的左、右极限都存在但不相等，就称 x_0 是 $f(x)$ 的**跳跃间断点**. 如果 $f(x)$ 在点 x_0 的极限存在，但 $f(x_0)$ 无定义或 $\lim\limits_{x\to x_0}f(x)\neq f(x_0)$，就称 x_0 是 $f(x)$ 的**可去间断点**. 跳跃间断点和可去间断点统称**第一类间断点**. 只要 $f(x)$ 在点 x_0 的左、右极限有一个不存在，就称 x_0 是 $f(x)$ 的**第二类间断点**.

例如，考察函数 $f(x)=\sin\dfrac{1}{x}$. 由于 $\lim\limits_{x\to 0^-}\sin\dfrac{1}{x}$ 和 $\lim\limits_{x\to 0^+}\sin\dfrac{1}{x}$ 都不存在，所以 $x=0$ 是 $f(x)=\sin\dfrac{1}{x}$ 的第二类间断点，如图 2-7 所示.

又例如，$f(x)=\tan x$. 因为 $\lim\limits_{x\to\frac{\pi}{2}^-}\tan x=+\infty$，$\lim\limits_{x\to\frac{\pi}{2}^+}\tan x=-\infty$，所以 $x=\dfrac{\pi}{2}$ 是 $y=\tan x$ 的第二类间断点.

在第二类间断点中，如果 $\lim\limits_{x\to x_0^+}f(x)=\infty$ 或 $\lim\limits_{x\to x_0^-}f(x)=\infty$，也称 x_0 是 $f(x)$ 的**无穷间断点**. 此时，直线 $x=x_0$ 是 $y=f(x)$ 的一条垂直渐近线，如图 2-8 所示.

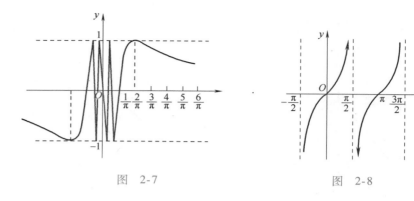

图 2-7   图 2-8

例 2.33 讨论函数 $f(x) = \dfrac{\sin x}{x(x-1)}$ 的连续性, 并判断其间断点的类型.

解 函数的定义域为 $(-\infty,0) \cup (0,1) \cup (1,+\infty)$. 由初等函数的连续性, 函数 $f(x)$ 在其定义域内连续. 因此, $f(x) = \dfrac{\sin x}{x(x-1)}$ 只有 $x=0$ 和 $x=1$ 两个间断点.

由 $$\lim_{x\to 0} f(x) = \lim_{x\to 0} \frac{\sin x}{x(x-1)} = -1$$

可知, $x=0$ 是 $f(x)$ 的可去间断点.

由 $$\lim_{x\to 1} f(x) = \lim_{x\to 1} \frac{\sin x}{x(x-1)} = \infty$$

可知, $x=1$ 是 $f(x)$ 的第二类间断点.

2.5.3 闭区间上连续函数的性质

微课视频:
闭区间上连续函数的性质

下面讨论有限闭区间上连续函数的性质及其应用. 这些重要性质可以通过实数的连续性公理加以证明, 限于篇幅我们将其省略.

首先回顾函数最大值、最小值的定义. 设 $f(x)$ 在区间 I 上有定义. 如果存在 $x_0 \in I$, 使得对任意的 $x \in I$ 都有

$$f(x) \leqslant f(x_0) \ (\text{或} f(x_0) \leqslant f(x))$$

则称 $f(x_0)$ 是函数 $f(x)$ 在区间 I 的最大值 (或最小值).

例如, $f(x) = \sin x$ 在 $(-\infty, +\infty)$ 内有最大值 1 和最小值 -1. 又如 $f(x) = x$ 在闭区间 $[a,b]$ 上有最大值 b 和最小值 a, 但在开区间 (a,b) 内既无最大值也无最小值. 下面的最大最小值定理给出了函数存在最大值、最小值的充分条件.

定理 2.16　（最大最小值定理）　如果 $f(x)$ 在 $[a,b]$ 上连续，则 $f(x)$ 在 $[a,b]$ 上有最大值和最小值，即如果 $f(x)$ 在 $[a,b]$ 上连续，则至少存在两点 $x_1,x_2 \in [a,b]$，使得

$$f(x_1) \leqslant f(x) \leqslant f(x_2), x \in [a,b]$$

　　注意　当区间不是有限闭区间或者函数不连续时，最大最小值定理的结论有可能不成立，即在该区间上函数可能不存在最大值或最小值．如 $y = \dfrac{1}{x}$ 在 $(0,1)$ 内无最大值或最小值；$y = \arctan x$ 在 $(-\infty, +\infty)$ 内无最大值或最小值；函数

$$f(x) = \begin{cases} \dfrac{1}{x}, & x \in [-1,0) \cup (0,1] \\ 1, & x = 0 \end{cases}$$

在点 $x = 0$ 处间断，在闭区间 $[-1,1]$ 上无最大或最小值．

推论 2.1　（有界性定理）　如果 $f(x)$ 在 $[a,b]$ 上连续，则 $f(x)$ 在 $[a,b]$ 上有界．

　　显而易见，函数的最大值和最小值分别是它的一个上界和一个下界．

定理 2.17　（零点定理）　设 $f(x)$ 在 $[a,b]$ 上连续，如果 $f(a)f(b) < 0$，则至少存在一点 $\xi \in (a,b)$，使得 $f(\xi) = 0$．

　　方程 $f(x) = 0$ 的根也称为函数 $f(x)$ 的零点，所以该定理称为零点定理．在几何上，$f(a)f(b) < 0$ 保证了函数曲线的端点分别在 x 轴的两侧，而零点定理则肯定了连接这样两点的连续曲线至少穿过 x 轴一次．

例 2.34　设 $f(x) = 1 + 5x - x^4$，证明：方程 $f(x) = 0$ 至少有一个小于 3 的正实根．

　　证明　方程 $f(x) = 0$ 至少有一个小于 3 的正实根即函数 $f(x)$ 在 $(0,3)$ 内至少有一个零点．

　　显然，初等函数 $f(x) = 1 + 5x - x^4$ 在 $[0,3]$ 上连续．由于
$$f(0) = 1 > 0, f(3) = 1 + 15 - 81 = -65 < 0,$$
于是 $f(0)f(3) < 0$，由零点定理，至少存在一点 $\xi \in (0,3)$，使得 $f(\xi) = 0$，即方程 $f(x) = 0$ 至少有一个小于 3 的正实根．

例 2.35　　证明：方程 $e^x = 5x$ 至少有一个小于 1 的正根.

　　证明　令 $f(x) = e^x - 5x$，则 $f(x)$ 在 $[0,1]$ 上连续. 因为

$$f(0) = 1 > 0, \quad f(1) = e - 5 < 0$$

所以 $f(0)f(1) < 0$，由零点定理，至少存在一点 $\xi \in (0,1)$，使得 $f(\xi) = 0$，即方程 $e^x = 5x$ 至少有一个小于 1 的正根.

定理 2.18　　**（介值定理）**　设 $f(x)$ 在 $[a,b]$ 上连续，若 $f(a) \neq f(b)$，且 μ 是介于 $f(a)$ 与 $f(b)$ 之间的任一数值，则至少存在一点 $\xi \in (a,b)$，使得 $f(\xi) = \mu$.

　　证明　令 $F(x) = f(x) - \mu$，则 $F(x)$ 在 $[a,b]$ 上连续，由条件不妨设 $f(a) < \mu < f(b)$，则 $F(a) = f(a) - \mu < 0$，$F(b) = f(b) - \mu > 0$. 根据零点定理，至少存在一点 $\xi \in (a,b)$，使得 $F(\xi) = f(\xi) - \mu = 0$，即 $f(\xi) = \mu$.

推论 2.2　　设 $f(x)$ 在 $[a,b]$ 上连续，则 $f(x)$ 可以取到介于它的最大值 M 与最小值 m 之间的任一数值.

例 2.36　　设 $f(x)$ 在 $[a,b]$ 上连续，且 $f(a) + f(b) = 2$. 证明：至少存在一点 $\xi \in [a,b]$，使得 $f(\xi) = 1$.

　　证明　不妨设 $f(a) \leqslant f(b)$，则

$$f(a) \leqslant \frac{f(a) + f(b)}{2} = 1, \quad f(b) \geqslant \frac{f(a) + f(b)}{2} = 1$$

如果 $f(a) = 1$，则结论成立. 如果 $f(a) < 1$，则 $f(b) > 1$. 由介值定理，至少存在一点 $\xi \in (a,b)$，使得 $f(\xi) = 1$，即结论成立.

部分题目详解与提示

习题 2.5

A 组

1. 求下列函数的极限：

(1) $\lim\limits_{x \to 2}\left[\sin(x^2 - 4) + \lg(x + 8)\right]$；

(2) $\lim\limits_{x \to \pi}\sin(x - \sin x)$；

(3) $\lim\limits_{x \to 0}(1 - \sin x)^{\frac{1}{x}}$；

(4) $\lim\limits_{x \to \infty}\left(\dfrac{x + n}{x - n}\right)^{mx}$；

(5) $\lim\limits_{x \to 0}\dfrac{1}{x}\ln(1 + 3x)$；

(6) $\lim\limits_{x \to 1}(1 + x)^{2\tan\frac{\pi}{4}x}$.

2. 讨论下列函数的连续性，并画出函数的图形：

(1) $f(x) = \begin{cases} x - \dfrac{1}{2}, & x \leqslant 0, \\ x^2 + 1, & x > 0; \end{cases}$

(2) $f(x) = \begin{cases} x, & x < 1, \\ 3 - x, & 1 \leqslant x \leqslant 2, \\ x, & 2 < x. \end{cases}$

3. 讨论下列函数的连续性，若有间断点，说明间断点的类型：

(1) $f(x) = \dfrac{x^2 - 1}{x^2 - 3x + 2}$；

（2）$f(x) = \dfrac{x}{\tan x}$；

（3）$f(x) = \dfrac{1 - \cos x}{x^2}$；

（4）$f(x) = \begin{cases} \dfrac{\sin x}{x}, & x < 0, \\ x^2 - 1, & x \geqslant 0; \end{cases}$

（5）$f(x) = \begin{cases} x\sin\dfrac{1}{x}, & x \neq 0, \\ 1, & x = 0; \end{cases}$

（6）$f(x) = e^{x + \frac{1}{x}}$．

4．分析下列函数的间断点，其中有可去间断点的函数，补充定义使其在该点连续：

（1）$f(x) = \dfrac{\sin(x-1)}{|x-1|}$；

（2）$f(x) = \dfrac{10^x - 1}{x}$；

（3）$f(x) = \dfrac{5^{|x|} - 1}{x}$；

（4）$f(x) = (1 + 2x)^{\frac{1}{x}}$．

5．确定常数 a、b，使下列函数在分段点连续：

（1）$f(x) = \begin{cases} a + x, & x \leqslant 2, \\ \tan(x-2), & x > 2; \end{cases}$

（2）$f(x) = \begin{cases} \arctan\dfrac{1}{x-3}, & x < 3, \\ a + \sqrt{x-3}, & x \geqslant 3; \end{cases}$

（3）$f(x) = \begin{cases} \dfrac{\sin ax}{x}, & x > 0, \\ 2, & x = 0, \\ \dfrac{1}{bx}\ln(1 - 3x), & x < 0; \end{cases}$

（4）$f(x) = \begin{cases} \sqrt{x^2 - 1}, & x < -1, \\ b, & x = -1, \\ a + \arccos x, & x > -1. \end{cases}$

6．证明：方程 $\cos x = x$ 至少有一个根．

7．证明：方程 $x^5 - 3x = 1$ 至少有一个根介于 1 和 2 之间．

8．设 $f(x) = 1 + ax + bx^2 + cx^3 - x^4$，证明：方程 $f(x) = 0$ 至少有两个实根．

9．证明：任何一个三次方程 $x^3 + ax^2 + bx + c = 0$ 至少有一个实根，其中 a、b、c 均为常数．

10．设 $f(x)$ 在 $[0, 1]$ 上连续，且 $0 \leqslant f(x) \leqslant 1$，$x \in [0, 1]$，证明：存在 $\xi \in [0, 1]$，使得 $f(\xi) = \xi$．

B 组

1．判断下列说法是否正确？不正确的请说明理由．

（1）若 $f(x)$ 在点 x_0 连续，则 $|f(x)|$ 也在点 x_0 连续；

（2）若 $|f(x)|$ 在点 x_0 连续，则 $f(x)$ 也在点 x_0 连续；

（3）单调有界函数没有第二类间断点；

（4）若 $f(x)$ 在区间 (a, b) 内连续，则 $f(x)$ 在 (a, b) 内必定有界；

（5）若 $f(x)$ 在区间 $[a, b]$ 上有定义，在 (a, b) 内连续，且 $f(a) \cdot f(b) < 0$，则 $f(x)$ 在 (a, b) 内必定有零点．

2．设 $f(x)$ 在 **R** 上连续，且 $f(x) \neq 0$，$\varphi(x)$ 在 **R** 上有定义，且有间断点，下列陈述中正确的表述是（　　）．

A．$\varphi(f(x))$ 必有间断点

B．$[\varphi(x)]^2$ 必有间断点

C．$f(\varphi(x))$ 必有间断点

D．$\dfrac{\varphi(x)}{f(x)}$ 必有间断点

3．讨论函数 $f(x) = \lim\limits_{n \to \infty}\left(x \cdot \dfrac{1 - x^{2n}}{1 + x^{2n}}\right)$ 的连续性，若有间断点，判断其间断点的类型．

4．设 $f(x) \in C[a,b]$，若 $f(x)$ 在 $[a, b]$ 上恒不为零，则 $f(x)$ 在 $[a, b]$ 上恒正或恒负．

5．设 $f(x)$ 在 $[a, b]$ 上连续，$x_1, x_2, \cdots, x_n \in [a,b]$．证明：至少存在一点 $\xi \in [a,b]$，使得 $f(\xi) = \dfrac{1}{n}\sum\limits_{k=1}^{n} f(x_k)$。

6．设 $f(x) \in C[a,b]$，$\alpha, \beta > 0$，证明：至少存在一点 $\xi \in [a,b]$，使得 $f(\xi) = \dfrac{\alpha f(a) + \beta f(b)}{\alpha + \beta}$．

2.6　无穷小的比较

当 $x \to 0$ 时，我们有 $\lim\limits_{x \to 0} x = 0$，$\lim\limits_{x \to 0} x^2 = 0$，即当 $x \to 0$ 时 x^2 和 x 都是无穷小．但这两个无穷小趋于零的速度是明显不同的，$\lim\limits_{x \to 0} \dfrac{x^2}{x} = 0$ 说明 x^2 比 x 趋于零的速度要快得多．无穷小的比较就是对无穷小趋于零的速度进行比较．

微课视频：
无穷小的比较

> **定义 2.8**　（**无穷小的阶的比较**）
>
> 设 $\lim\limits_{x \to x_0} f(x) = 0$，$\lim\limits_{x \to x_0} g(x) = 0$，即当 $x \to x_0$ 时 $f(x)$ 和 $g(x)$ 都是无穷小．
>
> （1）若 $\lim\limits_{x \to x_0} \dfrac{g(x)}{f(x)} = 1$，则称当 $x \to x_0$ 时 $g(x)$ 与 $f(x)$ 是**等价无穷小**，并记作 $g(x) \sim f(x)$；
>
> （2）若 $\lim\limits_{x \to x_0} \dfrac{g(x)}{f(x)} = C \neq 0$，则称当 $x \to x_0$ 时 $g(x)$ 与 $f(x)$ 是**同阶无穷小**；
>
> （3）若 $\lim\limits_{x \to x_0} \dfrac{g(x)}{f(x)} = 0$，则称当 $x \to x_0$ 时 $g(x)$ 是 $f(x)$ 的**高阶无穷小**，记作 $g(x) = o(f(x))$．

例 2.37　证明：当 $x \to 0$ 时，

（1）$\sin x$ 和 x 是等价无穷小；

（2）$1 - \cos x$ 和 x^2 是同阶无穷小；

（3）$x^2 \sin \dfrac{1}{x}$ 是 x 的高阶无穷小．

证明　（1）因为 $\lim\limits_{x \to 0} \dfrac{\sin x}{x} = 1$，所以 $\sin x$ 和 x 是等价无穷小；

（2）因为 $\lim\limits_{x \to 0} \dfrac{1 - \cos x}{x^2} = \dfrac{1}{2}$，所以 $1 - \cos x$ 和 x^2 是同阶无穷小；

（3）$\lim\limits_{x \to 0} \dfrac{x^2 \sin \dfrac{1}{x}}{x} = 0$，所以 $x^2 \sin \dfrac{1}{x}$ 是 x 的高阶无穷小．

例 2.38　（**常用的等价无穷小**）当 $x \to 0$ 时，证明：

（1）$\ln(1 + x) \sim x$

（2）$a^x - 1 \sim x \ln a$

（3）$[(1 + x)^{\alpha} - 1] \sim \alpha x$（其中 $\alpha \neq 0$）

$(4)\ (1-\cos x)\sim\dfrac{1}{2}x^2$

$(5)\ \sin x \sim x$

$(6)\ \tan x \sim x$

$(7)\ \arctan x \sim x$

$(8)\ \arcsin x \sim x$

证明 （1）由

$$\lim_{x\to 0}\frac{\ln(1+x)}{x}=\lim_{x\to 0}\ln(1+x)^{\frac{1}{x}}=\ln e=1$$

即得 $\ln(1+x)\sim x$.

（2）令 $t=a^x-1$，则 $\lim\limits_{x\to 0}t=0$，且 $x=\dfrac{\ln(1+t)}{\ln a}$. 于是

$$\lim_{x\to 0}\frac{a^x-1}{x\ln a}=\lim_{t\to 0}\frac{t}{\dfrac{\ln(1+t)}{\ln a}\ln a}=1$$

即 $a^x-1\sim x\ln a$.

（3）注意到 $\lim\limits_{x\to 0}\alpha\ln(1+x)=0$，$(1+x)^\alpha-1=e^{\alpha\ln(1+x)}-1$，由

（2）有

$$[(1+x)^\alpha-1]\sim\alpha\ln(1+x)$$

所以再由（1），有

$$\alpha\ln(1+x)\sim\alpha x$$
$$[(1+x)^\alpha-1]\sim\alpha x$$

（4）和（5）上例中已经给出了证明，（6）~（8）可直接由第一个重要极限推出，留作练习.

利用等价无穷小可以简化极限的计算过程，我们有以下定理：

定理 2.19 （无穷小的等价代换） 设 $\lim\limits_{x\to x_0}f(x)=0$，$\lim\limits_{x\to x_0}g(x)=0$，且 $f(x)\sim\alpha(x)$，$g(x)\sim\beta(x)$，则 $\lim\limits_{x\to x_0}\dfrac{g(x)}{f(x)}=\lim\limits_{x\to x_0}\dfrac{\beta(x)}{\alpha(x)}$.

证明 $f(x)\sim\alpha(x)$，$g(x)\sim\beta(x)$ 即

$$\lim_{x\to x_0}\frac{f(x)}{\alpha(x)}=1,\quad \lim_{x\to x_0}\frac{g(x)}{\beta(x)}=1$$

于是

$$\lim_{x\to x_0}\frac{g(x)}{f(x)}=\lim_{x\to x_0}\left[\frac{g(x)}{\beta(x)}\cdot\frac{\beta(x)}{\alpha(x)}\cdot\frac{\alpha(x)}{f(x)}\right]$$
$$=\lim_{x\to x_0}\frac{g(x)}{\beta(x)}\cdot\lim_{x\to x_0}\frac{\beta(x)}{\alpha(x)}\cdot\lim_{x\to x_0}\frac{\alpha(x)}{f(x)}$$
$$=\lim_{x\to x_0}\frac{\beta(x)}{\alpha(x)}$$

例 2.39   用无穷小的等价代换求 $\lim\limits_{x\to 0}\dfrac{(1+2x^2)^3-1}{\tan x\cdot\arcsin x}$.

解   当 $x\to 0$ 时，有 $[(1+2x^2)^3-1]\sim 6x^2$，$\tan x\sim x$，$\arcsin x\sim x$，故

$$\lim_{x\to 0}\frac{(1+2x^2)^3-1}{\tan x\cdot\arcsin x}=\lim_{x\to 0}\frac{6x^2}{x\cdot x}=6$$

例 2.40   求 $\lim\limits_{x\to 0}\dfrac{\tan x-\sin x}{\sin x^3}$.

解
$$\lim_{x\to 0}\frac{\tan x-\sin x}{\sin x^3}=\lim_{x\to 0}\frac{\tan x-\sin x}{x^3}$$
$$=\lim_{x\to 0}\frac{\tan x(1-\cos x)}{x^3}$$
$$=\lim_{x\to 0}\frac{x\cdot\dfrac{x^2}{2}}{x^3}=\frac{1}{2}$$

注意   代数和中的无穷小不能随意用等价无穷小代换. 例如，当 $x\to 0$ 时，由 $\tan x\sim x\sim\sin x$ 代换到上例，则有 $\lim\limits_{x\to 0}\dfrac{\tan x-\sin x}{\sin x^3}=0$，这显然是错误的.

特别地，如果当 $x\to 0$ 时函数 $f(x)$ 是无穷小，则习惯上将 $f(x)$ 同幂函数进行比较. 如果 $\lim\limits_{x\to 0}\dfrac{f(x)}{x^k}=C(C\neq 0，k>0$ 为常数)，则称 $f(x)$ 是 k 阶无穷小.

例 2.41   当 $x\to 0$ 时，试确定下列无穷小的阶数：

(1) $\cos x-\cos 2x$；(2) $\sqrt{1+\tan x}-\sqrt{1+\sin x}$.

解   (1) $\lim\limits_{x\to 0}\dfrac{\cos x-\cos 2x}{x^2}=-\lim\limits_{x\to 0}\dfrac{2\sin^2\dfrac{x}{2}-2\sin^2 x}{x^2}=\dfrac{3}{2}$

所以 $\cos x-\cos 2x$ 是 2 阶无穷小.

(2) $\lim\limits_{x\to 0}\dfrac{\sqrt{1+\tan x}-\sqrt{1+\sin x}}{x^3}=\lim\limits_{x\to 0}\dfrac{\tan x-\sin x}{x^3(\sqrt{1+\tan x}+\sqrt{1+\sin x})}$
$$=\lim_{x\to 0}\frac{\tan x-\sin x}{2x^3}$$
$$=\lim_{x\to 0}\frac{\tan x(1-\cos x)}{2x^3}$$
$$=\lim_{x\to 0}\frac{x\cdot\dfrac{x^2}{2}}{2x^3}$$
$$=\frac{1}{4}$$

所以 $\sqrt{1+\tan x}-\sqrt{1+\sin x}$ 是 3 阶无穷小.

　　注　定义 2.8 和定理 2.19 中的 $x \to x_0$ 可以用 $x \to x_0^+$，$x \to x_0^-$，$x \to \infty$，$x \to +\infty$，$x \to -\infty$ 或 $n \to \infty$（数列）替换.

部分题目详解与提示

习题 2.6

A 组

1. 设 $\alpha = 5x$，$\beta = kx + 3x^2$，k 为常数，当 $x \to 0$ 时，求 k 的值，使

（1）$\alpha \sim \beta$；　　　　（2）$\beta = o(\alpha)$.

2. 设 β 是 α 的高阶无穷小，证明 $(\alpha + \beta) \sim \alpha$.

3. 求常数 a，使得当 $x \to 0$ 时，$\left[(1+ax^2)^{\frac{1}{3}}-1\right] \sim \cos x - 1$.

4. 求下列极限：

（1）$\lim\limits_{x \to 0} \dfrac{\sin(\sin x)}{\arcsin x}$；

（2）$\lim\limits_{x \to 0} \dfrac{\ln\cos 2x}{\ln\cos x}$；

（3）$\lim\limits_{x \to \pi} \dfrac{\tan x}{x - \pi}$；

（4）$\lim\limits_{x \to 0} \dfrac{\arcsin x^2}{\ln(1-x)(e^{2x}-1)}$；

（5）$\lim\limits_{x \to 0} \dfrac{3\sin x + x^2 \cos \dfrac{1}{x}}{(1+\cos x)(e^{-x}-1)}$；

（6）$\lim\limits_{x \to 0} \dfrac{x \tan 2x}{\ln(1-x^2)}$；

（7）$\lim\limits_{x \to 0} \dfrac{\sqrt{1+x+x^2}-1}{\sin 2x}$；

（8）$\lim\limits_{x \to 0} \dfrac{x^3 + \sin x}{\sqrt{1+x+x^2}-1}$；

（9）$\lim\limits_{x \to 0} \dfrac{(\sqrt{1+\sin x^2}-1)(e^{x^2}+1)}{(e^{x^2}-1)}$；

（10）$\lim\limits_{x \to 1} \dfrac{x^3 \ln x}{\arctan(x^2-1)}$；

（11）$\lim\limits_{x \to e} \dfrac{\ln x - 1}{x - e}$；

（12）$\lim\limits_{x \to 0} \dfrac{e^{\alpha x} - e^{\beta x}}{\sin 2x}$.

B 组

1. 当 $x \to 0$ 时，试确定下列无穷小的阶数：

（1）$x^4 + \sin 2x$；

（2）$\sqrt{x^2(1-x)}$；

（3）$\dfrac{2}{\pi} \cos \dfrac{\pi}{2}(1-x)$；

（4）$2(x\cos x)\sqrt[3]{\tan^2 x}$.

2. 证明：

（1）$\sec x = 1 + \dfrac{1}{2}x^2 + o(x^2)$ $(x \to 0)$；

（2）$\sqrt{x + \sqrt{x + \sqrt{x}}} \sim \sqrt[8]{x}$ $(x \to 0^+)$；

（3）$o(x^m) + o(x^n) = o(x^n)$ $(0 < n < m, x \to 0)$；

（4）$o(x^m) \cdot o(x^n) = o(x^{m+n})$ $(m > 0, n > 0, x \to 0)$.

3. 设 $g(x) = o(f(x))$ $(x \to a)$，且 $h(x) = o(f(x))$ $(x \to a)$，证明：

　　$g(x) + h(x) = o(f(x))$ $(x \to a)$.

4. 求常数 a、b，使 $\lim\limits_{x \to 0} \dfrac{a - \cos x}{(e^x - 1)\arcsin x} = b$ 成立.

5. 求常数 a、b，使函数 $f(x)$ 在点 $x = 0$ 连续，其中

$$f(x) = \begin{cases} \dfrac{\tan ax}{x}, & x > 0 \\ 2, & x = 0. \\ \dfrac{1}{bx}(e^{-3x}-1), & x < 0 \end{cases}$$

6. 求下列数列的极限：

（1）$\lim\limits_{n \to \infty} n(a^{\frac{1}{n}}-1)$；

（2）$\lim\limits_{n \to \infty} \dfrac{n^{\frac{2}{5}}+3}{n^2+2n-5} \sin n^2$；

（3）$\lim\limits_{n \to \infty} (3n^2+2n+5)\ln\left(1+\dfrac{1}{n^2}\right)$；

（4）$\lim\limits_{n \to \infty} n\ln\left(1+\dfrac{1}{5n}+\dfrac{1}{n^2}\right)$；

（5）$\lim\limits_{n \to \infty} n\tan \dfrac{\pi}{2^n}$；　（6）$\lim\limits_{n \to \infty} n^a \sin \dfrac{x}{n^b}$ $(a > 0, b > 0)$.

部分题目
详解与提示

综合习题 2

1. 设数列 $\{a_n\}$、$\{b_n\}$、$\{c_n\}$ 对一切 $n\in\mathbf{N}$ 成立，$a_n\le c_n\le b_n$ 且极限 $\lim\limits_{n\to\infty}a_n$ 与 $\lim\limits_{n\to\infty}b_n$ 均存在，证明：$\{c_n\}$ 必有界.

2. 当 $x\to0$ 时，证明：$\sqrt{1+\tan x}-\sqrt{1-\sin x}$ 是 $\tan x$ 的等价无穷小.

3. 设函数 $f(x)=\begin{cases}\dfrac1{\mathrm e}(1+x)^{\frac1x}-\dfrac{\sin x}{2x}, & x\ne0\\ a, & x=0\end{cases}$ 在点 $x=0$ 连续，试确定 a 的值.

4. 求下列极限：

(1) $\lim\limits_{x\to0^+}\dfrac{\sqrt{1+\sqrt x}-1}{\sin\sqrt x}$;

(2) $\lim\limits_{x\to0}\dfrac{5x^2-2(1-\cos^2x)}{3x^2+4\tan^2x}$;

(3) $\lim\limits_{x\to0^-}\dfrac{(1-\sqrt{\cos x})\tan x}{(1-\cos x)^{3/2}}$;

(4) $\lim\limits_{n\to\infty}n^2(\sqrt[n]{a}-\sqrt[n+1]{a})$;

(5) $\lim\limits_{x\to\frac\pi4}(\tan x)^{\tan2x}$;

(6) $\lim\limits_{x\to0^+}\sqrt[x]{\cos\sqrt x}$;

(7) $\lim\limits_{x\to0}\left(\dfrac{2^x+3^x}{2}\right)^{\frac1x}$;

(8) $\lim\limits_{x\to0}\left(\dfrac{a^x+b^x+c^x}{3}\right)^{\frac1x}$ $(a>0,b>0,c>0)$;

(9) $\lim\limits_{n\to\infty}\left(\dfrac{a_1^{\frac1n}+a_2^{\frac1n}+\cdots+a_m^{\frac1n}}{m}\right)^n$, $(a_i>0,i=1,2,\cdots,m)$;

(10) $\lim\limits_{n\to\infty}\left(\dfrac{a_1^n+a_2^n+\cdots+a_m^n}{m}\right)^{\frac1n}$, $(a_i>0,i=1,2,\cdots,m)$.

5. 确定 a、b 的值，使下列极限等式成立：

(1) $\lim\limits_{x\to0^+}\left[\dfrac{a(2+\mathrm e^{\frac1x})}{1+\mathrm e^{\frac2x}}+\dfrac{\ln(1+2x)}{x}+b\right]=\dfrac13$;

(2) $\lim\limits_{x\to\infty}\left(\dfrac{x^2}{1+x}+ax+b\right)=0$;

(3) $\lim\limits_{x\to a}\dfrac{x^2+bx+3b}{x-a}=8$.

6. 已知 $\lim\limits_{x\to0}\dfrac{\sqrt{1+\frac{f(x)}{\sin x}}-1}{x\ln(1+2x)}=A\ne0$，求常数 c、k，使得 $f(x)\sim cx^k(x\to0)$.

7. 研究下列函数的连续性，并作出其图形：

(1) $f(x)=\lim\limits_{n\to\infty}\sqrt{x^2+\dfrac2n}$;

(2) $f(x)=\lim\limits_{n\to\infty}\dfrac{x^n}{1+x^n}$ $(x\ge0)$;

(3) $f(x)=\lim\limits_{n\to\infty}\dfrac{x^{n+2}}{\sqrt{2^{2n}+x^{2n}}}$ $(x\ge0)$.

8. 证明：若 $a_{2n}<0$，则实多项式 $f(x)=x^{2n}+a_1x^{2n-1}+\cdots+a_{2n-1}x+a_{2n}=0$ 至少有两个实根.

9. 证明：若 $f(x)\in C[a,b)$，且 $\lim\limits_{x\to b^-}f(x)$ 存在，则 $f(x)$ 在 $[a,b)$ 上有界.

10. 设 $f(x)\in C[0,1]$，$f(0)=f(1)$，证明：$\exists\,\xi\in[0,1]$，使得 $f(\xi)=f\left(\xi+\dfrac12\right)$.

11. 设 $f(x)\in C[0,2a]$，且 $f(0)=f(2a)$，证明：$\exists\,x\in[0,a]$，使得 $f(x)=f(x+a)$.

12. 已知 $\lim\limits_{x\to0}[1+f(x)]^{\frac1x}=\mathrm e^A$，求证：

(1) $\lim\limits_{x\to0}\dfrac{\ln(1+f(x))}{x}=A$;

(2) $\lim\limits_{x\to0}f(x)=0$.

13. 设 $f(x)$ 满足，对任意的 x 和 y，$f(x+y)=f(x)+f(y)$，且 $f(x)$ 在点 $x=0$ 连续，证明：$f(x)$ 在 $(-\infty,+\infty)$ 上连续.

第 3 章
导数与微分

导数是一元微分学中最核心的概念. 本章我们将从导数概念引入的本源问题出发, 介绍导数的概念和性质, 推导基本初等函数的求导公式, 研究函数的求导法则. 最后介绍微分的概念及简单应用.

3.1 导数的概念

导数问题是对一大类实际问题的数学抽象. 导数概念的产生有着广泛而深刻的几何背景和物理背景, 其中最典型的问题是平面曲线的切线问题和非匀速直线运动的瞬时速度问题.

问题 1 平面曲线的切线及切线的斜率.

切线的概念最早见于初等数学中圆的切线. 圆的切线定义为与圆周只有一个交点的直线, 这是切线定义的特例. 一般地, 我们用曲线的割线和极限来定义平面曲线的切线.

设 Γ 是一条平面曲线, 过 Γ 上任意两点的直线称为 Γ 的一条割线, 连接这两点的线段称为 Γ 的一条弦.

设点 M 是 Γ 上的一个定点. 任意取 Γ 上的动点 N, 当动点 N 沿曲线 Γ 移动时, 割线 MN 绕点 M 转动. 如果当动点 N 沿曲线 Γ 无限趋近于定点 M 时, 割线 MN 无限接近于某定直线 MT, 则称 MT 为曲线 Γ 在点 M 处的切线.

例如, 直线上任意一点的切线都是直线本身, 圆上任意一点的切线为与圆周只在该点相交的直线.

设平面曲线 Γ 由方程 $y = f(x)$ 表示 (见图 3-1), 我们进一步考察曲线切线的斜率. 设定点 M 的坐标为 (x_0, y_0) (其中 $y_0 = f(x_0)$), 动点 N 的坐标为 (x, y), 其中 $x = x_0 + \Delta x$, $y = f(x_0 + \Delta x)$, 则割线 MN 的斜率为

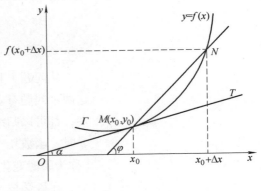

图　3-1

$$\tan \varphi = \frac{\Delta y}{\Delta x} = \frac{f(x_0 + \Delta x) - f(x_0)}{\Delta x}$$

注意 动点 N 沿曲线 Γ 移向定点 M 等价于 $\Delta x \to 0$，故切线 MT 的斜率为

$$k = \tan \alpha = \lim_{\Delta x \to 0} \frac{\Delta y}{\Delta x} = \lim_{\Delta x \to 0} \frac{f(x_0 + \Delta x) - f(x_0)}{\Delta x} \qquad (3\text{-}1)$$

问题 2 变速直线运动的瞬时速度.

设物体沿直线做变速运动，已知位移随时间的变化规律为 $s = s(t)$，求物体在时刻 t_0 的瞬时速度.

考虑物体从时刻 t_0 到 $t_0 + \Delta t$ 这一时间段内所走的行程

$$\Delta s = s(t_0 + \Delta t) - s(t_0)$$

如图 3-2 所示，那么在这段时间内，物体的平均速度为

$$\bar{v} = \frac{\Delta s}{\Delta t} = \frac{s(t_0 + \Delta t) - s(t_0)}{\Delta t}$$

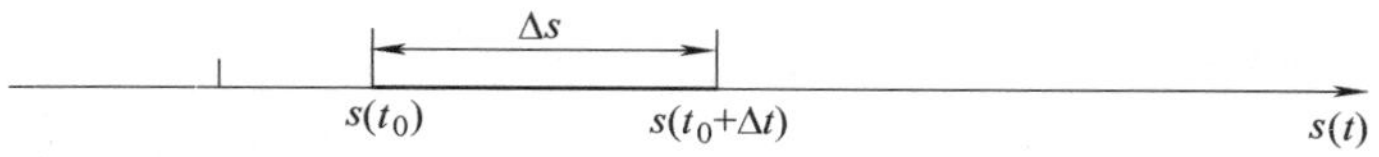

图 3-2

所谓物体做匀速直线运动，就是指平均速度 $\bar{v}$ 恒为常数，而与 Δt 无关. 但当物体做变速直线运动时，$\bar{v} = \dfrac{\Delta s}{\Delta t}$ 是 Δt 的函数. 一般说来，时间间隔 Δt 越小，此平均速度就越能反映物体在时刻 t_0 的运动情况，所以，当 $\Delta t \to 0$ 时，如果平均速度的极限存在，我们就把这个极限值称为物体在时刻 t_0 的瞬时速度，即

$$v(t_0) = \lim_{\Delta t \to 0} \frac{\Delta s}{\Delta t} = \lim_{\Delta t \to 0} \frac{s(t_0 + \Delta t) - s(t_0)}{\Delta t} \qquad (3\text{-}2)$$

从问题 1 和问题 2 得到的式（3-1）和式（3-2）可见，尽管这两个问题有着不同的学科背景，但它们在数量关系上并没有区别，都可以归结为求同一种形式的极限，即在自变量的增量趋于零时，函数增量与自变量增量之比（称为**平均变化率**）的极限（称为**瞬时变化率**）.

在科学技术的各个领域中，还有许多重要的概念都可以归结为函数的瞬时变化率，例如，加速度是速度对于时间的瞬时变化率，电流是电荷量对于时间的瞬时变化率等. 如果抛开这些问题的具体含义，抽象出它们在数量关系上的共性，就有了下面的导数的概念.

定义 3.1　（**导数的概念**）　设函数 $y = f(x)$ 在点 x_0 的某个邻域内有定义，如果极限

$$\lim_{\Delta x \to 0} \frac{\Delta y}{\Delta x} = \lim_{\Delta x \to 0} \frac{f(x_0 + \Delta x) - f(x_0)}{\Delta x} \tag{3-3}$$

存在，则称函数 $y = f(x)$ 在点 x_0 处可导，并称该极限值为函数 $y = f(x)$ 在点 x_0 处的导数，记为 $y'\big|_{x=x_0}$，$f'(x_0)$，$\dfrac{\mathrm{d}y}{\mathrm{d}x}\Big|_{x=x_0}$ 或 $\dfrac{\mathrm{d}f(x)}{\mathrm{d}x}\Big|_{x=x_0}$，即

$$f'(x_0) = \lim_{\Delta x \to 0} \frac{\Delta y}{\Delta x} = \lim_{\Delta x \to 0} \frac{f(x_0 + \Delta x) - f(x_0)}{\Delta x}$$

如果式 (3-3) 的极限不存在，我们称函数 $y = f(x)$ 在点 x_0 处不可导，也称导数不存在.

微课视频：
导数有什么意义？

注　当式 (3-3) 的极限为无穷大时，习惯上也称函数 $y = f(x)$ 在点 x_0 处的导数为无穷大，记作 $f'(x_0) = \infty$.

为了书写方便，导数可以使用上述四种不同记号，也可使用不同形式的表达式定义，即

$$y'\big|_{x=x_0} = f'(x_0) = \frac{\mathrm{d}y}{\mathrm{d}x}\Big|_{x=x_0} = \frac{\mathrm{d}f(x)}{\mathrm{d}x}\Big|_{x=x_0}$$

$$= \lim_{\Delta x \to 0} \frac{\Delta y}{\Delta x} = \lim_{\Delta x \to 0} \frac{f(x_0 + \Delta x) - f(x_0)}{\Delta x}$$

$$= \lim_{h \to 0} \frac{f(x_0 + h) - f(x_0)}{h}$$

$$= \lim_{x \to x_0} \frac{f(x) - f(x_0)}{x - x_0}$$

由导数的定义及关于切线的讨论立即得到

导数的几何意义　曲线 $y = f(x)$ 在点 $M(x_0, f(x_0))$ 处切线的斜率等于函数 $y = f(x)$ 在点 x_0 的导数 $f'(x_0)$.

由导数的几何意义可以方便地求出曲线的切线方程和法线方程. 例如，曲线 $y = f(x)$ 在点 (x_0, y_0)（其中 $y_0 = f(x_0)$）处的切线方程为

$$y - y_0 = f'(x_0)(x - x_0)$$

特别地，当 $f'(x_0) = 0$ 时，切线方程为 $y = y_0$，即曲线 $y = f(x)$ 在该点的切线与 x 轴平行. 当 $f'(x_0) = \infty$，且 $y = f(x)$ 在点 x_0 处连续时，曲线 $y = f(x)$ 在该点的切线为 $x = x_0$，与 x 轴垂直.

过曲线上点 M 且与该点处的切线垂直的直线叫作曲线在点 M

处的法线，法线方程为

$$y - y_0 = \frac{-1}{f'(x_0)}(x - x_0)$$

微课视频：
导数的几何意义

同样，由导数的定义及瞬时速度的讨论可知，物体在 t_0 时刻的瞬时速度为

$$v(t_0) = s'(t_0)$$

例 3.1 求 $y = \sqrt{x}$ 在 $x = 4$ 处的导数.

解 $y'\big|_{x=4} = \lim_{x \to 4} \frac{\sqrt{x} - \sqrt{4}}{x - 4} = \lim_{x \to 4} \frac{1}{\sqrt{x} + 2} = \frac{1}{4}$

如果函数 $y = f(x)$ 在开区间 I 内每一点都可导，则称 $f(x)$ 在开区间 I 内可导. 此时，对任意 $x \in I$，都对应着一个确定的导数值，这样就定义了开区间 I 上的一个新函数，称此函数为 $y = f(x)$ 在开区间 I 内的**导函数**，简称导数，记为

$$y',\, f'(x),\, \frac{\mathrm{d}y}{\mathrm{d}x} \text{ 或 } \frac{\mathrm{d}f(x)}{\mathrm{d}x}$$

写成极限的形式：

$$y' = f'(x) = \lim_{\Delta x \to 0} \frac{f(x + \Delta x) - f(x)}{\Delta x}$$

易见，如果 $y \equiv C$，则 $y' = 0$，即 $(C)' = 0$.

注 函数 $y = f(x)$ 在点 x_0 处的导数就是导函数 $f'(x)$ 在点 x_0 处的值，即

$$f'(x_0) = f'(x)\big|_{x = x_0}$$

例 3.2 设 $y = \sin x$，求 y'.

解 $y' = \lim_{\Delta x \to 0} \frac{\sin(x + \Delta x) - \sin x}{\Delta x}$

$= \lim_{\Delta x \to 0} \frac{2\cos\left(x + \frac{\Delta x}{2}\right)\sin \frac{\Delta x}{2}}{\Delta x}$

$= \cos x$

即 $$(\sin x)' = \cos x$$

类似地，有

$$(\cos x)' = -\sin x$$

例 3.3 求 $y = x^n$ 的导数，其中 $n \in \mathbf{N}^*$.

解 对任意的 $n \in \mathbf{N}^*$，由二项式定理，有

$$\left(x^{n}\right)' = \lim_{\Delta x \to 0} \frac{\left(x + \Delta x\right)^{n} - x^{n}}{\Delta x}$$

$$= \lim_{\Delta x \to 0} \frac{n\Delta x \cdot x^{n-1} + \frac{n(n-1)}{2}(\Delta x)^{2} x^{n-2} + \cdots + (\Delta x)^{n}}{\Delta x}$$

$$= nx^{n-1}$$

即 $$\left(x^{n}\right)' = nx^{n-1}$$

例 3.4 求函数 $y = \log_{a} x$ $(a > 0, \ a \neq 1)$ 的导数.

解 $$y' = \lim_{h \to 0} \frac{\log_{a}(x+h) - \log_{a} x}{h}$$

$$= \lim_{h \to 0} \frac{\ln\left(1 + \frac{h}{x}\right)}{h \ln a}$$

$$= \lim_{h \to 0} \frac{\frac{h}{x}}{h \ln a} \quad (\text{等价无穷小代换})$$

$$= \frac{1}{x \ln a}$$

即 $(\log_{a} x)' = \dfrac{1}{x \ln a}$,特别地 $(\ln x)' = \dfrac{1}{x}$.

例 3.5 求函数 $y = a^{x}$ $(a > 0, \ a \neq 1)$ 的导数.

解 $$y' = \lim_{h \to 0} \frac{a^{x+h} - a^{x}}{h}$$

$$= a^{x} \lim_{h \to 0} \frac{a^{h} - 1}{h}$$

$$= a^{x} \lim_{h \to 0} \frac{h \ln a}{h} \quad (\text{等价无穷小代换})$$

$$= a^{x} \ln a$$

即 $(a^{x})' = a^{x} \ln a$,特别地,$(\mathrm{e}^{x})' = \mathrm{e}^{x}$.

例 3.6 求曲线 $y = \cos x$ 在点 $\left(\dfrac{\pi}{3}, \ \dfrac{1}{2}\right)$ 处的切线方程和法线

方程.

解 所求切线的斜率为

$$k = \left(\cos x\right)' \Big|_{x = \frac{\pi}{3}} = \left(-\sin x\right) \Big|_{x = \frac{\pi}{3}} = -\frac{\sqrt{3}}{2}$$

所以切线方程为 $$y - \frac{1}{2} = -\frac{\sqrt{3}}{2}\left(x - \frac{\pi}{3}\right)$$

即 $$\sqrt{3} x + 2y = \frac{\sqrt{3}}{3}\pi + 1$$

法线方程为
$$y - \frac{1}{2} = \frac{2}{\sqrt{3}}\left(x - \frac{\pi}{3}\right)$$

即
$$4x - 2\sqrt{3}y = \frac{4}{3}\pi - \sqrt{3}$$

例 3.7　　求抛物线 $y = x^2$ 过点 $(-2, 0)$ 的切线方程.

解　$y' = 2x$，设切点为 (x_0, x_0^2)，则切线方程为
$$y - x_0^2 = 2x_0(x - x_0)$$

把 $x = -2, y = 0$ 代入,得
$$0 - x_0^2 = 2x_0(-2 - x_0)$$

解出 $x_0 = 0$ 或 $x_0 = -4$. 切线方程为
$$y = 0 \text{ 或 } y = -8x - 16$$

例 3.8　　设 $f(x) = \sqrt[3]{x}$，讨论 $f(x)$ 在 $x = 0$ 处的可导性，并讨论曲线 $y = f(x)$ 在 $(0, 0)$ 处是否有切线.

解　因为
$$f'(0) = \lim_{h \to 0} \frac{f(0+h) - f(0)}{h}$$
$$= \lim_{h \to 0} \frac{\sqrt[3]{h}}{h}$$
$$= +\infty$$

所以 $f(x)$ 在 $x = 0$ 处不可导. 又因为函数 $y = f(x)$ 在 $x = 0$ 处连续且导数为无穷大，所以曲线 $y = f(x)$ 在 $(0, 0)$ 处有切线 $x = 0$，如图 3-3 所示.

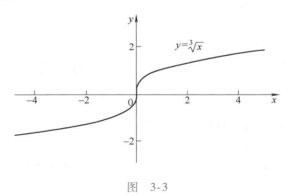

图　3-3

在实际应用中，我们还经常需要研究函数的**单侧导数**.

如果右极限

$$\lim_{\Delta x \to 0^+} \frac{\Delta y}{\Delta x} = \lim_{\Delta x \to 0^+} \frac{f(x_0 + \Delta x) - f(x_0)}{\Delta x}$$

存在，则称其为函数 $f(x)$ 在点 x_0 的**右导数**，记为 $f'_+(x_0)$.

如果左极限

$$\lim_{\Delta x \to 0^-} \frac{\Delta y}{\Delta x} = \lim_{\Delta x \to 0^-} \frac{f(x_0 + \Delta x) - f(x_0)}{\Delta x}$$

存在，则称其为函数 $f(x)$ 在点 x_0 的**左导数**，记为 $f'_-(x_0)$.

利用极限与左、右极限的关系，有

$$f(x) \text{在} x_0 \text{处可导} \quad \Leftrightarrow \quad f'_-(x_0) = f'_+(x_0)$$

如果 $f(x)$ 在 (a, b) 内每一点都可导，且 $f'_+(a)$ 和 $f'_-(b)$ 都存在，则称 $f(x)$ 在 $[a, b]$ 上**可导**，简记为 $f(x) \in C^1[a, b]$（其中 $C^1[a, b]$ 是所有在 $[a, b]$ 上可导函数构成的集合）.

例 3.9　讨论 $f(x) = |x|$ 在 $x = 0$ 处的连续性和可导性.

解　由　　$\lim_{x \to 0} f(x) = \lim_{x \to 0} |x| = 0 = f(0)$

有 $f(x) = |x|$ 在 $x = 0$ 处连续.

由左、右导数的定义有

$$f'_-(0) = \lim_{x \to 0^-} \frac{f(x) - f(0)}{x}$$
$$= \lim_{x \to 0^-} \frac{|x|}{x}$$
$$= \lim_{x \to 0^-} \frac{-x}{x} = -1$$
$$f'_+(0) = \lim_{x \to 0^+} \frac{f(x) - f(0)}{x}$$
$$= \lim_{x \to 0^+} \frac{|x|}{x}$$
$$= \lim_{x \to 0^+} \frac{x}{x} = 1$$

因为 $f'_-(0) \neq f'_+(0)$，所以 $f(x)$ 在 $x = 0$ 处不可导.

这个例子说明，连续函数不一定可导.

定理 3.1　若函数 $y = f(x)$ 在 x_0 处可导，则 $y = f(x)$ 在 x_0 处连续.

证明　当 $x \neq x_0$ 时有恒等式

$$f(x) = f(x_0) + \frac{f(x) - f(x_0)}{x - x_0}(x - x_0)$$

两边取极限，有

$$\lim_{x \to x_0} f(x) = f(x_0) + \lim_{x \to x_0} \frac{f(x) - f(x_0)}{x - x_0} \cdot \lim_{x \to x_0}(x - x_0)$$
$$= f(x_0) + f'(x_0) \cdot 0$$
$$= f(x_0)$$

微课视频：
可导与连续的关系

故 $f(x)$ 在 x_0 处连续.

定理 3.1 和例 3.9 说明：**函数可导一定连续，而连续不一定可导.**

例 3.10 试确定常数 a 和 b 的值，使函数

$$f(x) = \begin{cases} 1 + \sin 2x, & x \leq 0 \\ a + bx, & x > 0 \end{cases}$$

在 $x = 0$ 处可导.

解 因为 $f(x)$ 在 $x = 0$ 处可导，所以必在 $x = 0$ 处连续. 而 $f(0) = 1$.

$$\lim_{x \to 0^-} f(x) = \lim_{x \to 0^-} (1 + \sin 2x) = 1$$

$$\lim_{x \to 0^+} f(x) = \lim_{x \to 0^+} (a + bx) = a$$

所以，由 $f(x)$ 在 $x = 0$ 处连续，有 $a = 1$. 另外

$$f_-'(0) = \lim_{\Delta x \to 0^-} \frac{f(0 + \Delta x) - f(0)}{\Delta x}$$

$$= \lim_{\Delta x \to 0^-} \frac{(1 + \sin 2\Delta x) - 1}{\Delta x}$$

$$= 2$$

$$f_+'(0) = \lim_{\Delta x \to 0^+} \frac{f(0 + \Delta x) - f(0)}{\Delta x}$$

$$= \lim_{\Delta x \to 0^+} \frac{(1 + b\Delta x) - 1}{\Delta x}$$

$$= b$$

由 $f(x)$ 在 $x = 0$ 处可导，有 $f_+'(0) = f_-'(0) = 2 = b$. 所以 $a = 1$，$b = 2$ 为所求.

例 3.11 讨论函数

$$f(x) = \begin{cases} x\sin\dfrac{1}{x}, & x \neq 0 \\ 0, & x = 0 \end{cases}$$

在 $x = 0$ 处的连续性与可导性.

解 因 $\sin\dfrac{1}{x}$ 是有界函数，所以

$$\lim_{x \to 0} x\sin\frac{1}{x} = 0$$

即 $f(0) = \lim_{x \to 0} f(x) = 0$，所以 $f(x)$ 在 $x = 0$ 处连续.

在 $x = 0$ 处，因为

$$\lim_{\Delta x \to 0} \frac{\Delta y}{\Delta x} = \lim_{\Delta x \to 0} \frac{(0 + \Delta x)\sin\dfrac{1}{\Delta x} - 0}{\Delta x}$$

$$= \lim_{\Delta x \to 0} \sin\frac{1}{\Delta x}$$

不存在，所以 $f(x)$ 在 $x=0$ 处不可导.

　　注　分段函数在分段点处的可导性的讨论需使用导数定义.

部分题目详解与提示

习题 3.1

A 组

1. 用导数定义求下列函数的导数：

（1）$f(x)=x^2+2x$；　　（2）$f(x)=\dfrac{1}{x}$.

2. 求下列函数的导数，并说明函数在 $x=0$ 处的连续性、可导性：

（1）$f(x)=x|x|$；　　（2）$f(x)=\ln|x|$；

（3）$f(x)=\begin{cases}x^2+1,&x\geqslant0\\e^x,&x<0.\end{cases}$

3. 设下列各题中的 $f'(x_0)$ 均存在，求下列极限：

（1）$\lim\limits_{\Delta x\to0}\dfrac{f(x_0-\Delta x)-f(x_0)}{\Delta x}$；

（2）$\lim\limits_{h\to0}\dfrac{f(x_0+h)-f(x_0-h)}{h}$；

（3）$\lim\limits_{x\to x_0}\dfrac{x_0f(x)-xf(x_0)}{x-x_0}$；

（4）$\lim\limits_{x\to x_0}\dfrac{f^2(x)-f^2(x_0)}{x-x_0}$；

（5）$\lim\limits_{n\to\infty}n\left[f\left(x_0+\dfrac{1}{n}\right)-f(x_0)\right]$；

（6）$\lim\limits_{h\to0}\dfrac{f(x_0+\alpha h)-f(x_0-\beta h)}{h}$.

4. 求曲线 $f(x)=\sqrt{x}$ 在点（4，2）处的切线方程和法线方程.

5. 当 a 为何值时，抛物线 $y=ax^2$ 与 $y=\ln x$ 相切（在某点处有相同的切线）？并求切点坐标和切线方程.

6. 试确定常数 a、b 的值，使得函数 $f(x)=\begin{cases}x^2+1,&x\geqslant1\\ax+b,&x<1\end{cases}$ 在 $x=1$ 处可导.

7. 证明：函数 $f(x)=\begin{cases}\dfrac{\sqrt{x+1}-1}{\sqrt{x}},&x>0\\0,&x\leqslant0\end{cases}$ 在 $x=0$ 处连续，但不可导.

B 组

1. 判断下列说法是否正确，不正确的试说明理由：

（1）若 $\lim\limits_{h\to+\infty}\dfrac{f\left(x_0+\dfrac{1}{h}\right)-f(x_0)}{\dfrac{1}{h}}=A$ 存在，则必有 $f'(x_0)=A$；

（2）若 $f(x)$ 在点 x_0 可导，则 $|f(x)|$ 在点 x_0 必定可导；

（3）若 $|f(x)|$ 在点 x_0 可导，则 $f(x)$ 在点 x_0 必定可导；

（4）若 $\lim\limits_{x\to x_0^-}f'(x)=\lim\limits_{x\to x_0^+}f'(x)=A$，则必有 $f'(x_0)=A$.

2. 选择：

（1）设 $f(x)=\begin{cases}\dfrac{\sin x}{x},&x\neq0\\0,&x=0\end{cases}$，则 $f(x)$ 在点 $x=0$ 处（　　）.

A. 不存在极限　　B. 存在极限，但不连续

C. 连续但不可导　D. 可导

（2）设 $f(x)=\begin{cases}\sqrt{|x|}\cos\dfrac{1}{x^2},&x\neq0\\0,&x=0\end{cases}$，则 $f(x)$ 在点 $x=0$ 处（　　）.

A. 不存在极限　　B. 存在极限，但不连续

C. 连续但不可导　D. 可导

3. 设 $f(x)$ 在 $x=0$ 处连续，且 $\lim\limits_{x\to0}\dfrac{f(x)}{x}=A$，证明：$f(0)=0$，$f'(0)=A$.

4. 设 $f(x)$ 为可导的偶函数，证明：$f'(0)=0$.

5. 设函数 $\varphi(x)$ 在 $x=a$ 处连续，$f(x)=(x-a)\varphi(x)$，证明：函数 $f(x)$ 在 $x=a$ 处可导. 若 $g(x)=|(x-a)|\varphi(x)$，函数 $g(x)$ 在 $x=a$ 处可导吗？

6. 证明：在曲线 $xy=1$ 上任意一点处的切线与两个坐标轴所围成的三角形的面积都等于 2.

3.2　导数的计算

前一节我们学习了导数的概念，并根据导数定义求出了一些简单函数的导数. 本节将以极限理论和导数定义作为基础建立若干求导法则，使函数的求导计算系统化、简单化. 利用这些法则，我们可以在基本初等函数求导公式的基础上，较方便地计算出初等函数的导数.

3.2.1　导数的四则运算法则

微课视频：
导数的四则运算法则

> **定理 3.2**　若函数 $f(x)$ 与 $g(x)$ 在点 x 可导，则它们的和、差、积、商（分母不为零）在点 x 均可导，且
>
> (1) $[f(x) \pm g(x)]' = f'(x) \pm g'(x)$;
>
> (2) $[f(x)g(x)]' = f'(x)g(x) + f(x)g'(x)$,
>
> 特别地，$[Cf(x)]' = Cf'(x)$（C 为常数）;
>
> (3) $\left[\dfrac{f(x)}{g(x)}\right]' = \dfrac{f'(x)g(x) - f(x)g'(x)}{g^2(x)}$　（$g(x) \neq 0$），
>
> 特别地，$\left[\dfrac{1}{g(x)}\right]' = -\dfrac{g'(x)}{g^2(x)}$.

证明　法则（1）的证明比较浅显，留作读者练习.

法则（2）的证明：由

$$\frac{f(x+\Delta x)g(x+\Delta x) - f(x)g(x)}{\Delta x}$$

$$= \frac{f(x+\Delta x) - f(x)}{\Delta x}g(x+\Delta x) + f(x)\frac{g(x+\Delta x) - g(x)}{\Delta x}$$

令 $\Delta x \to 0$，注意到

$$\lim_{\Delta x \to 0} \frac{f(x+\Delta x) - f(x)}{\Delta x} = f'(x)$$

$$\lim_{\Delta x \to 0} g(x+\Delta x) = g(x)$$

$$\lim_{\Delta x \to 0} \frac{g(x+\Delta x) - g(x)}{\Delta x} = g'(x)$$

有（2）成立.

法则（3）的证明：令 $y = \dfrac{1}{g(x)}$，则

$$\Delta y = \frac{1}{g(x + \Delta x)} - \frac{1}{g(x)}$$

$$= -\frac{g(x + \Delta x) - g(x)}{g(x)g(x + \Delta x)}$$

$$\left[\frac{1}{g(x)}\right]' = \lim_{\Delta x \to 0} \frac{\frac{1}{g(x + \Delta x)} - \frac{1}{g(x)}}{\Delta x}$$

$$= -\lim_{\Delta x \to 0}\left[\frac{\Delta g}{\Delta x}\frac{1}{g(x)g(x + \Delta x)}\right]$$

$$= -\frac{g'(x)}{g^2(x)}$$

再运用法则（2），得

$$\left(\frac{f}{g}\right)' = \left(f \cdot \frac{1}{g}\right)'$$

$$= f' \cdot \frac{1}{g} + f \cdot \left(\frac{1}{g}\right)'$$

$$= f' \cdot \frac{1}{g} - f \cdot \frac{g'}{g^2}$$

$$= \frac{f'g - fg'}{g^2}$$

注　定理 3.2 中的法则（1）、法则（2）可推广到任意有限个可导函数的情形，例如，设 f、g、h 均可导，则有

$$(f + g + h)' = f' + g' + h'$$

$$(fgh)' = f'gh + fg'h + fgh'$$

利用函数商的法则和 $\sin x$、$\cos x$ 的求导公式，直接得到 $\tan x$ 和 $\cot x$ 的求导公式.

$$(\tan x)' = \sec^2 x$$

$$(\cot x)' = -\csc^2 x$$

例 3.12　设 $f(x) = x^3 + 4\cos x + \sin\frac{\pi}{2}$，求 $f'\left(\frac{\pi}{2}\right)$.

解　由函数代数和的求导法则，有

$$f'(x) = (x^3)' + 4(\cos x)' + \left(\sin\frac{\pi}{2}\right)'$$

$$= 3x^2 - 4\sin x + 0$$

故　　　　　　$$f'\left(\frac{\pi}{2}\right) = \frac{3}{4}\pi^2 - 4$$

例 3.13　设 $y = e^x(\tan x + \ln x)$，求 y'.

解　由函数代数和与函数乘积的求导法则，有

$$y' = (e^x)'(\tan x + \ln x) + e^x(\tan x + \ln x)'$$

$$= e^x(\tan x + \ln x) + e^x\left(\sec^2 x + \frac{1}{x}\right)$$

$$= e^x\left(\tan x + \ln x + \sec^2 x + \frac{1}{x}\right)$$

3.2.2　反函数的求导法则

微课视频：
如何求反函数的导数？

定理 3.3　设 $y = f(x)$ 在区间 I_x 内单调、可导，且 $f'(x) \neq 0$，则它的反函数 $x = \varphi(y)$ 在区间 $I_y = \{y \mid y = f(x), \ x \in I_x\}$ 内也可导，且有 $\varphi'(y) = \dfrac{1}{f'(x)}$，即 $\dfrac{\mathrm{d}x}{\mathrm{d}y} = \dfrac{1}{\dfrac{\mathrm{d}y}{\mathrm{d}x}}$.

证明　由于 $y = f(x)$ 在 I_x 内单调、可导（必连续），所以，反函数 $x = \varphi(y)$ 在相应的区间 I_y 内也单调、连续，因此，当 $\Delta y \neq 0$ 时，$\Delta x \neq 0$，并且当 $\Delta y \to 0$ 时，$\Delta x \to 0$，于是，反函数 $x = \varphi(y)$ 对 y 的导数为

$$\frac{\mathrm{d}x}{\mathrm{d}y} = \lim_{\Delta y \to 0} \frac{\Delta x}{\Delta y} = \lim_{\Delta x \to 0} \frac{1}{\dfrac{\Delta y}{\Delta x}} = \frac{1}{\dfrac{\mathrm{d}y}{\mathrm{d}x}}$$

由三角函数的求导公式和反函数的求导法则，不难求出反三角函数的导数.

例 3.14　求 $y = \arcsin x$ 及 $y = \arctan x$ 的导数.

解　$y = \arcsin x$，$x \in (-1, 1)$ 是 $x = \sin y$，$y \in \left(-\dfrac{\pi}{2}, \dfrac{\pi}{2}\right)$ 的反函数. 由于 $x = \sin y$ 在 $\left(-\dfrac{\pi}{2}, \dfrac{\pi}{2}\right)$ 内单调增加、可导，且 $\dfrac{\mathrm{d}x}{\mathrm{d}y} = \cos y > 0$，所以 $y = \arcsin x$ 在 $(-1, 1)$ 内可导，且

$$y' = (\arcsin x)'$$

$$= \frac{1}{\dfrac{\mathrm{d}x}{\mathrm{d}y}} = \frac{1}{\cos y}$$

$$= \frac{1}{\sqrt{1 - \sin^2 y}}$$

$$= \frac{1}{\sqrt{1 - x^2}}, \quad x \in (-1, 1)$$

$y = \arctan x$，$x \in (-\infty, +\infty)$ 是 $x = \tan y$，$y \in$

$\left(-\dfrac{\pi}{2},\ \dfrac{\pi}{2}\right)$ 的反函数，$x=\tan y$ 在 $\left(-\dfrac{\pi}{2},\ \dfrac{\pi}{2}\right)$ 内单调、可导，且 $\dfrac{\mathrm{d}x}{\mathrm{d}y}=$

$\sec^2 y\neq 0$，所以 $y=\arctan x$ 在 $(-\infty,\ +\infty)$ 内可导，且

$$\frac{\mathrm{d}y}{\mathrm{d}x}=(\arctan x)'$$

$$=\frac{1}{\dfrac{\mathrm{d}x}{\mathrm{d}y}}=\frac{1}{\sec^2 y}$$

$$=\frac{1}{1+\tan^2 y}$$

$$=\frac{1}{1+x^2}$$

类似可证　$(\arccos x)'=-\dfrac{1}{\sqrt{1-x^2}}$，$(\operatorname{arccot} x)'=-\dfrac{1}{1+x^2}$.

3.2.3　复合函数的求导法则

定理 3.4　设函数 $y=f(g(x))$ 由 $y=f(u)$ 和 $u=g(x)$ 复合而成. 如果 $u=g(x)$ 在点 x 可导，$y=f(u)$ 在点 $u=g(x)$ 处可导，则复合函数 $y=f(g(x))$ 在点 x 可导，且

$$[f(g(x))]'=f'(g(x))\cdot g'(x)$$

或
$$\frac{\mathrm{d}y}{\mathrm{d}x}=\frac{\mathrm{d}y}{\mathrm{d}u}\cdot\frac{\mathrm{d}u}{\mathrm{d}x}$$

微课视频：复合函数的
求导法则

　　证明　由 $y=f(u)$ 在 $u=g(x)$ 处可导，有

$$\lim_{\Delta u\to 0}\frac{f(u+\Delta u)-f(u)}{\Delta u}=f'(u)$$

令

$$h(\Delta u)=\begin{cases}\dfrac{f(u+\Delta u)-f(u)}{\Delta u}-f'(u),\Delta u\neq 0\\[2mm]0,\qquad\qquad\qquad\quad\ \Delta u=0\end{cases}\qquad(3\text{-}4)$$

则 $\lim\limits_{\Delta u\to 0}h(\Delta u)=0=h(0)$.

　　在式（3-4）两边同时乘以 Δu，整理得

$$f(u+\Delta u)-f(u)=\Delta u[h(\Delta u)+f'(u)]\qquad(3\text{-}5)$$

注意，式（3-5）对任意的 Δu 都成立. 特别地，对任意的 $\Delta x\neq 0$，令

$\Delta u=g(x+\Delta x)-g(x)$，则由 Δx 产生的复合函数 $y=f(u(x))$ 的增量为

$$\Delta y=f(g(x+\Delta x))-f(g(x))=f(u+\Delta u)-f(u)$$

由式 (3-5)，有

$$\frac{\Delta y}{\Delta x} = \frac{f(u + \Delta u) - f(u)}{\Delta x} = \frac{\Delta u}{\Delta x}[h(\Delta u) + f'(u)] \qquad (3\text{-}6)$$

在式 (3-6) 中令 $\Delta x \to 0$，由 $u = g(x)$ 在点 x 可导，有 $g'(x) = \lim\limits_{\Delta x \to 0} \frac{\Delta u}{\Delta x}$. 且当 $\Delta x \to 0$ 时，有 $\Delta u \to 0$，以及 $h(\Delta u) \to 0$，得到

$$\begin{aligned}
[f(g(x))]' &= \lim_{\Delta x \to 0} \frac{\Delta y}{\Delta x} \\
&= \lim_{\Delta x \to 0} \left\{ \frac{\Delta u}{\Delta x}[h(\Delta u) + f'(u)] \right\} \\
&= g'(x) \cdot [0 + f'(u)] \\
&= f'(g(x)) \cdot g'(x)
\end{aligned}$$

定理得证.

复合函数的求导公式可以推广到任意有限层函数复合的情形. 使用该公式时，关键在于弄清函数的复合关系，由外向内逐层求导，不能脱节，因此，这个法则也被人们形象地称为"链式法则".

例 3.15 设 $y = e^{x^3}$，求 $\dfrac{dy}{dx}$.

解　$y = e^{x^3}$ 可视为由基本初等函数 $y = e^u$ 和 $u = x^3$ 复合而成，因此

$$\begin{aligned}
\frac{dy}{dx} &= \frac{dy}{du} \cdot \frac{du}{dx} \\
&= e^u \cdot 3x^2 \\
&= 3x^2 e^{x^3}
\end{aligned}$$

微课视频：
如何理解复合函数
求导的"链式法则"？

例 3.16 设 $y = \ln \cos(e^x)$，求 $\dfrac{dy}{dx}$.

解　$y = \ln \cos(e^x)$ 分解为基本初等函数

$$y = \ln u, \quad u = \cos v, \quad v = e^x$$

又因为 $\dfrac{dy}{du} = \dfrac{1}{u}$，$\dfrac{du}{dv} = -\sin v$，$\dfrac{dv}{dx} = e^x$，所以

$$\begin{aligned}
\frac{dy}{dx} &= \frac{1}{u} \cdot (-\sin v) \cdot e^x \\
&= -\frac{\sin e^x}{\cos e^x} \cdot e^x \\
&= -e^x \tan e^x
\end{aligned}$$

例 3.17 设 $y = \sin \dfrac{2x}{1 + x^2}$，求 $\dfrac{dy}{dx}$.

解　$y = \sin \dfrac{2x}{1+x^2}$ 可看作由基本初等函数 $y = \sin u$ 和由基本初

等函数经四则运算得到的函数 $u = \dfrac{2x}{1+x^2}$ 复合而成，又因为

$$\frac{dy}{du} = \cos u$$

$$\frac{du}{dx} = \frac{2(1+x^2) - 2x \cdot 2x}{(1+x^2)^2}$$

$$= \frac{2(1-x^2)}{(1+x^2)^2}$$

所以

$$\frac{dy}{dx} = \cos u \cdot \frac{2(1-x^2)}{(1+x^2)^2}$$

$$= \frac{2(1-x^2)}{(1+x^2)^2} \cos \frac{2x}{1+x^2}$$

对复合函数的分解比较熟悉后，就不必再写出中间变量，只要认清函数的复合层次，然后逐层求导即可.

例 3.18　设 $y = e^{\sin \frac{1}{x}}$，求 y'.

解　
$$y' = \left(e^{\sin \frac{1}{x}} \right)'$$
$$= e^{\sin \frac{1}{x}} \cdot \left(\sin \frac{1}{x} \right)'$$
$$= e^{\sin \frac{1}{x}} \cdot \cos \frac{1}{x} \cdot \left(\frac{1}{x} \right)'$$
$$= -\frac{1}{x^2} e^{\sin \frac{1}{x}} \cdot \cos \frac{1}{x}$$

例 3.19　设 $y = \sin nx \cdot \sin^n x$　（n 为正整数），求 $\dfrac{dy}{dx}$.

解　
$$\frac{dy}{dx} = (\sin nx)' \sin^n x + \sin nx (\sin^n x)'$$
$$= n\cos nx \cdot \sin^n x + n\sin nx \cdot \sin^{n-1} x \cdot \cos x$$
$$= n\sin^{n-1} x \cdot \sin(n+1)x$$

例 3.20　$y = x^\mu$，$(x > 0, \mu \in \mathbf{R})$，求 $\dfrac{dy}{dx}$.

解　由 $y = x^\mu = e^{\mu \ln x}$，有
$$\frac{dy}{dx} = e^{\mu \ln x} (\mu \ln x)' = x^\mu \mu \frac{1}{x} = \mu x^{\mu-1}$$

由于初等函数是由常数和基本初等函数经过有限次的四则运算和有限次的函数复合所得到的函数，所以任何初等函数都可以按基本初等函数的导数公式、函数四则运算的求导法则和

复合函数的求导法则求出导数. 为了便于查阅，我们将常数和基本初等函数的导数公式集中列出，称为**导数基本公式**.

(1) $(C)' = 0$ （C 为常数）;　　(2) $(x^\mu)' = \mu x^{\mu-1}$;

(3) $(a^x)' = a^x \ln a$,　　特别地，$(e^x)' = e^x$;

(4) $(\log_a x)' = \dfrac{1}{x \ln a}$,　特别地，$(\ln x)' = \dfrac{1}{x}$;

(5) $(\sin x)' = \cos x$;　　　　　(6) $(\cos x)' = -\sin x$;

(7) $(\tan x)' = \sec^2 x$;　　　　(8) $(\cot x)' = -\csc^2 x$;

(9) $(\arcsin x)' = \dfrac{1}{\sqrt{1-x^2}}$;　　(10) $(\arccos x)' = -\dfrac{1}{\sqrt{1-x^2}}$;

(11) $(\arctan x)' = \dfrac{1}{1+x^2}$;　　(12) $(\operatorname{arccot} x)' = -\dfrac{1}{1+x^2}$;

(13) $(\sec x)' = \sec x \tan x$;　　(14) $(\csc x)' = -\csc x \cot x$.

在所有的求导法则中，复合函数的求导法则是最基本也是最重要的. 复合函数的求导法则不仅用于求复合函数的导数，而且也是学习后面其他求导法的基础，应当熟练而准确地掌握.

例 3.21　设 $y = \ln(x + \sqrt{1+x^2})$，求 $\dfrac{\mathrm{d}y}{\mathrm{d}x}$.

解
$$
\begin{aligned}
y' &= \left[\ln\left(x + \sqrt{1+x^2}\right)\right]' \\
&= \frac{1}{x + \sqrt{1+x^2}}\left(x + \sqrt{1+x^2}\right)' \\
&= \frac{1}{x + \sqrt{1+x^2}}\left[1 + \frac{1}{2\sqrt{1+x^2}}(1+x^2)'\right] \\
&= \frac{1}{x + \sqrt{1+x^2}}\left(1 + \frac{x}{\sqrt{1+x^2}}\right) = \frac{1}{\sqrt{1+x^2}}
\end{aligned}
$$

例 3.22　设 $y = \sqrt[3]{1-2x^2}$，求 y'.

解
$$
\begin{aligned}
y' &= \left[(1-2x^2)^{\frac{1}{3}}\right]' \\
&= \frac{1}{3}(1-2x^2)^{-\frac{2}{3}} \cdot (1-2x^2)' \\
&= \frac{-4x}{3\sqrt[3]{(1-2x^2)^2}}
\end{aligned}
$$

3.2.4　高阶导数

在变速直线运动中，位移 $s(t)$ 对时间 t 的导数是速度 $v(t)$，

而速度 $v(t)$ 对时间 t 的变化率是加速度 $a(t)$，即

$$a(t) = v'(t) = [s'(t)]'$$

称 $a(t)$ 为 $s(t)$ 对时间 t 的二阶导数. 一般地,我们有如下定义.

定义 3.2　设函数 $y = f(x)$ 在区间 I 上可导，若导函数 $f'(x)$ 在区间 I 上仍可导，即对任意的 $x \in I$，

$$[f'(x)]' = \lim_{\Delta x \to 0} \frac{f'(x + \Delta x) - f'(x)}{\Delta x}$$

存在，则称函数 $f(x)$ 在区间 I 上二阶可导，称 $[f'(x)]'$ 为 $f(x)$ 的二阶导数，记为

$$y'', \quad f''(x), \quad \frac{\mathrm{d}^2 y}{\mathrm{d}x^2} \text{或} \frac{\mathrm{d}^2 f(x)}{\mathrm{d}x^2}$$

类似地，可定义二阶导数的导数为 $f(x)$ 的三阶导数，记为

$$y''', \quad f'''(x), \quad \frac{\mathrm{d}^3 y}{\mathrm{d}x^3} \text{或} \frac{\mathrm{d}^3 f(x)}{\mathrm{d}x^3}$$

一般地，$f(x)$ 的 $(n-1)$ 阶导数的导数称为 $f(x)$ 的 n 阶导数，记为

$$y^{(n)}, \quad f^{(n)}(x), \quad \frac{\mathrm{d}^n y}{\mathrm{d}x^n} \text{或} \frac{\mathrm{d}^n f(x)}{\mathrm{d}x^n}$$

微课视频：
高阶导数

习惯上，我们把二阶以及二阶以上的导数称为高阶导数. 为统一起见，称 $f'(x)$ 为 $f(x)$ 的一阶导数，并约定 $f(x)$ 本身称为 $f(x)$ 的零阶导数，即 $f^{(0)}(x) = f(x)$.

根据高阶导数的定义，函数 n 阶导数就是函数 $n-1$ 阶导数的导数，因此可以应用前面所学的求导方法计算高阶导数，本质上并不需要新的求导法则.

例 3.23　证明下列函数的 n 阶导数公式：

$$(1) \ (\sin x)^{(n)} = \sin\left(x + \frac{n}{2}\pi\right);$$

$$(2) \ [\ln(1 + x)]^{(n)} = (-1)^{n-1} \frac{(n-1)!}{(1+x)^n};$$

证明

（1）直接求导有　$(\sin x)' = \cos x = \sin\left(x + \frac{\pi}{2}\right)$

$$(\sin x)'' = \left[\sin\left(x + \frac{\pi}{2}\right)\right]' = \cos\left(x + \frac{\pi}{2}\right) = \sin\left(x + \frac{2}{2}\pi\right)$$

假定　$(\sin x)^{(k)} = \sin\left(x + \frac{k}{2}\pi\right)$ 成立，则

$$(\sin x)^{(k+1)} = \left[\sin\left(x + \frac{k}{2}\pi\right)\right]'$$

$$= \cos\left(x + \frac{k}{2}\pi\right) = \sin\left(x + \frac{k+1}{2}\pi\right)$$

由数学归纳法知

$$(\sin x)^{(n)} = \sin\left(x + \frac{n}{2}\pi\right)$$

微课视频：
如何求高阶导数？

对于任何 $n \in \mathbf{N}$ 都成立.

（2）直接求导有

$$[\ln(1+x)]' = \frac{1}{1+x}$$

$$[\ln(1+x)]'' = \left(\frac{1}{1+x}\right)' = -\frac{1}{(1+x)^2}$$

$$[\ln(1+x)]''' = \left[-\frac{1}{(1+x)^2}\right]' = \frac{2}{(1+x)^3}$$

假设 $[\ln(1+x)]^{(k)} = (-1)^{k-1}\dfrac{(k-1)!}{(1+x)^k}$，则

$$[\ln(1+x)]^{(k+1)} = \left[(-1)^{k-1}\frac{(k-1)!}{(1+x)^k}\right]'$$

$$= (-1)^{k-1}\frac{(k-1)!}{(1+x)^{k+1}} \cdot (-k)$$

$$= (-1)^k\frac{k!}{(1+x)^{k+1}}$$

由数学归纳法有

$$[\ln(1+x)]^{(n)} = (-1)^{n-1}\frac{(n-1)!}{(1+x)^n}$$

对于任何 $n \in \mathbf{N}$ 都成立.

类似地，有下面的高阶导数公式，请读者自行证明：

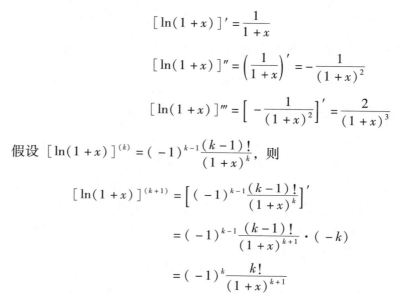

（3）$(\cos x)^{(n)} = \cos\left(x + \dfrac{n}{2}\pi\right)$；

（4）$(e^x)^{(n)} = e^x$；

（5）$(x^\mu)^{(n)} = \mu \cdot (\mu-1) \cdot (\mu-2) \cdots (\mu-n+1)x^{\mu-n}$
（μ 不是自然数）；

（6）$\left(\dfrac{1}{1+x}\right)^{(n)} = (-1)^n\dfrac{n!}{(1+x)^{n+1}}$.

关于高阶导数，我们有如下求导法则.

定理3.5　设函数 $u(x)$ 和 $v(x)$ 都是 n 阶可导的，则

（1）$(u \pm v)^{(n)} = u^{(n)} \pm v^{(n)}$；

（2）$(Cu)^{(n)} = Cu^{(n)}$　（C 为常数）；

（3）$(uv)^{(n)} = \sum_{k=0}^{n} C_n^k u^{(n-k)} v^{(k)}$　（莱布尼茨公式）.

定理的前两部分容易由定义直接得到，第三部分则可以用数学归纳法证明.

例3.24　设 $y = \dfrac{x^2-2}{x^2-x-2}$，求 $y^{(n)}$.

解　因为　　　　$y = \dfrac{x^2-2}{x^2-x-2}$

$$= 1 + \frac{x}{x^2-x-2}$$

$$= 1 + \frac{2}{3} \cdot \frac{1}{x-2} + \frac{1}{3} \cdot \frac{1}{x+1}$$

所以，当 $n \geq 1$ 时，有

$$y^{(n)} = \frac{2}{3}\left(\frac{1}{x-2}\right)^{(n)} + \frac{1}{3}\left(\frac{1}{x+1}\right)^{(n)}$$

$$= \frac{2}{3}(-1)^n n! \frac{1}{(x-2)^{n+1}} + \frac{1}{3}(-1)^n n! \frac{1}{(x+1)^{n+1}}$$

$$= \frac{1}{3}(-1)^n n! \cdot \left[\frac{2}{(x-2)^{n+1}} + \frac{1}{(x+1)^{n+1}}\right]$$

例3.25　设 $y = x^2 \sin x$，求 $y^{(n)}$.

解

令 $u(x) = x^2$，$v(x) = \sin x$，则

$$u'(x) = 2x，\ u''(x) = 2，\ u^{(k)}(x) = 0 \quad (k = 3,4,5,\cdots)$$

$$v^{(k)}(x) = \sin\left(x + \frac{k}{2}\pi\right) \quad (k \geq 0)$$

由莱布尼茨公式得

$$y^{(n)} = v^{(n)}(x)u(x) + C_n^1 v^{(n-1)}(x)u'(x) + C_n^2 v^{(n-2)}(x)u''(x) + 0$$

$$= x^2 \sin\left(x + \frac{n}{2}\pi\right) + 2nx \sin\left(x + \frac{n-1}{2}\pi\right) + n(n-1)\sin\left(x + \frac{n-2}{2}\pi\right)$$

3.2.5　几种特殊的求导法

1. 隐函数的导数

假定 y 是由方程 $F(x,y) = 0$ 所确定的 x 的可导函数，只考虑

如何求 $\dfrac{\mathrm{d}y}{\mathrm{d}x}$. 而关于隐函数的存在性及可导性问题将在以后进行讨论. 下面通过具体的例子来说明隐函数的求导方法.

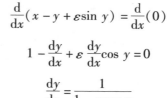

微课视频：
隐函数求导法

例 3.26　求由开普勒（Kepler）方程 $x - y + \varepsilon \sin y = 0$ $(0 < \varepsilon < 1)$ 确定的隐函数 y 的导数 $\dfrac{\mathrm{d}y}{\mathrm{d}x}$.

解　将方程中的 y 看作是由方程所确定的隐函数 $y = y(x)$，则方程是一个关于 x 的恒等式，所以方程两边对 x 求导仍是恒等式

$$\frac{\mathrm{d}}{\mathrm{d}x}(x - y + \varepsilon \sin y) = \frac{\mathrm{d}}{\mathrm{d}x}(0)$$

即

$$1 - \frac{\mathrm{d}y}{\mathrm{d}x} + \varepsilon \frac{\mathrm{d}y}{\mathrm{d}x} \cos y = 0$$

因此

$$\frac{\mathrm{d}y}{\mathrm{d}x} = \frac{1}{1 - \varepsilon \cos y}$$

例 3.27　设 $y = y(x)$ 由方程 $\mathrm{e}^y + xy - \mathrm{e} = 0$ 确定，求曲线上横坐标 $x = 0$ 处的切线方程和法线方程.

解　方程两边对 x 求导，有

$$\mathrm{e}^y \cdot \frac{\mathrm{d}y}{\mathrm{d}x} + y + x \cdot \frac{\mathrm{d}y}{\mathrm{d}x} = 0$$

于是

$$\frac{\mathrm{d}y}{\mathrm{d}x} = -\frac{y}{x + \mathrm{e}^y}$$

由原方程 $\mathrm{e}^y + xy - \mathrm{e} = 0$，当 $x = 0$ 时，$y = 1$，所以

$$\frac{\mathrm{d}y}{\mathrm{d}x}\bigg|_{x=0} = -\frac{y}{x + \mathrm{e}^y}\bigg|_{\substack{x=0 \\ y=1}} = -\frac{1}{\mathrm{e}}$$

因此，所求的切线方程为

$$y - 1 = -\frac{1}{\mathrm{e}}(x - 0)$$

即

$$\mathrm{e}y + x - \mathrm{e} = 0$$

法线方程为

$$y - 1 = \mathrm{e}(x - 0)$$

即

$$y - \mathrm{e}x - 1 = 0$$

例 3.28　求由方程 $x^4 + y^4 = 16$ 确定的隐函数 y 的二阶导数 y''.

解　方程两边对 x 求导得

$$4x^3 + 4y^3 y' = 0$$

解得

$$y' = -\frac{x^3}{y^3}$$

由二阶导数的定义，有

$$y'' = \frac{\mathrm{d}}{\mathrm{d}x}\left(-\frac{x^3}{y^3}\right) = -\frac{3x^2 y^3 - 3x^3 y^2 y'}{y^6}$$

将 $y' = -\dfrac{x^3}{y^3}$ 代入上式,得

$$y'' = -\frac{3x^2 y^3 - 3x^3 y^2 \left(-\dfrac{x^3}{y^3}\right)}{y^6}$$

$$= -\frac{3x^2 (y^4 + x^4)}{y^7}$$

因为 x 和 y 满足方程 $x^4 + y^4 = 16$,所以 $y'' = -\dfrac{48x^2}{y^7}$.

2. 对数求导法

这种方法是先在 $y = f(x)$ 的两边取对数,然后在等式两边同时求导数. 此方法适合于求幂指函数 $y = u(x)^{v(x)}$ 及多个函数乘积的导数,本质上利用了对数函数的性质.

微课视频:
对数求导法

例 3. 29 求 $y = x^{\ln x}$ 的导数.

解 将方程两边取对数,有

$$\ln y = \ln x \cdot \ln x = (\ln x)^2$$

方程两边对 x 求导,得

$$\frac{y'}{y} = 2\ln x \cdot \frac{1}{x}$$

所以

$$y' = y \cdot \frac{2}{x} \ln x = 2x^{\ln x - 1} \cdot \ln x$$

例 3. 30 求 $y = \dfrac{\sqrt[5]{x-3} \cdot \sqrt[3]{2x-1}}{\sqrt{x+1}}$ 的导数.

解 将方程两边取对数,有

$$\ln |y| = \frac{1}{5} \ln |x-3| + \frac{1}{3} \ln |2x-1| - \frac{1}{2} \ln |x+1|$$

方程两边对 x 求导,得

$$\frac{y'}{y} = \frac{1}{5} \cdot \frac{1}{x-3} + \frac{1}{3} \cdot \frac{2}{2x-1} - \frac{1}{2} \cdot \frac{1}{x+1}$$

于是

$$y' = \frac{\sqrt[5]{x-3} \cdot \sqrt[3]{2x-1}}{\sqrt{x+1}} \left(\frac{1}{5} \cdot \frac{1}{x-3} + \frac{1}{3} \cdot \frac{2}{2x-1} - \frac{1}{2} \cdot \frac{1}{x+1}\right)$$

3. 由参数方程所确定函数的导数

定理 3. 6 设有参数方程

$$\begin{cases} x = \varphi(t) \\ y = \psi(t) \end{cases}, t \in I$$

微课视频：
参数方程确定的
函数求导

如果 $x=\varphi(t)$ 与 $y=\psi(t)$ 在区间 I 内可导，且 $\dfrac{\mathrm{d}\varphi}{\mathrm{d}t}\neq 0$，$x=\varphi(t)$
有反函数，则 y 是由参数方程确定的 x 的函数，且

$$\frac{\mathrm{d}y}{\mathrm{d}x}=\frac{\dfrac{\mathrm{d}y}{\mathrm{d}t}}{\dfrac{\mathrm{d}x}{\mathrm{d}t}}=\frac{\psi'(t)}{\varphi'(t)}$$

证明　记 $x=\varphi(t)$ 的反函数为 $t=\varphi^{-1}(x)$．代入 $y=\psi(t)$，则 $y=\psi(\varphi^{-1}(x))$，即 y 是由参数方程确定的 x 的函数．由反函数的求导法则，有

$$\frac{\mathrm{d}t}{\mathrm{d}x}=\frac{1}{\dfrac{\mathrm{d}x}{\mathrm{d}t}}=\frac{1}{\varphi'(t)}$$

由复合函数的求导法则，有

$$\frac{\mathrm{d}y}{\mathrm{d}x}=\frac{\mathrm{d}y}{\mathrm{d}t}\cdot\frac{\mathrm{d}t}{\mathrm{d}x}=\frac{\mathrm{d}y}{\mathrm{d}t}\Big/\frac{\mathrm{d}x}{\mathrm{d}t}$$

$$=\psi'(t)\cdot\frac{1}{\varphi'(t)}$$

$$=\frac{\psi'(t)}{\varphi'(t)}$$

一般来说，$\dfrac{\mathrm{d}y}{\mathrm{d}x}$ 仍然是参数 t 的函数，如果把

$$\begin{cases}x=\varphi(t)\\ \dfrac{\mathrm{d}y}{\mathrm{d}x}=\dfrac{\psi'(t)}{\varphi'(t)}\end{cases},\ t\in I$$

看作另外一个参数方程，则由 $x=\varphi(t)$ 的反函数存在推知，$\dfrac{\mathrm{d}y}{\mathrm{d}x}$ 也是 x 的复合函数．因此，可以考虑 $\dfrac{\mathrm{d}y}{\mathrm{d}x}$ 对 x 的导数，即由参数方程 $\begin{cases}x=\varphi(t)\\ y=\psi(t)\end{cases}$ 确定的函数对 x 的二阶导数，容易看到

$$\frac{\mathrm{d}^2y}{\mathrm{d}x^2}=\frac{\mathrm{d}}{\mathrm{d}x}\left(\frac{\mathrm{d}y}{\mathrm{d}x}\right)$$

$$=\frac{\mathrm{d}}{\mathrm{d}t}\left(\frac{\mathrm{d}y}{\mathrm{d}x}\right)\cdot\frac{\mathrm{d}t}{\mathrm{d}x}$$

$$=\frac{\mathrm{d}}{\mathrm{d}t}\left[\frac{\psi'(t)}{\varphi'(t)}\right]\Big/\frac{\mathrm{d}x}{\mathrm{d}t}$$

类似地，可以求由参数方程所确定的函数的更高阶导数．

例 3.31　已知抛射体的运动轨迹（见图 3-4）的参数方程为

$$\begin{cases} x = v_1 t \\ y = v_2 t - \dfrac{1}{2} g t^2 \end{cases}$$

求 $\dfrac{\mathrm{d}y}{\mathrm{d}x}$，$\dfrac{\mathrm{d}^2 y}{\mathrm{d}x^2}$.

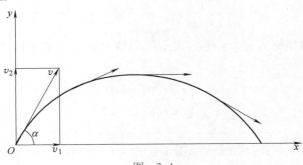

图　3-4

解　

$$\frac{\mathrm{d}y}{\mathrm{d}x} = \frac{\dfrac{\mathrm{d}y}{\mathrm{d}t}}{\dfrac{\mathrm{d}x}{\mathrm{d}t}} = \frac{v_2 - gt}{v_1}$$

$$\frac{\mathrm{d}^2 y}{\mathrm{d}x^2} = \frac{\mathrm{d}}{\mathrm{d}x}\left(\frac{\mathrm{d}y}{\mathrm{d}x}\right)$$

$$= \frac{\mathrm{d}}{\mathrm{d}t}\left(\frac{v_2 - gt}{v_1}\right) \Big/ \frac{\mathrm{d}x}{\mathrm{d}t}$$

$$= \frac{-g}{v_1^2}$$

例 3.32　已知摆线（见图 3-5）的参数方程为 $\begin{cases} x = a(t - \sin t) \\ y = a(1 - \cos t) \end{cases}$，

求 $\dfrac{\mathrm{d}^2 y}{\mathrm{d}x^2}$.

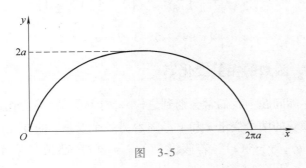

图　3-5

解　

$$\frac{\mathrm{d}y}{\mathrm{d}x} = \frac{\dfrac{\mathrm{d}y}{\mathrm{d}t}}{\dfrac{\mathrm{d}x}{\mathrm{d}t}} = \frac{a\sin t}{a(1 - \cos t)} = \frac{\sin t}{1 - \cos t}$$

$$\frac{\mathrm{d}^2 y}{\mathrm{d} x^2} = \frac{\mathrm{d}}{\mathrm{d} x}\left(\frac{\mathrm{d} y}{\mathrm{d} x}\right)$$

$$= \frac{\mathrm{d}}{\mathrm{d} t}\left(\frac{\sin t}{1 - \cos t}\right)\bigg/\frac{\mathrm{d} x}{\mathrm{d} t}$$

$$= \frac{\cos t(1 - \cos t) - \sin^2 t}{(1 - \cos t)^2} \cdot \frac{1}{a(1 - \cos t)}$$

$$= -\frac{1}{a(1 - \cos t)^2}$$

用极坐标方程 $r = r(\theta)$ 表示的曲线可以化为如下的参数方程形式：

$$\begin{cases} x = r(\theta)\cos\theta \\ y = r(\theta)\sin\theta \end{cases}$$

例 3.33　　求心形线（见图 3-6）$r = 1 + \sin\theta$ 在 $\theta = \dfrac{\pi}{3}$ 处的切线方程.

解　心形线的参数方程为

$$\begin{cases} x = (1 + \sin\theta)\cos\theta \\ y = (1 + \sin\theta)\sin\theta \end{cases}$$

则有

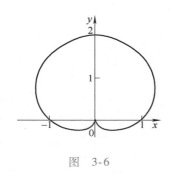

图　3-6

$$\frac{\mathrm{d} y}{\mathrm{d} x} = \frac{\dfrac{\mathrm{d} y}{\mathrm{d}\theta}}{\dfrac{\mathrm{d} x}{\mathrm{d}\theta}} = \frac{[(1 + \sin\theta)\sin\theta]'}{[(1 + \sin\theta)\cos\theta]'} = \frac{\sin 2\theta + \cos\theta}{\cos 2\theta - \sin\theta}$$

当 $\theta = \dfrac{\pi}{3}$ 时，$x = \dfrac{1}{2}\left(1 + \dfrac{\sqrt{3}}{2}\right)$，$y = \dfrac{\sqrt{3}}{2}\left(1 + \dfrac{\sqrt{3}}{2}\right)$，$\dfrac{\mathrm{d} y}{\mathrm{d} x}\bigg|_{\theta = \frac{\pi}{3}} = -1$.

故所求切线方程为

$$y - \frac{\sqrt{3}}{2}\left(1 + \frac{\sqrt{3}}{2}\right) = (-1)\left[x - \frac{1}{2}\left(1 + \frac{\sqrt{3}}{2}\right)\right]$$

即

$$4x + 4y - 5 - 3\sqrt{3} = 0$$

3.2.6　函数的相关变化率

在实际问题中我们常会遇到这样一类问题：在某变化过程中，相互依赖着的两个变量 x 和 y 都随着另一个变量 t 的变化而变化，即 $x = x(t)$，$y = y(t)$. 若假设 $x(t)$ 与 $y(t)$ 都是可导函数，那么，变化率 $\dfrac{\mathrm{d} x}{\mathrm{d} t}$ 与 $\dfrac{\mathrm{d} y}{\mathrm{d} t}$ 间也存在一定的关系. 这两个变化率之间的关系问题称为相关变化率问题. 如果能够建立 x 和 y 的方程 $F(x, y) = 0$，即 $F(x(t), y(t)) = 0$，然后在方程两边对 t 求导，就可以得到变化率之间的方程，代入已知条件，便可得到需要的结果. 观察下面的例子.

例 3. 34　一气球从距离观察员 500m 处离开地面垂直上升，其速度为 140m/min. 当气球高度为 500m 时，观察员视线的仰角增加率是多少？

解　设气球上升 $t(\min)$ 后，其高度为 h，观察员视线的仰角为 α，则

$$\tan \alpha = \frac{h}{500}$$

其中，α 及 h 都是时间 t 的函数. 上式两边对 t 求导，得

$$\frac{1}{\cos^2 \alpha} \cdot \frac{\mathrm{d}\alpha}{\mathrm{d}t} = \frac{1}{500} \cdot \frac{\mathrm{d}h}{\mathrm{d}t}$$

已知 $\dfrac{\mathrm{d}h}{\mathrm{d}t} = 140\mathrm{m/min}$. 当 $h = 500\mathrm{m}$ 时，$\tan \alpha = 1$，求得 $\dfrac{1}{\cos^2 \alpha} = 2$，代入上式得

部分题目详解与提示

$$2\frac{\mathrm{d}\alpha}{\mathrm{d}t} = \frac{1}{500} \times 140\mathrm{rad/min}$$

所以

$$\frac{\mathrm{d}\alpha}{\mathrm{d}t} = \frac{70}{500}\mathrm{rad/min} = 0.14\mathrm{rad/min}$$

习题 3. 2

A 组

1. 求下列函数的导数（其中 a、b 为常数）：

(1) $y = 2x^4 - 3x^3 + 2 - x^{-2}$；

(2) $y = (\sqrt{x} + 1)\left(\frac{1}{x} - 1\right)$；

(3) $y = 4\mathrm{e}^x \cdot \ln x$；

(4) $y = a^x \cdot x^a$；

(5) $y = 2\tan x + \sec x - 1$；

(6) $y = \dfrac{\ln x}{x}$；

(7) $y = \dfrac{1 - \sin x}{1 + \sin x}$；

(8) $y = \dfrac{x\sin x + \cos x}{x\sin x - \cos x}$；

(9) $y = \tan^3 x$；

(10) $y = \sin^n x \cdot \cos nx$；

(11) $y = \sqrt{x + \sqrt{x + \sqrt{x}}}$；

(12) $y = \ln x^2 + (\ln x)^2$；

(13) $y = \arcsin \dfrac{2x}{1 + x^2}$；

(14) $y = \dfrac{\arcsin x}{\arccos x}$；

(15) $y = \mathrm{arccot}(\mathrm{e}^x)$；

(16) $y = \arctan \dfrac{x + 1}{x - 1}$；

(17) $y = \sin^2(\cos 3x)$；

(18) $y = \mathrm{e}^{ax}(\sin bx + \cos bx)$；

(19) $y = (\arctan \sqrt{x})^3$；

(20) $y = \dfrac{x\mathrm{e}^x - \ln x}{\sin x}$；

(21) $y = \dfrac{1}{\sqrt{1 - x^2}}$；

(22) $y = \dfrac{\sqrt{1 + x} - \sqrt{1 - x}}{\sqrt{1 + x} + \sqrt{1 - x}}$；

(23) $y = \dfrac{1}{2}\ln\left|\dfrac{a + x}{a - x}\right|$；

(24) $y = \ln(x + \sqrt{x^2 + a^2})$；

(25) $y = \ln(\csc x - \cot x)$;

(26) $y = \ln(\sec x + \tan x)$;

(27) $y = \sec^2 \dfrac{x}{a} + \csc^2 \dfrac{x}{a}$;

(28) $y = \dfrac{x}{2}\sqrt{a^2 - x^2} + \dfrac{a^2}{2}\arcsin\dfrac{x}{a}$　$(a > 0)$.

2. 求下列函数在给定点处的导数:

(1) $y = \dfrac{e^t - e^{-t}}{e^t + e^{-t}}$,　求 $y'|_{t=0}$;

(2) $\rho = \theta\sin\theta + \dfrac{1}{2}\cos\theta$,　求 $\dfrac{d\rho}{d\theta}\bigg|_{\theta=\frac{\pi}{4}}$.

3. 求下列分段函数的导数:

(1) $f(x) = \begin{cases} \dfrac{\sin^2 x}{x}, & x \neq 0 \\ 0, & x = 0 \end{cases}$;

(2) $f(x) = \begin{cases} \dfrac{x}{1 + e^{1/x}}, & x \neq 0 \\ 0, & x = 0 \end{cases}$.

4. 求下列函数的二阶导数:

(1) $y = \ln(1 + x^2)$;

(2) $y = \sin 2x \cdot e^x$;

(3) $y = xe^{x^2}$;

(4) $y = \sqrt{a^2 - x^2}$.

5. 求下列函数的 n 阶导数:

(1) $y = \dfrac{1}{1 - x^2}$;　　　(2) $y = xe^x$;

(3) $y = x\ln x$.

6. 验证函数 $y = e^x \cdot \sin x$ 满足关系式 $y'' - 2y' + 2y = 0$.

7. 求下列方程所确定的隐函数的导数 $\dfrac{dy}{dx}$:

(1) $xy + e^y + y = 2$;　　(2) $x^3 + y^3 - 3xy = 0$;

(3) $x^y = y^x$;　　　　　(4) $xy = e^{x+y}$.

8. 求下列方程所确定的隐函数的二阶导数 $\dfrac{d^2 y}{dx^2}$:

(1) $y = 1 - xe^y$;

(2) $\arctan\dfrac{x}{y} = \ln\sqrt{x^2 + y^2}$.

9. 求曲线 $x^{\frac{2}{3}} + y^{\frac{2}{3}} = a^{\frac{2}{3}}$ 在点 $\left(\dfrac{\sqrt{2}}{4}a, \dfrac{\sqrt{2}}{4}a\right)$ 处的切线方程和法线方程.

10. 求曲线 $x^y = x^2 y$ 在点 $(1, 1)$ 处的切线方程.

11. 求下列参数方程所确定的一阶导数和二阶导数:

(1) $\begin{cases} x = at^2 \\ y = bt^3 \end{cases}$;　　　(2) $\begin{cases} x = 3e^{-t} \\ y = 2e^t \end{cases}$;

(3) $\begin{cases} x = a\cos t \\ y = b\sin t \end{cases}$;　　(4) $\begin{cases} x = \cos^2 t \\ y = \sin^2 t \end{cases}$;

(5) $\begin{cases} x = \ln(1 + t^2) \\ y = \arctan t + \pi \end{cases}$

(6) $\begin{cases} x = f'(t) \\ y = tf'(t) - f(t) \end{cases}$,　$(f''(t)$ 存在且不为零$)$.

12. 已知 $\begin{cases} x = e^t\sin t \\ y = e^{-t}\cos t \end{cases}$,　求当 $t = \dfrac{\pi}{3}$ 时 $\dfrac{dy}{dx}$ 的值.

13. 用对数求导法求下列函数的一阶导数:

(1) $y = \left(\dfrac{x}{1+x}\right)^x$;

(2) $y = \dfrac{(1-x)(2+x)^3}{\sqrt{(x+1)^5}}$;

(3) $y = \sqrt[3]{\dfrac{x+3}{\sqrt[3]{x^2+7}}}$;

(4) $y = (x - a_1)^{a_1}(x - a_2)^{a_2}\cdots(x - a_n)^{a_n}$.

B 组

1. 设 $f(x)$ 是可导的函数,求下列函数的导数:

(1) $y = f(\sin^2 x) + f(\cos^2 x)$;

(2) $y = f(e^x) \cdot e^{f(x)}$;

(3) $y = \sqrt{f^2(x) + g^2(x)}$;

(4) $y = f\big(f(f(x))\big)$.

2. 设 $f(x)$ 二阶可导,求下列函数的二阶导数:

(1) $y = xf(x^2)$;

(2) $y = (1 + x^2)f(\arctan x)$.

3. 设参数方程为 $\begin{cases} x = te^t \\ e^t + e^y = 2 \end{cases}$,确定函数 $y = y(x)$,求 $\dfrac{dy}{dx}$,$\dfrac{d^2 y}{dx^2}$,$\dfrac{d^2 y}{dx^2}\bigg|_{t=0}$.

4. 设曲线 C 的极坐标方程为 $r = r(\theta)$,证明:曲线上任一点 (r, θ) 处的切线斜率为 $k = \dfrac{dy}{dx} = \dfrac{r'\tan\theta + r}{r' - r\tan\theta}$,其中 $r' = r'(\theta)$.

5. 将水注入深 8m,上顶半径为 4m 的正圆锥形的容器中,注水速度为 4m³/min,当水深为 5m 时,其表面上升的速度为多少?

3.3 微分

微分是与导数密切相关、同时又别有侧重的一个概念.

3.3.1 微分的定义

设函数 $y = f(x)$ 的自变量在 x_0 处的增量为 Δx，对应的函数增量为

$$\Delta y = f(x_0 + \Delta x) - f(x_0)$$

导数关注的是函数增量 Δy 对自变量增量 Δx 的变化率 $\dfrac{\Delta y}{\Delta x}$ 的极限，而微分则主要关注函数增量 Δy 及其近似计算问题.

例如，球的体积函数 $V = \dfrac{4}{3}\pi r^3$，体积增量为

$$\Delta V = \frac{4}{3}\pi(r + \Delta r)^3 - \frac{4}{3}\pi r^3$$

$$= 4\pi r^2 \Delta r + 4\pi r(\Delta r)^2 + \frac{4}{3}\pi(\Delta r)^3$$

在通常情况下，函数增量比函数本身还要复杂，这便要求我们在保证一定计算精度的条件下，对 ΔV 进行必要的简化.

注意到 $4\pi r(\Delta r)^2 + \dfrac{4}{3}\pi(\Delta r)^3$ 是 Δr 的高阶无穷小，$4\pi r^2 \Delta r$ 是 Δr 的线性函数，不但容易计算，而且在 ΔV 的计算中起主要作用，即

$$\Delta V \approx 4\pi r^2 \Delta r$$

这种近似具有普遍性，如果 $f(x)$ 在 x_0 处可导，即 $\lim\limits_{\Delta x \to 0} \dfrac{\Delta y}{\Delta x} = f'(x_0)$，总有

$$\Delta y = f'(x_0)\Delta x + o(\Delta x)$$

因此，$\Delta y \approx f'(x_0)\Delta x$. 为了研究 Δy 的线性主要部分，我们引入微分的概念.

> **定义 3.3 （微分定义）** 设函数 $y = f(x)$ 在 x_0 的某邻域内有定义，如果函数的增量 $\Delta y = f(x_0 + \Delta x) - f(x_0)$ 可表示为
> $$\Delta y = A\Delta x + o(\Delta x)$$
> 其中，A 是常数，则称函数 $y = f(x)$ 在点 x_0 可微，Δy 的线性主要部分 $A\Delta x$ 称为函数 $y = f(x)$ 在点 x_0 的微分，记作 $\mathrm{d}y$，即
> $$\mathrm{d}y = A\Delta x.$$

微课视频：
可微与可导等价，
为什么还要定义微分？

前面的推导表明, 如果 $f(x)$ 在 x_0 处可导, 则 $f(x)$ 在 x_0 处可微. 反过来, 如果函数 $y = f(x)$ 在 x_0 处可微, 即

$$\Delta y = A\Delta x + o(\Delta x)$$

等式两边同时除以 Δx 并取极限得

$$\lim_{\Delta x \to 0}\frac{\Delta y}{\Delta x} = \lim_{\Delta x \to 0}\left[A + \frac{o(\Delta x)}{\Delta x}\right] = A$$

即函数 $f(x)$ 在 x_0 处可导, 且 $A = f'(x_0)$.

> **定理 3.7**　函数 $y = f(x)$ 在 x_0 处可微的充分必要条件是 $f(x)$ 在 x_0 处可导, 且有
>
> $$\mathrm{d}y = f'(x_0)\Delta x$$
>
> 若函数 $f(x)$ 在区间 (a, b) 内的每一点都可微, 则称 $f(x)$ 是 (a, b) 内的可微函数, $\mathrm{d}y = f'(x)\Delta x$ 称为函数 $f(x)$ 的微分.
>
> 当 $y = f(x) = x$ 时, $\mathrm{d}y = f'(x)\Delta x$, 即为 $\mathrm{d}x = 1 \cdot \Delta x$, 亦即 $\mathrm{d}x = \Delta x$, 因此, 通常记 $\mathrm{d}y = f'(x)\mathrm{d}x$, 并称 $\mathrm{d}x$ 为自变量 x 的微分.

注　在纯粹的形式上, 如果把 $\frac{\mathrm{d}y}{\mathrm{d}x}$ 中的 $\mathrm{d}y$ 和 $\mathrm{d}x$ 理解为微分, 则复合函数的求导法则 $\frac{\mathrm{d}y}{\mathrm{d}x} = \frac{\mathrm{d}y}{\mathrm{d}u} \cdot \frac{\mathrm{d}u}{\mathrm{d}x}$ 与参数方程确定的函数的求导法则 $\frac{\mathrm{d}y}{\mathrm{d}x} = \frac{\mathrm{d}y}{\mathrm{d}t}\bigg/\frac{\mathrm{d}x}{\mathrm{d}t}$ 很容易记忆.

下面从几何上来分析微分的意义. 如图 3-7 所示, 函数 $y = f(x)$ 的图像是一条曲线, 曲线在点 $M(x_0, f(x_0))$ 处的切线斜率 $\tan \alpha = f'(x_0)$, 因此

$$\mathrm{d}y = f'(x_0)\mathrm{d}x = \tan \alpha \cdot MQ = PQ$$

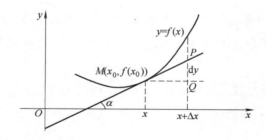

图　3-7

　　这就是说，函数 $y = f(x)$ 在 x_0 处的微分表示当自变量的改变量为 Δx 时，曲线 $y = f(x)$ 在对应的点 M 处的切线上纵坐标的改变量. 当 $|\Delta x|$ 很小时，$|dy - \Delta y|$ 比 $|\Delta x|$ 小得多，所以在点 M 附近可以用切线段近似代替曲线段（以直代曲）.

3.3.2　微分的运算法则

　　由导数的基本公式和求导法则立即得到微分基本公式和微分法则.

1. 微分基本公式

微课视频：
微分的运算法则

（1）$dC = 0$（C 为常数）；

（2）$d(x^{\mu}) = \mu x^{\mu - 1} dx$；

（3）$d(a^x) = a^x \ln a dx$，特别地，$d(e^x) = e^x dx$；

（4）$d(\log_a x) = \dfrac{1}{x \ln a} dx$，特别地，$d(\ln x) = \dfrac{1}{x} dx$；

（5）$d(\sin x) = \cos x dx$；

（6）$d(\cos x) = -\sin x dx$；

（7）$d(\tan x) = \sec^2 x dx$；

（8）$d(\cot x) = -\csc^2 x dx$；

（9）$d(\arcsin x) = \dfrac{1}{\sqrt{1 - x^2}} dx$；

（10）$d(\arccos x) = -\dfrac{1}{\sqrt{1 - x^2}} dx$；

（11）$d(\arctan x) = \dfrac{1}{1 + x^2} dx$；

（12）$d(\text{arccot } x) = -\dfrac{1}{1 + x^2} dx$；

（13）$d(\sec x) = \sec x \tan x dx$；

（14）$d(\csc x) = -\csc x \cot x dx$.

2. 函数四则运算的微分法则

$$d(u \pm v) = du \pm dv$$

$$d(uv) = v du + u dv$$

$$d\left(\frac{u}{v}\right) = \frac{v du - u dv}{v^2} \ (v \neq 0)$$

特别地，$d(Cu) = C du$（C 为常数）.

3. 复合函数的微分法则

　　设 $y = f(u)$，$u = \varphi(x)$，则复合函数 $y = f(\varphi(x))$ 的微分为

$$dy = [f(\varphi(x))]' dx = f'(u) \varphi'(x) dx$$

由于 $\varphi'(x) dx = du$，所以上式可以写成

$$dy = f'(u)du$$

由此可见，无论 u 是自变量还是另一个变量的函数，微分形式 $dy = f'(u)du$ 保持不变. 这一性质称为**一阶微分的形式不变性**.

例 3.35　　$y = \sin(3x+1)$，求 dy.

解　令 $u = 3x+1$，则

$$\begin{aligned} dy &= \cos u\, du \\ &= \cos(3x+1)d(3x+1) \\ &= 3\cos(3x+1)dx \end{aligned}$$

例 3.36　　$y = (x + \tan x)^2$，求 dy.

解
$$\begin{aligned} dy &= d(x+\tan x)^2 \\ &= 2(x+\tan x)d(x+\tan x) \\ &= 2(x+\tan x)(1+\sec^2 x)dx \end{aligned}$$

例 3.37　　$y = \ln(2 + e^{x^2})$，求 $\dfrac{dy}{dx}$.

解　根据一阶微分的形式不变性，得

$$\begin{aligned} dy &= d\ln(2 + e^{x^2}) \\ &= \frac{1}{2+e^{x^2}}d(2+e^{x^2}) \\ &= \frac{1}{2+e^{x^2}}e^{x^2}dx^2 \\ &= \frac{1}{2+e^{x^2}}e^{x^2}2x\,dx \\ &= \frac{2x}{2+e^{x^2}}e^{x^2}dx \end{aligned}$$

所以

$$\frac{dy}{dx} = \frac{2x}{2+e^{x^2}}e^{x^2}$$

下面简单地介绍**高阶微分**的问题. 设函数 $y = f(x)$ 在区间 (a,b) 上一阶可导，则它的微分为 $dy = f'(x)dx$. 若该函数在区间 (a,b) 上二阶可导，则它的微分的微分为 $d(dy)$，称为 $y = f(x)$ 的二阶微分，记为 $d^2 y$，即 $d^2 y = d(dy)$.

$$d^2 y = d(dy) = d[f'(x)dx] = [f'(x)dx]'dx = f''(x)(dx)^2$$

这里 $dx = \Delta x$ 是与 x 无关的常数，通常记 $(dx)^2 = dx^2$，于是

$$d^2 y = f''(x)dx^2$$

类似地，可定义更高阶的微分. 若该函数在区间 (a,b) 上 n 阶可导，则它的 n 阶微分为

$$d^n y = d(d^{(n-1)}y) = f^{(n)}(x)dx^n$$

为统一起见，函数的微分也称为函数的一阶微分. 二阶及二阶以上的微分统称为高阶微分. 应当注意的是，高阶微分不再具有形式不变性.

3.3.3　微分在近似计算中的应用

在本节的最后，我们了解一下微分在近似计算中的应用，其基本思想是在微小局部将给定的函数线性化. 具体地说，当 $|\Delta x| = |x - x_0|$ 充分小时，有

$$\Delta y \approx \mathrm{d}y = f'(x_0)\Delta x$$

即

$$\Delta y = f(x_0 + \Delta x) - f(x_0) \approx f'(x_0)\Delta x$$

或

$$f(x_0 + \Delta x) \approx f(x_0) + f'(x_0)\Delta x$$

或

$$f(x) \approx f(x_0) + f'(x_0)(x - x_0) \tag{3-7}$$

微课视频：
微分的近似计算

例 3.38　在 $x = 0$ 附近求函数 $f(x) = \mathrm{e}^x$ 的一次近似式，并近似计算 $\mathrm{e}^{-0.002}$.

解　在式（3-7）中令 $x_0 = 0$，有
$$f(x) \approx f(0) + f'(0)x$$
对于 $f(x) = \mathrm{e}^x$ 有
$$f(0) = f'(0) = \mathrm{e}^0 = 1$$
因而 $\mathrm{e}^x \approx 1 + x$. 由此得
$$\mathrm{e}^{-0.002} \approx 1 - 0.002 = 0.998$$

类似地，可推出一些常见的函数在 $x = 0$ 附近的一次近似式. 例如，当 $|x|$ 充分小时，有

$\mathrm{e}^x \approx 1 + x$, $\sin x \approx x$, $\tan x \approx x$, $(1+x)^\alpha \approx 1 + \alpha x$, $\ln(1+x) \approx x$

例 3.39　求 $\sqrt[5]{270}$ 的近似值.

解　由于 $\sqrt[5]{270} = \sqrt[5]{243 + 27} = \sqrt[5]{3^5 \times \left(1 + \dfrac{1}{9}\right)} = 3 \times \left(1 + \dfrac{1}{9}\right)^{\frac{1}{5}}$

由
$$(1+x)^\alpha \approx 1 + \alpha x$$

取 $x = \dfrac{1}{9}$，得

$$\sqrt[5]{270} = 3 \times \left(1 + \frac{1}{9}\right)^{\frac{1}{5}} \approx 3 \times \left(1 + \frac{1}{5} \times \frac{1}{9}\right) \approx 3.0667$$

例3.40　　求 $\sin 30°30'$ 的近似值.

解　因为　　　　　　　$30°30' = \dfrac{\pi}{6} + \dfrac{\pi}{360}$

由式（3-7），取 $f(x) = \sin x$，有

$$\sin x \approx \sin x_0 + \cos x_0 (x - x_0)$$

令　　　　　　　　　$x_0 = \dfrac{\pi}{6}$，$x = \dfrac{\pi}{6} + \dfrac{\pi}{360}$

于是

$$\sin 30°30' \approx \sin \frac{\pi}{6} + \cos \frac{\pi}{6} \times \frac{\pi}{360}$$

$$= \frac{1}{2} + \frac{\sqrt{3}}{2} \times \frac{\pi}{360}$$

$$\approx 0.5076$$

部分题目详解与提示

习题 3.3

A 组

1. 已知 $y = x^2 - 2x$，计算当 $x = 2$，$\Delta x = 0.01$ 时的 Δy 及 dy.

2. 设函数 $y = f(x)$ 的图形如图 3-8 所示，试在图 3-8a ~ d 中分别标出在点 x_0 处的 dy、Δy 及 $\Delta y - dy$，并说明其正负.

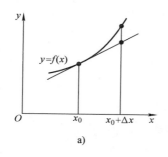

a)

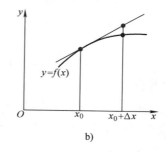

b)

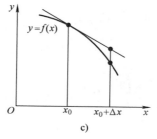

c)

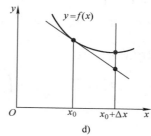

d)

图　3-8

3. 求下列函数的微分：

（1）　$y = \dfrac{1}{x} + 3\sqrt{x}$；　　　（2）$y = x \cdot \cos 2x$；

（3）$y = \dfrac{x}{\sqrt{x^2 + 1}}$；　　　（4）$y = [\ln(1 - x)]^2$；

（5）$y = \arcsin \sqrt{1 - x^2}$；　　（6）$y = \tan^2(2x^2 + 1)$；

(7) $y = \arctan \dfrac{1 - x^2}{1 + x^2}$;　　(8) $y = x^2 \cdot e^{2x}$;

(9) $y = \ln^2(1 + \sin 2x)$;　(10) $y = e^{1-3x} \cdot \tan 2x$.

B 组

1. 选择:

(1) $y = \sin^2 2x$, 则 $dy = (\quad)$.

A. $(\sin^2 2x)'(2x)'dx$　　　B. $(\sin^2 2x)'d(\sin 2x)$

C. $2\sin 2x \cos 2x dx$　　　D. $2\sin 2x d(\sin 2x)$

(2) 若 $f(u)$ 可导, 且 $y = f(x^2)$, 则有 $dy = (\quad)$.

A. $f'(x^2)dx$　　　　B. $f'(x^2)dx^2$

C. $[f(x^2)]'dx^2$　　D. $[f(x^2)]'2xdx$

2. 将适当的函数填入下列括号中, 使等式成立:

(1) $d(\quad) = x^2 dx$;　　(2) $d(\quad) = -\sin x dx$;

(3) $d(\quad) = e^{-3x}dx$;　(4) $d(\quad) = \sec^2 2x dx$;

(5) $d(\quad) = \dfrac{1}{9 + x^2}dx$;　(6) $d(\quad) = \dfrac{1}{\sqrt{x}}dx$;

(7) $d(\quad) = \dfrac{\ln x}{x}dx$;　(8) $d(\quad) = \dfrac{1}{2 + x}dx$;

(9) $d(\quad) = \dfrac{1}{\sqrt{1 - 4x^2}}dx$;

(10) $d(\quad) = \dfrac{x^{n-1}}{2 + x^n}dx$.

3. 求由方程 $e^{x+y} = xy$ 所确定的函数 $y = y(x)$ 的微分 dy.

4. 计算下列各题的近似值:

(1) $\cos 29°$;　(2) $\sqrt{25.04}$;　(3) $\ln 1.001$.

5. 测量一个球的半径为 21cm, 该测量值可能的最大误差为 0.05cm, 问通过半径的测量值所求得的球的体积的最大误差是多少?

部分题目详解与提示

综合习题 3

1. 填空:

(1) "函数 $f(x)$ 在点 x_0 的左导数和右导数都存在且相等" 是 "$f(x)$ 在点 x_0 可导" 的 (　　) 条件.

(2) "函数 $f(x)$ 在点 x_0 可导" 是 "$f(x)$ 在点 x_0 连续" 的 (　　) 条件, 是 "$f(x)$ 在点 x_0 可微" 的 (　　) 条件.

(3) 设 $f(x) = x(x-1)(x-2)\cdots(x-100)$, 则 $f'(0) = (\quad)$.

(4) 设 $f(x) = g(2 + 3x) - g(2 - 3x)$, 其中 $g(x)$ 在点 $x = 2$ 处可导, 则 $f'(0) = (\quad)$.

2. 求下列函数的导数:

(1) $y = \left(\dfrac{a}{b}\right)^x \left(\dfrac{b}{x}\right)^a \left(\dfrac{x}{a}\right)^b$　$(a, b > 0)$;

(2) $y = x^{a^a} + a^{x^a} + a^{a^x}$　$(a > 0)$;

(3) $y = x + x^x + x^{x^x}$　$(x > 0)$;

(4) $y = \arcsin(\sin x)$;

(5) $y = x|x(x - 3)|$;

(6) $y = \operatorname{arccot}\left(\dfrac{\sin x + \cos x}{\sin x - \cos x}\right)$.

3. 已知函数 $f(x)$ 可导, 证明: 曲线 $y = f(x)$ $(f(x) > 0)$ 与曲线 $y = f(x)\sin x$ 在交点处相切.

4. 试确定常数 a、b, 使得函数
$$f(x) = \begin{cases} e^{-x}, & x \le 0 \\ x^2 + ax + b, & x > 0 \end{cases}$$
可导, 并求 $f'(x)$.

5. 设 $f(x) = \begin{cases} x^n \sin \dfrac{1}{x}, & x \ne 0 \\ 0, & x = 0 \end{cases}$, $n \in \mathbf{N}^*$, 问 n 取何值时, $f(x)$ 在 $x = 0$ 处:

(1) 连续;　　(2) 可导;　　(3) 导函数连续.

6. 求过原点且与曲线 $y = \dfrac{x + 9}{x + 5}$ 相切的切线方程.

7. 设函数 $f(x)$ 满足 $|f(x)| \le x^2$, 证明: $f(x)$ 在 $x = 0$ 处可导, 且 $f'(0) = 0$.

8. 设函数 $f(x)$ 满足 $f(1 + x) = af(x)$, 且 $f'(0) = b$, 其中 a、b 均为常数, 证明: $f(x)$ 在 $x = 1$ 处可导, 且 $f'(1) = ab$.

9. 设函数 $f(x)$ 在点 $x = a$ 处可导, $f(a) > 0$, 试求极限 $\lim\limits_{n \to \infty} \left[\dfrac{f\left(a + \dfrac{1}{n}\right)}{f(a)}\right]^n$.

10. 确定 m, 使 $y = mx$ 为曲线 $y = \ln x$ 的切线.

11. 在曲线 $x = a\cos^3 t$, $y = a\sin^3 t$　$(a > 0, 0 \le t \le 2\pi)$ 上作不在坐标轴上的切线, 证明: 该切线被

坐标轴所截的长度为一常数.

12. 试从 $\dfrac{\mathrm{d}x}{\mathrm{d}y} = \dfrac{1}{y'}$ 导出:

(1) $\dfrac{\mathrm{d}^2 x}{\mathrm{d}y^2} = -\dfrac{y''}{(y')^3}$;

(2) $\dfrac{\mathrm{d}^3 x}{\mathrm{d}y^3} = \dfrac{3(y'')^2 - y'y'''}{(y')^5}$.

13. 设 $f(x)$ 为周期函数，且在 $(-\infty, +\infty)$ 内可导，证明: $f'(x)$ 也是周期函数.

14. 设 $f(x)$ 是 $(-\infty, +\infty)$ 内可导且周期为 4 的周期函数，$\lim\limits_{x \to 0} \dfrac{f(1) - f(1-x)}{2x} = -1$，求曲线 $y = f(x)$ 在点 $x = 5$ 处的切线斜率.

15. 设 $f(x)$ 可导，证明: $F(x) = f(x)(1 + |\sin x|)$ 在 $x = 0$ 处可导的充要条件是 $f(0) = 0$.

16. 设 $f(x)$ 是有理函数，即 $f(x)$ 是两个多项式的商，证明: $\lim\limits_{x \to +\infty} \dfrac{f(x)}{x} = l$ 的充要条件是 $\lim\limits_{x \to +\infty} f'(x) = l$.

第 4 章
微分中值定理及其应用

本章学习导数的应用，即如何利用导数研究函数，微分中值定理则是导数应用的理论基础. 本章的目的是以导数为工具研究函数，包括函数的性态研究，如函数的单调性、极值、最值、凸性和拐点等，以及等式和不等式的证明. 进一步研究未定式的极限求法，即洛必达法则，以及函数的多项式逼近，即泰勒（Taylor）公式.

4.1 费马引理与函数最值

微课视频：
费马引理的重要应用有哪些?

> **定理 4.1** （费马引理）
>
> 设函数 $f(x)$ 在点 x_0 的某邻域 $U(x_0)$ 内有定义，并且在 x_0 处可导，如果对任意的 $x \in U(x_0)$ 有 $f(x) \leqslant f(x_0)$ （或 $f(x) \geqslant f(x_0)$），那么 $f'(x_0) = 0$.

证明 这里只证明 $f(x) \leqslant f(x_0)$，$x \in U(x_0)$ 的情况，$f(x) \geqslant f(x_0)$ 的情况可以类似证明.

对于 $x_0 + \Delta x \in U(x_0)$，有

$$f(x_0 + \Delta x) \leqslant f(x_0)$$

从而当 $\Delta x > 0$ 时，

$$\frac{f(x_0 + \Delta x) - f(x_0)}{\Delta x} \leqslant 0$$

当 $\Delta x < 0$ 时，

$$\frac{f(x_0 + \Delta x) - f(x_0)}{\Delta x} \geqslant 0$$

由函数 $f(x)$ 在 x_0 可导及极限的保号性，得

$$f'(x_0) = f'_+(x_0) = \lim_{\Delta x \to 0^+} \frac{f(x_0 + \Delta x) - f(x_0)}{\Delta x} \leqslant 0$$

$$f'(x_0) = f'_-(x_0) = \lim_{\Delta x \to 0^-} \frac{f(x_0 + \Delta x) - f(x_0)}{\Delta x} \geqslant 0$$

所以，$f'(x_0) = 0$.

在几何上，费马引理表明，如果曲线 $y = f(x)$ 在 x_0 处达到局部的最高点或最低点，且曲线在该点有切线，那么此切线必定平行于 x 轴，即切线是水平直线.

最值问题在实际生活和科技领域中经常会碰到，例如，在一定的条件下用料最少、成本最低、产量最多、时间最少、交通最通畅、效率最高等问题都是最值问题，也称为最优化问题. 在数学上归结为求某个函数（称为目标函数）的最大值或最小值问题，简称最值问题. 下面以费马引理为工具，先从纯数学问题入手，研究函数最值的求法，然后介绍一些实际问题中求最值的实例.

费马
（Fermat，1601—1665）
法国数学家

由费马引理及函数最值的定义，立即有

推论 4.1　（最值的必要条件） 设 $x_0 \in (a, b)$，$f(x_0)$ 是 $f(x)$ 在 $[a, b]$ 上的最值. 如果 $f'(x_0)$ 存在，则 $f'(x_0) = 0$.

$f'(x) = 0$ 的点 x 称为 $f(x)$ 的**驻点**. 首先考察闭区间上连续函数的最值. 设 $f(x_0)$ 是 $f(x)$ 在 $[a, b]$ 上的最值，则最值的必要条件表示 x_0 只可能是 $f(x)$ 的驻点、不可导点、区间 $[a, b]$ 的端点 a 或 b，即函数在闭区间上的最值只可能在驻点、不可导点或区间端点取得. 因此，只要求出 $f(x)$ 所有的驻点和不可导点，并将这些点处的函数值与端点处的函数值 $f(a)$ 及 $f(b)$ 比较，就可以得到 $f(x)$ 在 $[a, b]$ 上的最大值与最小值.

例 4.1　求函数 $f(x) = 2x^3 - 3x^2$ 在 $[-1, 4]$ 上的最大值与最小值.

解　显然 $f(x)$ 在 $(-1, 4)$ 内可导. 求导得
$$f'(x) = 6x^2 - 6x = 6x(x - 1)$$
令 $f'(x) = 0$，解得 $x = 0$，$x = 1$. 由于
$$f(-1) = -5,\ f(0) = 0,\ f(1) = -1,\ f(4) = 80$$
比较可得最大值为 $f(4) = 80$，最小值为 $f(-1) = -5$.

即使函数 $f(x)$ 的定义域是一个开区间（有限或无限），如果 **$f(x)$ 在这个区间上可导且只有一个驻点 x_0，且 $f(x)$ 在该区间上的最大（小）值存在，那么 x_0 就是 $f(x)$ 在该区间上的最大（小）值点**. 在实际问题的应用中，问题本身可以保证目标函数 $f(x)$ 的最大值或最小值一定存在，因此，通常用这种思想求应用问题的最值.

例4.2　欲建造一个粮仓，粮仓内下部为圆柱形，顶部为半球形. 设用于建造圆柱形部分的材料的单价为 c(元/m^2)，用于建造半球形部分的材料的单价为 $2c$(元/m^2). 如果粮食只能储存在圆柱形部分，且规定粮仓储藏量为 a(m^3)，问如何选取圆柱形的尺寸才能使造价最低？

　　解　设圆柱的高和半径分别为 h 和 r，则建造粮仓所需材料的总价为

$$C = (2\pi rh + \pi r^2) \cdot c + 2\pi r^2 \cdot (2c)$$

根据题意有 $\pi r^2 h = a$，即有 $h = \dfrac{a}{\pi r^2}$，代入上式可得目标函数

$$C = \frac{2ca}{r} + 5\pi cr^2 \quad (0 < r < +\infty)$$

现在的问题是求目标函数的最小值. 求导得

$$\frac{\mathrm{d}C}{\mathrm{d}r} = \frac{-2ca}{r^2} + 10\pi cr$$

令 $\dfrac{\mathrm{d}C}{\mathrm{d}r} = 0$，得驻点 $r = \left(\dfrac{a}{5\pi}\right)^{\frac{1}{3}}$. 它是可导的目标函数的唯一驻点，且所求的问题最小值一定存在，所以此驻点即是问题的最小值点，即当

$$r = \left(\frac{a}{5\pi}\right)^{\frac{1}{3}}, \quad h = \left(\frac{25a}{\pi}\right)^{\frac{1}{3}} = 5r$$

时，造价最低.

例4.3　在一个半径为 R 的广场中心安装一灯塔，问灯塔多高时才能使广场周围的路上最亮？

　　解　如图 4-1 所示.

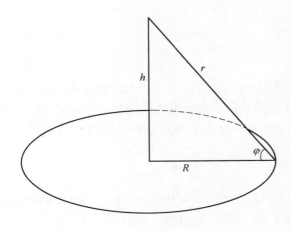

图　4-1

设灯塔的高为 h，$\tan \varphi = \dfrac{h}{R}$，由物理学知识知道，照度 E 与 $\sin \varphi$ 成正比，与 r^2 成反比，即 $E = k\dfrac{\sin \varphi}{r^2}$，其中比例系数 k 由灯光强度决定，r 为到光源的距离．问题化为求目标函数

$$E = k\frac{1}{r^2} \cdot \frac{h}{r} = k\frac{h}{(h^2 + R^2)^{3/2}} \quad (h > 0)$$

的最大值．求导得

$$E'(h) = k\frac{R^2 - 2h^2}{(h^2 + R^2)^{5/2}}$$

令 $E'(h) = 0$，得 $(0,\ +\infty)$ 内唯一驻点 $h = \dfrac{\sqrt{2}}{2}R$，由于使路上最亮的合理高度一定存在，因此，可以断定，当灯塔的高度为 $\dfrac{\sqrt{2}}{2}R$ 时，能使广场周围的路上最亮．

例 4.4 铁路线上 AB 段的距离为 100km. 工厂 C 距 A 处为 20km，AC 垂直于 AB（见图 4-2）．为了运输需要，要在 AB 线上选定一点 D 向工厂修筑一条公路．已知铁路上每公里货运的费用与公路上每公里的费用之比为 $3:5$．为了使货物从供应站 B 运到工厂 C 的运费最少，问点 D 应选在何处？

解 设 $AD = x(\text{km})$，则

$$DB = 100 - x, \quad CD = \sqrt{20^2 + x^2} = \sqrt{400 + x^2}$$

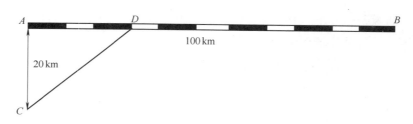

图 4-2

由于铁路上每公里货运的费用与公路上每公里的费用之比为 $3:5$，因此不妨设铁路上每公里货运的费用为 $3k$，公路上每公里的费用 $5k$（k 为某正数），从点 B 到点 C 的总运费为 y，则

$$y = 5k \cdot CD + 3k \cdot DB$$

即

$$y = 5k\sqrt{400 + x^2} + 3k(100 - x) \quad (0 \leqslant x \leqslant 100)$$

原问题归结为求目标函数 y 在区间 $[0,\ 100]$ 上的最小值．求导得

$$y'(x) = k\left(\frac{5x}{\sqrt{400+x^2}} - 3\right)$$

令 $y'(x)=0$，解得 $x=15\text{km}$，它是目标函数在区间 $[0,100]$ 内的唯一驻点，而此问题又存在最小值，所以此驻点也是目标函数在区间 $[0,100]$ 上的最小值点，即当 $AD=15\text{km}$ 时，总运费最少.

部分题目详解与提示

习题 4.1

A 组

1. 求下列函数在给定区间上的最大值与最小值：

(1) $y = 2x^3 - x^2$ （$-2 \leqslant x \leqslant 3$）；

(2) $y = x + \sqrt{1-x}$ （$-5 \leqslant x \leqslant 1$）；

(3) $y = \arctan\dfrac{1-x}{1+x}$ （$0 \leqslant x \leqslant 1$）；

(4) $y = \max\{x^2, (1-x^2)\}$ （$0 \leqslant x \leqslant 1$）.

2. 已知函数 $f(x) = ax^3 - 6ax^2 + b$ （$a>0$），在区间 $[-1,2]$ 上的最大值为 3，最小值为 -29，求 a、b 的值.

B 组

1. 轮船每小时燃料费与速度的立方成正比，已知速度为 10km/h 时，燃料费为 80 元/h. 若轮船行驶时，其他费用为 480 元/h，问轮船应以什么速度行驶，才能使 20km 航程的总费用为最小？这时的总费用为多少？

2. 在某化学反应过程中，反应速率 v 与反应物的浓度 x 有以下关系 $v = kx(a-x)$，其中 a 为反应刚开始时物质的浓度，k 是反应速率常数，问当 x 取何值时，反应速率最快？

3. 一张 1.4m 高的图片挂在墙上，它的底边高于观察者的眼睛 1.8m. 问观察者应站在距离多远处看图最清楚（即视角最大）？

4. 从半径为 R 的圆中挖去一个扇形做成一个漏斗，问留下的扇形的中心角 φ 为多大时做成的漏斗体积最大？

5. 一房地产公司有 50 套公寓要出租. 当月租金定为 4000 元时，公寓会全部租出去. 当月租金每增加 200 元时，就会多一套公寓租不出去，而租出去的公寓平均每月需花费 400 元的维修费. 试问房租定为多少时可获得最大收入？

4.2　罗尔定理及其应用

罗尔定理在微分中值定理中相对比较简单，几乎就是费马引理的直接推论，以罗尔定理为基础，可以证明另外几个更复杂的微分中值定理. 同时，罗尔定理常常被用来证明含有中值的等式，也用于讨论方程根的个数.

定理 4.2　（罗尔定理）　如果函数 $f(x)$ 满足

(1) 在闭区间 $[a,b]$ 上连续，

(2) 在开区间 (a,b) 内可导，

(3) $f(a)=f(b)$，

则至少存在一点 $\xi \in (a,b)$，使得 $f'(\xi)=0$.

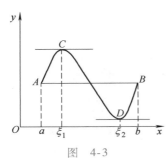

图　4-3

罗尔

（Rolle，1652—1719）

法国数学家

证明　因为 $f(x)$ 在 $[a, b]$ 上连续，故 $f(x)$ 在 $[a, b]$ 上存在最大值 M 与最小值 m. 如果 $M = m$，则 $f(x)$ 在 $[a, b]$ 上恒为常数. 此时任取 $\xi \in (a, b)$，都有 $f'(\xi) = 0$ 成立. 否则的话，一定有 $M > m$. 因此，M 与 m 中至少有一个不取 $f(a) = f(b)$，不妨设 $M \neq f(a)$，那么必定在 (a, b) 内有一点 ξ，使 $f(\xi) = M$，即 $\forall x \in [a, b]$，有 $f(x) \leqslant f(\xi)$，由费马引理知 $f'(\xi) = 0$.

罗尔定理的几何解释为：在定理的条件下，在开区间 (a, b) 内至少存在一点，曲线在该点处的切线平行于 x 轴，也平行于连接点 $(a, f(a))$ 和点 $(b, f(b))$ 的弦（见图 4-3）.

推论 4.2　可微函数 $f(x)$ 的任意两个零点之间至少有 $f'(x)$ 的一个零点.

罗尔定理可用于讨论方程根的个数.

例 4.5　证明：$x = 0$ 是方程 $e^x = 1 + x$ 唯一实根.

证明　令 $f(x) = e^x - 1 - x$. 显然 $x = 0$ 是方程 $f(x) = 0$ 的根. 假设此方程还有另外的根 $x = x_0 \neq 0$，则有 $f(0) = 0$，$f(x_0) = 0$，根据罗尔定理，在 0 和 x_0 之间至少存在一点 ξ，使得 $f'(\xi) = 0$. 但 $f'(x) = e^x - 1$，由于 $\xi \neq 0$，$f'(\xi) \neq 0$，这与假设矛盾. 所以原方程 $e^x = 1 + x$ 只有唯一的根 $x = 0$.

为讨论函数高阶导数的零点，有时需要多次使用罗尔定理.

例 4.6　若 $f(x)$ 在 $[0, 1]$ 上有三阶导数，且 $f(1) = 0$，$F(x) = x^3 f(x)$，则在 $(0, 1)$ 内至少有一点 ξ，使得 $F'''(\xi) = 0$.

证明　由 $F(x) = x^3 f(x)$ 及 $f(1) = 0$，有 $F(0) = F(1) = 0$. 在 $[0, 1]$ 上使用罗尔定理，存在 $\xi_1 \in (0, 1)$，使得 $F'(\xi_1) = 0$.

$$F'(x) = 3x^2 f(x) + x^3 f'(x)$$

有 $F'(0) = F'(\xi_1) = 0$，在 $[0, \xi_1]$ 上对 $F'(x)$ 使用罗尔定理，存在

$\xi_2 \in (0, \xi_1)$，使得 $F''(\xi_2) = 0$.

$$F''(x) = 6x f(x) + 6x^2 f'(x) + x^3 f''(x)$$

有 $F''(0) = F''(\xi_2) = 0$. 在 $[0, \xi_2]$ 上使用罗尔定理，存在 $\xi \in (0, \xi_2) \subset (0, 1)$，使 $F'''(\xi) = 0$ 成立.

罗尔定理常常被用来证明含有中值的等式，基本思路是构造适当的辅助函数满足罗尔定理条件，然后使用罗尔定理进行证明. 这里只介绍两种常用的构造辅助函数的方法.

1. 常数 k 法

在罗尔定理的三个条件中，函数的连续性和可导性一般容易

满足，需要特别关注的是第三个条件．假设 $f(x)$ 和 $g(x)$ 都不满足第三个条件，即 $f(a)\neq f(b)$，$g(a)\neq g(b)$，令 $k=\dfrac{f(a)-f(b)}{g(a)-g(b)}$，$h(x)=f(x)-kg(x)$，则有 $h(a)=h(b)$．因此，如果待证等式中的常数和某个函数在区间 $[a,b]$ 的端点值有关，就令其为 k，通过恒等变形将含有 k 的式子写成 $F(a)=F(b)$ 的形式，则 $F(x)$ 就是需要的辅助函数，然后利用罗尔定理进行证明．

微课视频：
"常数 K 法"是指什么？

例 4.7　设 $f(x)$ 在 $[a,b]$ 上连续，在 (a,b) 内可导，证明：在 (a,b) 内至少存在一点 ξ，使得 $\dfrac{bf(b)-af(a)}{b-a}=f(\xi)+\xi f'(\xi)$ 成立．

证明　令
$$\frac{bf(b)-af(a)}{b-a}=k$$
整理得
$$bf(b)-kb=af(a)-ka$$
令 $F(x)=xf(x)-kx$，则 $F(a)=F(b)$，且 $F(x)$ 在 $[a,b]$ 上连续，在 (a,b) 内可导．由罗尔定理，至少存在一点 $\xi\in(a,b)$，使 $F'(\xi)=0$，即
$$f(\xi)+\xi f'(\xi)-k=0$$
故等式
$$\frac{bf(b)-af(a)}{b-a}=f(\xi)+\xi f'(\xi)$$
成立．

例 4.8　设函数 $f(x)$ 在 $[a,b]$（$a>0$）上连续，在开区间 (a,b) 内可导，证明：在 (a,b) 内必定有一点 ξ，使得 $f(b)-f(a)=\xi f'(\xi)\ln\dfrac{b}{a}$ 成立．

证明　原式等价于
$$\frac{f(b)-f(a)}{\ln b-\ln a}=\xi f'(\xi)$$
令
$$\frac{f(b)-f(a)}{\ln b-\ln a}=k$$
整理得
$$f(b)-k\ln b=f(a)-k\ln a$$
令 $F(x)=f(x)-k\ln x$，则 $F(x)$ 在闭区间 $[a,b]$ 上连续，在开区间 (a,b) 内可导，且 $F(a)=F(b)$．由罗尔中值定理，在 (a,b) 内至少存在一点 ξ，使得 $F'(\xi)=0$，即
$$f'(\xi)-\frac{k}{\xi}=0$$
立即有
$$f(b)-f(a)=\xi f'(\xi)\ln\frac{b}{a}$$

2. 因子法

如果待证等式为 $f(x)u(x) + f'(x)v(x)\big|_{x=\xi} = 0$，则可考虑作以 $f(x)$ 为因子的辅助函数 $F(x) = f(x) \cdot g(x)$，通过证明

$$F'(\xi) = f(x)g'(x) + f'(x)g(x)\big|_{x=\xi} = 0$$

来证明待证等式. 注意到只要

$$\frac{u(x)}{g'(x)} = \frac{v(x)}{g(x)}, \text{ 即 } u(x) = g'(x) \cdot k(x), v(x) = g(x) \cdot k(x),$$

则当 $f(x)g'(x) + f'(x)g(x)\big|_{x=\xi} = 0$ 时，必有 $f(x)u(x) + f'(x)v(x)\big|_{x=\xi} = 0.$

因此，在因子法中，辅助函数的另一个因子 $g(x)$ 通过方程 $\dfrac{u(x)}{g'(x)} = \dfrac{v(x)}{g(x)}$ 确定，即

$$\frac{g'(x)}{g(x)} = \left[\ln g(x)\right]' = \frac{u(x)}{v(x)}$$

微课视频：
什么是"因子法"？

例 4.9　　设 $f(x)$ 在 $[0, 1]$ 上连续，在 $(0, 1)$ 内可导，且 $f(0) = 0$. 证明：对任意的正整数 n，都存在 $\xi \in (0, 1)$，使得 $\xi f'(\xi) + n f(\xi) = f'(\xi)$.

分析　将待证等式写成 $f'(x)(x-1) + nf(x)\big|_{x=\xi} = 0$，考虑令 $F(x) = f(x)g(x)$. 比较 $f'(x)(x-1) + nf(x)$ 与 $f'(x)g(x) + f(x)g'(x)$，只要 $\dfrac{g'(x)}{g(x)} = \dfrac{n}{x-1}$，即 $\left[\ln g(x)\right]' = \left[\ln |x-1|^n\right]'$，亦即 $g(x) = (x-1)^n$ 即可.

证明　令 $F(x) = f(x)(x-1)^n$，则 $F(0) = F(1) = 0$，$F(x)$ 在 $[0, 1]$ 上连续，在 $(0, 1)$ 内可导. 由罗尔定理，存在 $\xi \in (0, 1)$，使得 $F'(\xi) = 0$，即

$$(\xi - 1)^n f'(\xi) + n(\xi - 1)^{n-1} f(\xi) = 0$$

于是

$$(\xi - 1) f'(\xi) + nf(\xi) = 0$$

即

$$\xi f'(\xi) + nf(\xi) = f'(\xi)$$

例 4.10　　设 $f(x)$ 在 $[a, b]$ 上连续，在 (a, b) 内可导，且 $f(a) = f(b) = 0$. 证明：存在 $\xi \in (a, b)$，使得 $f'(\xi) = 2f(\xi)$.

分析　将待证等式写成 $f'(x) - 2f(x)\big|_{x=\xi} = 0$，考虑令 $F(x) = f(x)g(x)$. 比较 $f'(x) - 2f(x)$ 与 $f'(x)g(x) + f(x)g'(x)$，只要

$\dfrac{g'(x)}{g(x)} = -2$，即 $[\ln g(x)]' = (-2x)'$，亦即 $g(x) = e^{-2x}$ 即可.

证明　令 $F(x) = f(x)e^{-2x}$，则 $F(a) = F(b) = 0$，$F(x)$ 在 $[a, b]$ 上满足罗尔定理条件，因此存在 $\xi \in (a, b)$，使得 $F'(\xi) = 0$，即

$$e^{-2\xi}f'(\xi) - 2e^{-2\xi}f(\xi) = 0$$

于是

$$f'(\xi) - 2f(\xi) = 0$$

即 $f'(\xi) = 2f(\xi)$.

部分题目详解与提示

习题 4.2

A 组

1. 验证罗尔定理对函数 $y = \ln \sin x$ 在区间 $\left[\dfrac{\pi}{6}, \dfrac{5\pi}{6}\right]$ 上的正确性.

2. 不用求函数 $f(x) = (x-1)(x-2)(x-3)(x-4)$ 的导数，说明方程 $f'(x) = 0$ 有几个根，并指出它们所在的区间.

3. 若函数 $f(x)$ 在区间 (a, b) 内具有二阶导数，且 $f(x_1) = f(x_2) = f(x_3)$，其中 $a < x_1 < x_2 < x_3 < b$，试证明在 (x_1, x_3) 内至少存在一点 ξ，使得 $f''(\xi) = 0$.

4. 若方程 $a_0 x^n + a_1 x^{n-1} + \cdots + a_{n-1} x = 0$ 有一个正根 $x = x_0$，证明：方程

$$a_0 n x^{n-1} + a_1(n-1)x^{n-2} + \cdots + a_{n-1} = 0$$ 必有一个小于 x_0 的正根.

5. 证明：方程 $x^5 + ax - 1 = 0$ （$a > 0$）只有一个正根.

6. 证明：方程 $x^3 - 3x + a = 0$ 在 $(0, 1)$ 内没有两个不同的实根.

B 组

1. 设 $f(x)$ 在 $[0, 1]$ 上连续，在 $(0, 1)$ 内可微，且 $f(1) = 0$，证明：

(1) 存在 $\xi \in (0, 1)$，使得 $\xi f'(\xi) + 2f(\xi) = 0$；

(2) 对任意 $\lambda > 1$，存在 $\xi \in (0, 1)$，使得 $\xi f'(\xi) + \lambda f(\xi) = 0$.

2. 设 $f(x)$ 在 $[a, b]$ 上连续，在 (a, b) 内可微，且 $f(a) = f(b) = 0$，证明：

(1) 存在 $\xi \in (a, b)$，使得 $f'(\xi) + 3f(\xi) = 0$；

(2) 对任意 λ，存在 $\xi \in (a, b)$，使得 $f'(\xi) + \lambda f(\xi) = 0$.

3. 设 $f(x)$ 在 $[a, b]$ 上连续，在 (a, b) 内可微，证明：存在 $\xi \in (a, b)$，使得

$$f'(\xi) = \dfrac{f(\xi) - f(a)}{b - \xi}$$

4. 设 $f(x)$ 在 $[a, b]$ 上连续，在 (a, b) 内可导，$a > 0$，证明：至少存在一点 $\xi \in (a, b)$，使得

$$[af(b) - bf(a)]\xi = ab\ln\dfrac{b}{a}[\xi f'(\xi) - f(\xi)]$$

5. 设 $f(x)$ 在 $[a, b]$ 上连续，在 (a, b) 内可导，$a > 0$，证明：至少存在一点 $\xi \in (a, b)$，使得

$$e^a f(b) - e^b f(a) = e^{a+b}(b-a)[f'(\xi) - f(\xi)]e^{-\xi}$$

4.3　拉格朗日中值定理及其应用

拉格朗日中值定理是罗尔定理的推广，应用极为广泛. 直接应用拉格朗日中值定理可以证明函数恒等式、不等式和函数单调性等.

4.3.1　拉格朗日中值定理

定理4.3　（**拉格朗日中值定理**）　如果函数 $f(x)$ 满足：

（1）在闭区间 $[a, b]$ 上连续，

（2）在开区间 (a, b) 内可导，

那么在 (a, b) 内至少有一点 ξ，使得

$$\frac{f(b) - f(a)}{b - a} = f'(\xi)$$

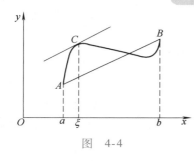

图　4-4

如图4-4所示，拉格朗日中值定理的**几何解释**为：在定理的条件下，在开区间 (a, b) 内至少存在一点，曲线在该点处的切线平行于连接 $(a, f(a))$ 和 $(b, f(b))$ 两点的弦. 当 $f(a) = f(b)$ 时，$f'(\xi) = 0$. 因此拉格朗日中值定理是罗尔定理的推广.

证明　令 $k = \dfrac{f(b) - f(a)}{b - a}$，则

$$f(a) - ka = f(b) - kb$$

令

$$F(x) = f(x) - \frac{f(b) - f(a)}{b - a}x$$

因为函数 $f(x)$ 在闭区间 $[a, b]$ 上连续，在开区间 (a, b) 内可导，因而 $F(x)$ 也在闭区间 $[a, b]$ 上连续，在开区间 (a, b) 内可导，且 $F(a) = F(b)$.

根据罗尔定理，在 (a, b) 内至少存在一点 ξ，使

$$F'(\xi) = f'(\xi) - \frac{f(b) - f(a)}{b - a} = 0$$

即

$$\frac{f(b) - f(a)}{b - a} = f'(\xi)$$

拉格朗日中值定理的结论也可以写成

$$f(b) - f(a) = f'(\xi)(b - a), \xi \in (a, b)$$

此式也称**拉格朗日中值公式**. 因为 $\xi \in (a, b)$，所以，若记 $\theta = \dfrac{\xi - a}{b - a}$，则

$$\xi = a + \theta(b - a), \theta \in (0, 1)$$

代入上式得

$$f(b) - f(a) = f'(a + \theta(b - a))(b - a) \quad (0 < \theta < 1)$$

如果取 x 与 $x + \Delta x$ 为 $[a, b]$ 内任意两点，在 x 与 $x + \Delta x$ 之

间应用拉格朗日中值定理，则有

$$\Delta y = f(x + \Delta x) - f(x) = f'(x + \theta \Delta x)\Delta x \quad (0 < \theta < 1)$$

此式称为**有限增量公式**，它建立了函数在区间上的改变量与函数在区间内某点的导数之间的关系，从而我们可以利用导数来研究函数在区间上的变化情况.

简单不等式证明是拉格朗日中值定理的一个直接应用. 由

$$f(b) - f(a) = f'(\xi)(b - a)$$

只要估计出 $A \leqslant f'(\xi) \leqslant B$，就能同时得到两个不等式

$$A(b - a) \leqslant f(b) - f(a) \leqslant B(b - a)$$

拉格朗日
（Lagrange，1736—1813）
法国数学家、力学家、
天文学家

例 4.11　证明：$\dfrac{a - b}{a} < \ln\dfrac{a}{b} < \dfrac{a - b}{b}$ $\quad(a > b > 0)$.

证明　选择函数 $f(t) = \ln t$，由拉格朗日中值定理，存在 $\xi \in (b, a)$，使得

$$\ln a - \ln b = \frac{1}{\xi}(a - b)$$

由 $\dfrac{1}{a} < \dfrac{1}{\xi} < \dfrac{1}{b}$，即得

$$\frac{a - b}{a} < \ln\frac{a}{b} < \frac{a - b}{b} \quad (a > b > 0)$$

除了证明简单的不等式外，还可以用拉格朗日中值定理证明函数恒等式.

推论 4.3　如果函数 $f(x)$ 在闭区间 $[a, b]$ 上连续，在开区间 (a, b) 内可导，且 $f'(x) \equiv 0$，则 $f(x)$ 在 $[a, b]$ 上恒为常数.

微课视频：
拉格朗日中值
定理及其应用1

证明　任取 $x \in (a, b]$，由拉格朗日中值定理有

$$f(x) - f(a) = f'(\xi)(x - a) = 0$$

即

$$f(x) \equiv f(a)$$

证明函数恒等式相对简单，如果把待证恒等式写成 $f(x) \equiv C$，则证明分为两步：

（1）证明 $f'(x) \equiv 0$；

（2）证明存在 x_0 使得 $f(x_0) = C$.

例 4.12　证明：当 $|x| < 1$ 时，有 $\arctan\sqrt{\dfrac{1 - x}{1 + x}} + \dfrac{1}{2}\arcsin x = \dfrac{\pi}{4}$.

证明　令

$$f(x) = \arctan \sqrt{\frac{1-x}{1+x}} + \frac{1}{2}\arcsin x$$

当 $|x|<1$ 时，有

$$f'(x) = \frac{1}{1+\dfrac{1-x}{1+x}} \cdot \frac{1}{2\sqrt{\dfrac{1-x}{1+x}}} \cdot \frac{-2}{(1+x)^2} + \frac{1}{2} \cdot \frac{1}{\sqrt{1-x^2}} = 0$$

故 $f(x) = C$（C 为常数）. 令 $x = 0$，得 $C = f(0) = \dfrac{\pi}{4}$，即

$$\arctan \sqrt{\frac{1-x}{1+x}} + \frac{1}{2}\arcsin x = \frac{\pi}{4}$$

例 4.13　设 $f(x)$ 和 $g(x)$ 在 (a, b) 内可导，$g(x) \neq 0$，且 $f'(x)\ g(x) - f(x)\ g'(x) = 0$. 证明：存在常数 C，使得 $f(x) = Cg(x)$，$x \in (a, b)$.

证明　注意到

$$f(x) = Cg(x) \Leftrightarrow \frac{f(x)}{g(x)} = C$$

令 $h(x) = \dfrac{f(x)}{g(x)}$，则

$$h'(x) = \frac{f'(x)g(x) - f(x)g'(x)}{g^2(x)} = 0, x \in (a, b)$$

故存在常数 C，使得 $h(x) = C$，即

$$f(x) = Cg(x), \ x \in (a, b)$$

4.3.2　函数的单调性

微课视频：
拉格朗日中值
定理及其应用 2

直接使用定义讨论函数的单调性一般比较困难，但是有了拉格朗日中值定理及下面的推论，我们就可以通过导数的正、负来判定函数的单调性了.

推论 4.4　设函数 $f(x)$ 在区间 $[a, b]$ 上连续，在 (a, b) 内可导，

（1）如果 $f'(x) > 0$，$x \in (a, b)$，则函数 $f(x)$ 在 $[a, b]$ 上单调递增；

（2）如果 $f'(x) < 0$，$x \in (a, b)$，则函数 $f(x)$ 在 $[a, b]$ 上单调递减.

证明　这里只证明情形（1），情形（2）可类似得到.

在区间 $[a, b]$ 上任取两点 x_1，x_2（$x_1 < x_2$），在 $[x_1, x_2]$ 上应用拉格朗日中值定理，有

$$f(x_2) - f(x_1) = f'(\xi)(x_2 - x_1) \quad (x_1 < \xi < x_2)$$

由 $f'(x) > 0$　$x \in (a, b)$，有 $f'(\xi) > 0$，于是

$$f(x_1) < f(x_2)$$

即 $f(x)$ 在 $[a, b]$ 上单调递增.

例 4.14　证明：函数 $f(x) = x - \sin x$ 在 $(-\infty, +\infty)$ 内单调递增.

证明　$f'(x) = 1 - \cos x \geqslant 0$，且

$$f'(x) = 0 \Leftrightarrow \quad x = 2k\pi \quad (k \in \mathbf{Z})$$

由推论 4.4，$f(x)$ 在

$$[2k\pi, 2k\pi + 2\pi] \quad (k \in \mathbf{Z})$$

单调递增，所以 $f(x) = x - \sin x$ 在 $(-\infty, +\infty)$ 内单调递增.

例 4.15　讨论函数 $f(x) = e^x - x - 1$ 的单调性.

解　函数 $f(x) = e^x - x - 1$ 的定义域为 $(-\infty, +\infty)$，

$$f'(x) = e^x - 1$$

在区间 $(-\infty, 0)$ 内，$f'(x) < 0$，所以函数在区间 $(-\infty, 0]$ 内单调递减；

在区间 $(0, +\infty)$ 内，$f'(x) > 0$，所以函数在区间 $[0, +\infty)$ 内单调递增.

讨论函数的单调性时，应当先求出导数等于零的点和函数导数不存在的点，利用它们把函数的定义域分为若干个子区间，然后考察在每个区间上 $f'(x)$ 的符号，由此判定函数在该子区间上的单调性.

例 4.16　求函数 $y = x - 3\sqrt[3]{x^2}$ 的单调区间.

解　函数 $y = x - 3\sqrt[3]{x^2}$ 在区间 $(-\infty, +\infty)$ 内连续. 求导得

$$y' = 1 - \frac{2}{\sqrt[3]{x}} = \frac{\sqrt[3]{x} - 2}{\sqrt[3]{x}}$$

当 $x = 0$ 时，导数不存在；解方程 $y' = 0$，得 $x = 8$. 它们将 $(-\infty, +\infty)$ 分成三部分，见下表：

微课视频：
讨论方程的根

x	$(-\infty, 0)$	$(0, 8)$	$(8, +\infty)$
y'	+	−	+
y	单调递增	单调递减	单调递增

函数 $y = x - 3\sqrt[3]{x^2}$ 的单调递增区间为 $(-\infty, 0]$ 和 $[8, +\infty)$，单调递减区间为 $[0, 8]$.

另外，利用函数的单调性和连续函数的介值定理也可以讨论

方程的根的个数.

例 **4.17** 讨论方程 $x^3 + x^2 + 2x - 1 = 0$ 在（0，1）内的实根的个数.

解 令 $$f(x) = x^3 + x^2 + 2x - 1$$

则 $$f'(x) = 3x^2 + 2x + 2$$

当 $x \in (0, 1)$ 时，$f'(x) > 0$，所以 $f(x)$ 在 $[0, 1]$ 内单调递增，函数 $y = f(x)$ 的图像在（0，1）与 x 轴至多只有一个交点，亦即原方程在 (0，1) 内至多只有一个实根.

又因为 $f(x)$ 在 $[0, 1]$ 内连续，且 $f(0) = -1$，$f(1) = 3$，由介值定理，$f(x)$ 在（0，1）内至少有一个零点，亦即原方程在（0，1）内至少有一个实根.

综上所述，原方程在（0，1）内有且仅有一个实根.

部分题目详解与提示

习题 4.3

A 组

1. 证明：对函数 $y = px^2 + qx + r$ 应用拉格朗日中值定理时所求的点 ξ 总位于区间的正中间.

2. 证明恒等式：$\arcsin x + \arccos x \equiv \dfrac{\pi}{2}$，$x \in [-1, 1]$.

3. 证明恒等式：$2\arctan x + \arcsin \dfrac{2x}{1 + x^2} \equiv \pi$ $(x \geqslant 1)$.

4. 确定下列函数的单调区间：

（1）$y = 2x - \dfrac{8}{x^3}$ $(x > 0)$；

（2）$y = x^n e^{-x}$ $(n > 0, x \geqslant 0)$；

（3）$y = (2x - 5)\sqrt[3]{x^2}$；

（4）$y = \ln(x + \sqrt{1 + x^2})$.

B 组

1. 证明下列不等式：

（1）$|\arctan x - \arctan y| \leqslant |x - y|$；

（2）$|\sin a - \sin b| \leqslant |a - b|$.

2. 证明：当 $0 < \alpha < \beta < \dfrac{\pi}{2}$ 时，有

$$\frac{\beta - \alpha}{\cos^2 \alpha} < \tan \beta - \tan \alpha < \frac{\beta - \alpha}{\cos^2 \beta}$$

3. 设函数 $f(x)$ 在 $(-\infty, +\infty)$ 内可导，且满足 $f'(x) = f(x)$，$f(0) = 1$，证明：$f(x) = e^x$.

4. 讨论方程 $\ln x = ax$ $(a > 0)$ 有几个实根.

5. 证明：方程 $\sin x = x$ 只有一个实根.

4.4 极值与凹凸性

本节同属拉格朗日中值定理的应用，主要利用函数的一阶导数讨论函数的极值，用函数的二阶导数讨论曲线的凹凸性，最后介绍这些结论的综合应用——函数图形的描绘.

4.4.1 函数的极值及其求法

连续函数在其单调性发生改变的点取得局部的最大值或最小

值. 设函数 $f(x)$ 的图像如图 4-5 所示.

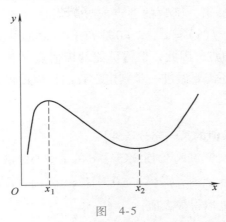

图 4-5

曲线在 $x = x_1$ 处出现"峰", 即点 x_1 处的函数值比点 x_1 两侧各点的值都要大; 在 $x = x_2$ 处出现"谷", 即点 x_2 处的函数值比点 x_2 两侧各点的值都要小. 这种局部的最大值与最小值在应用上有重要的意义, 下面对此作一般性的讨论.

微课视频:
函数的极值和最值

定义 4.1 设 $f(x)$ 在 x_0 的某邻域内有定义, 如果在 x_0 的某个空心邻域内, 不等式
$$f(x) < f(x_0)\,(\text{或}\,f(x) > f(x_0))$$
恒成立, 就称 $f(x_0)$ 是函数 $f(x)$ 的一个极大 (或小) 值, x_0 称为 $f(x)$ 的一个极值点.

函数的极大值和极小值统称为函数的极值.

注 定义 4.1 中所定义的极值称为严格极值, 一般地, 如果在 x_0 的某个邻域内有
$$f(x) \leqslant f(x_0)\,(\text{或}\,f(x) \geqslant f(x_0))$$
就称 $f(x_0)$ 是函数 $f(x)$ 的一个广义极大 (或小) 值 (或称局部最大 (或小) 值). 照此定义, 函数在某个点的值有可能既是广义极大值又是广义极小值, 为了克服这种不确定性, 本书采用了严格极值的定义.

极值是一个局部性的概念, 它仅涉及函数在一点附近的性质, 是局部范围内的最大和最小.

下面讨论函数取得极值的必要条件和充分条件. 首先, 由费马引理直接得到如下定理.

定理 4.4 (极值的必要条件) 设函数 $f(x)$ 在点 x_0 处可导, 且在 x_0 处取得极值, 则 $f'(x_0) = 0$.

定理 4.4 表明，**函数的极值点只可能是它的驻点或导数不存在的点**. 但反过来，函数的驻点或导数不存在的点却不一定是极值点. 例如，$f(x) = x^3$，$x = 0$ 是 $f(x) = x^3$ 的驻点，但却不是 $f(x) = x^3$ 的极值点. 因此，求得可能的极值点（驻点或导数不存在的点）后，还需要做进一步判定. 我们将借助极值的充分条件进行判别.

定理 4.5　（极值的第一充分条件）

　　设函数 $f(x)$ 在 x_0 处连续，在 x_0 的某空心邻域内可导，则

　　（1）若 $x < x_0$ 时，$f'(x) > 0$，且 $x > x_0$ 时，$f'(x) < 0$，则 $f(x)$ 在点 x_0 处取得极大值；

　　（2）若 $x < x_0$ 时，$f'(x) < 0$，且 $x > x_0$ 时，$f'(x) > 0$，则 $f(x)$ 在点 x_0 处取得极小值；

　　（3）若 $f'(x)$ 在 x_0 的左、右两侧同号，则点 x_0 不是 $f(x)$ 的极值点.

　　证明　这里只证明情形（1），情形（2）与（3）的证明完全类似.

　　在 x_0 的空心邻域内，当 $x < x_0$ 时，由 $f'(x) > 0$，有 $f(x)$ 单调递增，故 $f(x) < f(x_0)$；当 $x > x_0$ 时，由 $f'(x) < 0$，有 $f(x)$ 单调递减，故 $f(x) < f(x_0)$，即在该空心邻域内有

$$f(x) < f(x_0)$$

　　所以，$f(x_0)$ 是 $f(x)$ 的极大值，即 $f(x)$ 在点 x_0 处取得极大值.

　　求函数极值的基本步骤如下：

　　（1）求出 $f(x)$ 所有可能的极值点，即 $f(x)$ 的不可导的点和 $f'(x) = 0$ 的点；

　　（2）对（1）中求得的每个点，根据 $f'(x)$ 在其左、右是否变号，确定该点是否为极值点，如果是极值点，进一步确定是极大值点还是极小值点；

　　（3）求出各极值点处的函数值，得到相应的极值.

例 4.18　　求 $y = x^2 + ax + b$ 的极值点和极值.

　　解　$y' = 2x + a$，令 $y' = 0$，解得驻点 $x = -\dfrac{a}{2}$.

　　当 $x < -\dfrac{a}{2}$ 时，$y' < 0$；当 $x > -\dfrac{a}{2}$ 时，$y' > 0$，故 $x = -\dfrac{a}{2}$ 是极小值点，极小值为 $b - \dfrac{a^2}{4}$.

例 4.19　　求函数 $f(x) = \sqrt[3]{x(1-x)^2}$ 的极值.

解　函数 $f(x) = \sqrt[3]{x(1-x)^2}$ 在 $(-\infty, +\infty)$ 上连续, 且

$$f'(x) = \frac{1-3x}{3 \cdot \sqrt[3]{x^2(1-x)}}$$

$x = 0$ 与 $x = 1$ 为不可导的点. 令 $f'(x) = 0$, 解得驻点 $x = \dfrac{1}{3}$. 因此, 可能的极值点为

$$x = 0, \quad x = \frac{1}{3}, \quad x = 1$$

讨论见下表.

x	$(-\infty, 0)$	0	$\left(0, \dfrac{1}{3}\right)$	$\dfrac{1}{3}$	$\left(\dfrac{1}{3}, 1\right)$	1	$(1, +\infty)$
$f'(x)$	+	不存在	+	0	−	不存在	+
$f(x)$	单调递增	无极值	单调递增	极大值	单调递减	极小值	单调递增

由上表可知, $x = 0$ 不是极值点, $x = \dfrac{1}{3}$ 为极大值点, $f\left(\dfrac{1}{3}\right) = \dfrac{1}{3}\sqrt[3]{4}$ 为极大值, $x = 1$ 为极小值点, $f(1) = 0$ 为极小值.

注　定理条件 "函数 $f(x)$ 在 x_0 处连续" 是必不可少的. 例如, $x = 0$ 是 $f(x) = |x|$ 的极小值点, 而 $x = 0$ 是 $g(x) = \begin{cases} |x|, & x \neq 0 \\ 1, & x = 0 \end{cases}$ 的极大值点, 如图 4-6 所示.

当函数 $f(x)$ 在驻点处具有二阶导数且不为零时, 也可以利用下面的定理来判定在驻点处是取得极大值还是极小值.

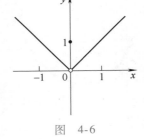

图　4-6

　　定理 4.6　（极值的第二充分条件）

　　设函数 $f(x)$ 在点 x_0 处有二阶导数, 且 $f'(x_0) = 0$, $f''(x_0) \neq 0$, 则

　　（1）若 $f''(x_0) < 0$, 则 $f(x_0)$ 是极大值;

　　（2）若 $f''(x_0) > 0$, 则 $f(x_0)$ 是极小值.

证明　只证明情形（1）, 由二阶导数的定义, 注意到 $f'(x_0) = 0$, 有

$$f''(x_0) = \lim_{x \to x_0} \frac{f'(x) - f'(x_0)}{x - x_0}$$

$$= \lim_{x \to x_0} \frac{f'(x)}{x - x_0} < 0$$

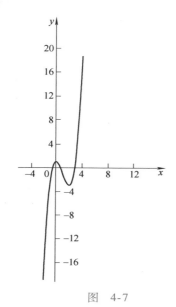

图 4-7

由极限的保号性，在 x_0 的某个空心邻域内，有

$$\frac{f'(x)}{x-x_0}<0$$

于是，当 $x<x_0$ 时，$f'(x)>0$；当 $x>x_0$ 时，$f'(x)<0$. 由定理 4.5，函数 $f(x)$ 在 x_0 处取得极大值.

注　当 $f'(x_0)=f''(x_0)=0$ 时，无法用第二充分条件判定 $f(x_0)$ 是否为极值. 例如，$x_0=0$ 是 $f_1(x)=-x^4$ 的极大值点和 $f_2(x)=x^4$ 的极小值点，但不是 $f_3(x)=x^3$ 的极值点.

例 4.20　求 $f(x)=x^3-3x^2+1$ 的极值.

解　函数 $f(x)=x^3-3x^2+1$ 的定义域为 $(-\infty,+\infty)$.

$$f'(x)=3x^2-6x$$

令 $f'(x)=0$，解得驻点 $x_1=0$，$x_2=2$. 而

$$f''(x)=6x-6$$

因为

$$f''(0)=-6<0$$

所以 $f(x)$ 在 $x=0$ 处取得极大值 $f(0)=1$；

$$f''(2)=6>0$$

所以 $f(x)$ 在 $x=2$ 处取得极小值 $f(2)=-3$（见图 4-7）.

4.4.2　曲线的凹凸性及拐点

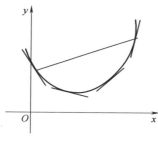

图 4-8

连续函数 $y=f(x)$ 的图像是一条平面曲线，函数的单调增或减在几何上就是曲线上升或下降（由左向右），而函数的极值就是曲线的"峰值或谷值". 除此之外，我们还需要了解曲线的弯曲方向.

观察图 4-8 和图 4-9.

图 4-8 中的曲线弧是向下凸的，它具有两个特征：

（1）连接曲线上任意两点的弦总位于这两点间的曲线弧的上方；

（2）曲线切线的斜率单调递增.

图 4-9 中的曲线弧是向上凸的，它具有两个特征：

（1）连接曲线上任意两点的弦总位于这两点间的曲线弧的下方；

（2）曲线切线的斜率单调递减.

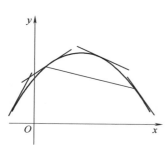

图 4-9

在高等数学中，可能是出于字形几何直观的原因，有时把向下凸的弧称为凹的，而把向上凸的弧称为凸的. 曲线的这种性质称作曲线的凹凸性.

定义 4.2　设 $y = f(x)$ 在区间 I 可导，如果 $f'(x)$ 单调递增，则称曲线 $y = f(x)$ 在区间 I 是向下凸的，或称凹的．如果 $f'(x)$ 单调递减，则称曲线 $y = f(x)$ 在区间 I 是向上凸的，或称凸的．

　　显然，$f'(x)$ 的单调性可以用 $f''(x)$ 的符号来判定．我们有下面的定理．

定理 4.7　设 $y = f(x)$ 在 (a, b) 内具有二阶导数．对任意的 $x \in (a, b)$，

　　(1) 若 $f''(x) > 0$，则曲线 $y = f(x)$ 向下凸，且任给 $x_1 \neq x_2 \in (a, b)$，有

$$\frac{f(x_1) + f(x_2)}{2} > f\left(\frac{x_1 + x_2}{2}\right)$$

　　(2) 若 $f''(x) < 0$，则曲线 $y = f(x)$ 向上凸，且任给 $x_1 \neq x_2 \in (a, b)$，有

$$\frac{f(x_1) + f(x_2)}{2} < f\left(\frac{x_1 + x_2}{2}\right)$$

　　我们只说明 (1)，而 (2) 类似．当 $f''(x) > 0$ 时，$f'(x)$ 单调递增，因此曲线 $y = f(x)$ 是向下凸的．连接曲线上点 $(x_1, f(x_1))$ 和点 $(x_2, f(x_2))$ 的弦的中点为 $\left(\frac{x_1 + x_2}{2}, \frac{f(x_1) + f(x_2)}{2}\right)$，对应曲线上的点为 $\left(\frac{x_1 + x_2}{2}, f\left(\frac{x_1 + x_2}{2}\right)\right)$，弦在曲线的上方即为

$$\frac{f(x_1) + f(x_2)}{2} > f\left(\frac{x_1 + x_2}{2}\right)$$

微课视频：
函数凹凸性与
曲线凹凸性
有什么区别？

例 4.21　判别曲线 $y = \ln x$ 的凹凸性．

　　解　因为

$$y' = \frac{1}{x}, \ y'' = -\frac{1}{x^2} < 0 \quad (0 < x < +\infty)$$

所以，曲线 $y = \ln x$ 在 $(0 < x < +\infty)$ 上是向上凸的．

例 4.22　判别曲线 $y = 3x^2 - x^3$ 的凹凸性．

　　解　因为

$$y' = 6x - 3x^2, \quad y'' = 6 - 6x = 6(1 - x)$$

当 $x \in (-\infty, 1)$ 时，$y'' > 0$，所以曲线在 $(-\infty, 1)$ 上是向下凸的；

当 $x \in (1, +\infty)$ 时，$y'' < 0$，所以曲线在 $(1, +\infty)$ 上是

向上凸的.

> **定义 4.3**   连续曲线上凹凸性发生变化的点称为曲线的**拐点**.

例如，在例 4.22 中，曲线在点（1，2）的左侧是向下凸的，而在右侧是向上凸的，所以点（1，2）是该曲线的一个拐点.

下面，给出判别曲线拐点的两个充分条件.

> **定理 4.8** （**拐点的第一充分条件**）
>
> 设函数 $y = f(x)$ 在点 x_0 的某邻域 $U(x_0)$ 内连续，在去心邻域 $\overset{\circ}{U}(x_0)$ 内 $f''(x)$ 存在. 若在 x_0 的两侧 $f''(x)$ 异号，则点 $(x_0, f(x_0))$ 为曲线 $y = f(x)$ 上的一个拐点；若在 x_0 的两侧 $f''(x)$ 同号，则点 $(x_0, f(x_0))$ 不是曲线 $y = f(x)$ 的拐点.

> **定理 4.9** （**拐点的第二充分条件**）   若 $f''(x_0) = 0$，$f'''(x_0) \neq 0$，则点 $(x_0, f(x_0))$ 为曲线 $y = f(x)$ 的一个拐点.

微课视频：
函数曲线的
凹凸性和拐点

例 4.23   求曲线 $y = x^3 + 3x^2 + 5x + 2$ 的拐点和凹凸区间.

解
$$y' = 3x^2 + 6x + 5$$
$$y'' = 6x + 6$$

令 $y'' = 0$，得到 $x = -1$. 当 $x < -1$ 时，$y'' < 0$；当 $x > -1$，$y'' > 0$. 所以（$-1, -1$）是曲线的拐点，曲线在（$-\infty, -1$）向上凸，在（$-1, +\infty$）上向下凸.

例 4.24   证明：$x\ln x + y\ln y > (x + y)\ln \dfrac{x+y}{2}$ $(x \neq y)$.

证明   原不等式等价于

$$\frac{x\ln x + y\ln y}{2} > \frac{(x+y)}{2}\ln\frac{x+y}{2}   (x \neq y)$$

令 $f(t) = t\ln t$. 则 $f'(t) = \ln t + 1$，$f''(t) = \dfrac{1}{t} > 0$ $(t > 0)$. 故函数曲线是向下凸的，对任意 $x, y \in (0, +\infty)$，$x \neq y$，有

$$\frac{f(x) + f(y)}{2} > f\left(\frac{x+y}{2}\right)$$

即

$$\frac{x\ln x + y\ln y}{2} > \frac{(x+y)}{2}\ln\frac{x+y}{2}$$

所以原不等式成立.

4.4.3　函数图形的描绘

借助计算机绘图功能可以迅速、准确地描绘初等函数的图形，如果再配合适当的数学软件，甚至可以相当准确地描绘非初等函数的图形. 这对于研究 $f(x)$ 的变化规律，确定 $y=f(x)$ 的一些特性，甚至求方程的近似解都有所帮助. 当我们的主要目的只是为了解函数的几何性态而不需要太高精度时，利用导数可以大致描绘出函数的图形. 一般而言，借助于函数一阶导数的符号，可以判定曲线的上升与下降，以及函数的极值；借助于函数二阶导数的符号，可以判定曲线的凹凸性和拐点. 函数的这些几何特征可以帮助我们相对准确地描绘出函数的图像.

微课视频：
渐近线与函数
图形的描绘

另外，曲线的渐近线也可以揭示曲线的变化趋势. 曲线的渐近线可分为水平、垂直和斜渐近线三种情形：

若 $\lim\limits_{x\to\infty(\pm\infty)}f(x)=A$，则直线 $y=A$ 称为曲线 $y=f(x)$ 的水平渐近线；

若 $\lim\limits_{x\to x_0(x_0^{\pm})}f(x)=\infty\,(\pm\infty)$，则直线 $x=x_0$ 称为曲线 $y=f(x)$ 的垂直渐近线；

若 $\lim\limits_{x\to\infty(\pm\infty)}[f(x)-(kx+b)]=0$，即 $\lim\limits_{x\to\infty(\pm\infty)}\dfrac{f(x)}{x}=k$，且 $\lim\limits_{x\to\infty(\pm\infty)}[f(x)-kx]=b$，则直线 $y=kx+b$ 称为曲线 $y=f(x)$ 的斜渐近线.

函数作图的具体步骤可归纳如下：

（1）确定函数 $y=f(x)$ 的定义域、间断点、奇偶性与周期性；

（2）确定曲线 $y=f(x)$ 的渐近线；

（3）求出 $f'(x)$ 和 $f''(x)$，并求出方程 $f'(x)=0$ 和 $f''(x)=0$ 的所有的实根，利用这些根以及函数一、二阶导数不存在的点，将定义域划分成若干个子区间；

（4）列表讨论，确定在这些子区间内 $f'(x)$ 和 $f''(x)$ 的符号，并由此确定函数的单调区间和极值点以及曲线 $y=f(x)$ 的凹凸区间和拐点；

（5）绘制图形，借助于关键点的函数值，如极值、拐点的坐标及一些特殊点的函数值等，结合步骤（4）的结果，从左向右逐区间段地描绘出函数图像.

例 4.25　描绘函数 $y=1+\dfrac{36x}{(x+3)^2}$ 的图形.

解　第一步：所给函数 $y=f(x)$ 的定义域为 $(-\infty,\,-3)\cup(-3,\,+\infty)$.

第二步：由于 $\lim\limits_{x \to \infty} f(x) = 1$，$\lim\limits_{x \to -3} f(x) = -\infty$，所以有水平渐近线 $y = 1$ 和垂直渐近线 $x = -3$.

第三步：
$$f'(x) = \frac{36(3-x)}{(x+3)^3}$$

$$f''(x) = \frac{72(x-6)}{(x+3)^4}$$

令 $f'(x) = 0$，解出 $x = 3$. 令 $f''(x) = 0$，解出 $x = 6$.

第四步：列表讨论. 点 $x = -3$、$x = 3$ 和 $x = 6$ 把定义域划分成四个区间

$$(-\infty, -3), (-3, 3), [3, 6], (6, +\infty)$$

于是，$f'(x)$ 和 $f''(x)$ 的符号、曲线的升降及凹凸，以及极值点和拐点等见下表：

x	$(-\infty, -3)$	$(-3, 3)$	3	$(3, 6)$	6	$(6, +\infty)$
$f'(x)$	$-$	$+$	0	$-$	$-$	$-$
$f''(x)$	$-$	$-$		$-$	0	$+$
$y = f(x)$	↘	↗	极大值 $f(3) = 4$	↘	拐点 $\left(6, \dfrac{11}{3}\right)$	↘

第五步：绘图.

首先绘出极值点和拐点，并适当增加若干个点，例如，由

$$f(0) = 1, f(-1) = -8, \quad f(-9) = -8, f(-15) = -\frac{11}{4}$$

得图形上的四个点

$$M_3(0,1), \quad M_4(-1,-8), \quad M_5(-9,-8), \quad M_6\left(-15, -\frac{11}{4}\right)$$

其次，结合第四个步骤中列表讨论得到的结果，画出函数 $y = 1 + \dfrac{36x}{(x+3)^2}$ 的图形，如图 4-10 所示.

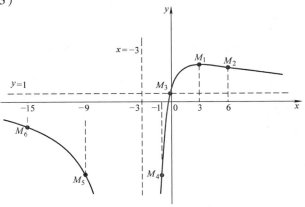

图 4-10

部分题目详解与提示

习题 4.4

A 组

1. 判断下列说法是否正确？不正确的请说明理由.

（1）若 x_0 为 $y=f(x)$ 的极值点，则必有 $f'(x_0)=0$.

（2）若 $f'(x_0)=0$，则点 x_0 必为函数 $y=f(x)$ 的极值点.

（3）函数 $y=f(x)$ 在区间 (a,b) 内的极大值必定大于 $f(x)$ 在区间 (a,b) 内的极小值.

（4）若 x_0 为函数 $f(x)$ 在区间 $[a,b]$ 上的最大值点，则 x_0 必定为 $f(x)$ 的极大值点.

2. 求下列函数的极值：

（1）$y=x-\ln(1+x)$；   （2）$y=x+\dfrac{1}{x}$；

（3）$y=x^2e^{-x}$；

（4）$y=|x|e^{-|x-1|}$；

（5）$y=x+\tan x$；   （6）$y=x^{\frac{1}{x}}$；

（7）$y=e^x\cos x$；

（8）$y=\dfrac{3x^2+4x+4}{x^2+x+1}$；

（9）$y=x+\sqrt{1-x}$；

（10）$y=3-2(x+1)^{\frac{1}{3}}$.

3. 若函数 $f(x)=\dfrac{ax^2+bx+a+1}{x^2+1}$ 在 $x=-\sqrt{3}$ 处取得极小值 $f(-\sqrt{3})=0$，求 a、b 及 $f(x)$ 的极大值点.

4. 判定下列曲线的凹凸性并求拐点.

（1）$y=3x^4-4x^3+1$；   （2）$y=\dfrac{1}{1+x^2}$；

（3）$y=x+\sin x\ (0\le x\le 2\pi)$；

（4）$y=e^{\arctan x}$；   （5）$y=xe^{-x}$；

（6）$y=(x+1)^4+e^x$.

5. 求下列曲线的所有渐近线：

（1）$y=\dfrac{2x^2+x-1}{x^2-1}$；   （2）$y=\dfrac{x^2-x+1}{x-1}$；

（3）$y=\dfrac{x}{\sqrt{4-x^2}}$；   （4）$y=x^{2/3}+\dfrac{1}{x^{1/3}}$.

B 组

1. 选择

（1）设函数 $f(x)$ 在点 $x=a$ 的某邻域内连续，且 $f(a)$ 为其极大值，则存在 $\delta>0$，当 $x\in(a+\delta,a-\delta)$ 时，必有（   ）.

A. $(x-a)[f(x)-f(a)]\ge 0$

B. $(x-a)[f(x)-f(a)]\le 0$

C. $\lim\limits_{t\to a}\dfrac{f(t)-f(x)}{(t-x)^2}\ge 0\ (t\ne a)$

D. $\lim\limits_{t\to a}\dfrac{f(t)-f(x)}{(t-x)^2}\le 0\ (t\ne a)$

（2）曲线 $y=\dfrac{1}{f(x)}$ 有水平渐近线的充分条件是（   ）.

A. $\lim\limits_{x\to\infty}f(x)=0$ B. $\lim\limits_{x\to\infty}f(x)=\infty$

C. $\lim\limits_{x\to 0}f(x)=0$ D. $\lim\limits_{x\to 0}f(x)=\infty$

（3）曲线 $y=\dfrac{1}{f(x)}$ 有垂直渐近线的充分条件是（   ）.

A. $\lim\limits_{x\to\infty}f(x)=0$ B. $\lim\limits_{x\to\infty}f(x)=\infty$

C. $\lim\limits_{x\to 0}f(x)=0$ D. $\lim\limits_{x\to 0}f(x)=\infty$

（4）曲线 $y=\dfrac{x}{1-x^2}$ 的渐近线有（   ）.

A. 1 条   B. 2 条

C. 3 条   D. 4 条

（5）设函数 $y=\dfrac{2x}{1+x^2}$，则下列结论中错误的是（   ）.

A. y 是奇函数，且是有界函数

B. y 有两个极值点

C. y 只有一个拐点

D. y 只有一条水平渐近线

2. 求函数 $f(x)=\left(1+x+\dfrac{x^2}{2!}+\cdots+\dfrac{x^n}{n!}\right)e^{-x}$ 的极值，其中 n 为正整数.

3. 若曲线 $y=ax^3+bx^2+cx+d$ 在点 $x=0$ 处有极值 $y=0$，点 $(1,1)$ 为拐点，求 a、b、c、d 的值.

4. 证明：曲线 $y=\dfrac{x-1}{x^2+1}$ 有 3 个拐点在同一直线上.

5. 利用函数图形的凹凸性，证明下列不等式：

（1）$\dfrac{1}{2}(x^n + y^n) > \left(\dfrac{x+y}{2}\right)^n$（$x > 0$，$y > 0$，$x \neq y$，$n > 1$）；

（2）$\dfrac{e^x + e^y}{2} > e^{\frac{x+y}{2}}$（$x \neq y$）．

6. 求 k 值，使曲线 $y = k(x^2 - 3)^2$ 在拐点处的法线通过原点．

7. 描绘下列函数的图像：

（1）$y = \ln(1 + x^2)$；　　　（2）$y = \dfrac{(x-3)^2}{4(x-1)}$．

4.5　单调性与不等式

在数学的证明和应用中，不等式的证明具有特殊的地位．本节介绍一些常用的证明方法，并辅以适当数量的实例，希望读者能够在学习中体会用微分学方法证明不等式的数学思想．限于篇幅，这里只重点介绍如何利用函数的单调性证明不等式，其理论基础仍然是拉格朗日中值定理．

微课视频：
单调性与不等式

例 4.26　证明：当 $x > 0$ 时，$\dfrac{x}{1+x} < \ln(1+x) < x$．

证明一　待证不等式等价于

$$\frac{1}{1+x} < \frac{\ln(1+x)}{x} < 1$$

注意到

$$\frac{\ln(1+x)}{x} = \frac{\ln(1+x) - \ln 1}{x - 0}$$

因此，取 $f(t) = \ln(1+t)$ 为辅助函数，显然，$f(t)$ 在区间 $[0, x]$ 上满足拉格朗日中值定理的条件，故至少存在一点 $\xi \in (0, x)$，使得

$$f(x) - f(0) = f'(\xi)(x - 0)$$

由于 $f(0) = 0$，$f'(t) = \dfrac{1}{1+t}$，所以上式为

$$\ln(1+x) = \frac{x}{1+\xi}$$

由 $0 < \xi < x$，有

$$\frac{x}{1+x} < \frac{x}{1+\xi} < x$$

即

$$\frac{x}{1+x} < \ln(1+x) < x \quad (x > 0)$$

这种直接用中值定理证明不等式的方法的优点是可以同时得到两个不等式，缺点是需要对不等式进行细致的分析才能找到所需要的函数，因而难度较大．

证明二　只证明当 $x > 0$ 时，$\dfrac{x}{1+x} < \ln(1+x)$，令

$$f(x) = \ln(1+x) - \frac{x}{1+x}$$

则当 $x > 0$ 时，有

$$f'(x) = \frac{1}{1+x} - \frac{1}{(1+x)^2} = \frac{x}{(1+x)^2} > 0$$

故 $f(x)$ 单调递增，有

$$f(x) > f(0) = 0$$

即

$$\frac{x}{1+x} < \ln(1+x)$$

例 4.27　证明：当 $x > 0$ 时，有 $1 + x\ln(x + \sqrt{1+x^2}) > \sqrt{1+x^2}$.

证明　令

$$f(x) = 1 + x\ln(x + \sqrt{1+x^2}) - \sqrt{1+x^2}$$

则

$$f'(x) = \ln(x + \sqrt{1+x^2}) + \frac{x}{\sqrt{1+x^2}} - \frac{x}{\sqrt{1+x^2}}$$

$$= \ln(x + \sqrt{1+x^2})$$

当 $x > 0$ 时，$f'(x) > 0$，所以函数 $f(x)$ 在区间 $[0, +\infty)$ 内单调递增. 又 $f(0) = 0$，因此当 $x > 0$ 时，$f(x) > f(0) = 0$，即有

$$1 + x\ln(x + \sqrt{1+x^2}) > \sqrt{1+x^2}$$

例 4.28　当 $0 < x < 1$ 时，证明：$e^{-x} + \sin x < 1 + \frac{1}{2}x^2$.

证明　令

$$F(x) = 1 + \frac{1}{2}x^2 - e^{-x} - \sin x$$

则

$$F'(x) = x + e^{-x} - \cos x, \quad F'(0) = 0$$
$$F''(x) = 1 - e^{-x} + \sin x, \quad F''(0) = 0$$
$$F'''(x) = e^{-x} + \cos x > 0, \quad x \in [0, 1]$$

因此，$F''(x)$ 单调递增，有 $F''(x) > F''(0) = 0$.
所以 $F'(x)$ 单调递增，有 $F'(x) > F'(0) = 0$.
于是 $F(x)$ 单调递增，所以 $F(x) > F(0) = 0$，即

$$e^{-x} + \sin x < 1 + \frac{1}{2}x^2$$

例 4.29　设 $f(x)$ 在区间 I 有二阶导数，且 $f''(x) > 0$，$x \in I$.
证明：

（1）对任意的 $x_1 \ne x_2 \in I$，$t \in (0, 1)$，有

$$f(tx_1 + (1-t)x_2) < tf(x_1) + (1-t)f(x_2)$$

（2）对任意的 $x_i \in I$，$p_i > 0$ $(i=1, 2, \cdots, n)$，　$p_1 + p_2 + \cdots + p_n = 1$，有

$$f(p_1 x_1 + p_2 x_2 + \cdots + p_n x_n) \leqslant p_1 f(x_1) + p_2 f(x_2) + \cdots + p_n f(x_n)$$

且等号仅在 $x_1 = x_2 = \cdots = x_n$ 时成立.

证明　（1）对任意取定的 x_1，$x_2 \in I$，$t \in (0, 1)$，不妨设 $x_1 < x_2$. 令

$$F(x) = tf(x) + (1-t)f(x_2) - f(tx + (1-t)x_2)$$

则

$$F'(x) = tf'(x) - tf'(tx + (1-t)x_2)$$

当 $x < x_2$ 时，有 $x < tx + (1-t)x_2$.

又因为 $f''(x) > 0$，$x \in I$，所以 $f'(x)$ 单调递增，于是有

$$F'(x) = tf'(x) - tf'(tx + (1-t)x_2) < tf'(x) - tf'(x) = 0$$

因此，$F(x)$ 单调递减. 特别有

$$F(x_1) > F(x_2) = 0$$

即

$$f(tx_1 + (1-t)x_2) < tf(x_1) + (1-t)f(x_2)$$

（2）由（1）有

$$f(p_1 x_1 + p_2 x_2 + \cdots + p_n x_n) = f\left(p_1 x_1 + (1-p_1)\left(\frac{p_2}{1-p_1}x_2 + \cdots + \frac{p_n}{1-p_1}x_n\right)\right)$$

$$\leqslant p_1 f(x_1) + (1-p_1) f\left(\frac{p_2}{1-p_1}x_2 + \cdots + \frac{p_n}{1-p_1}x_n\right)$$

再由数学归纳法得证.

注意　例 4.29（1）中的式子通常作为曲线严格向下凸的定义，在连续的情况下只取 $t = \frac{1}{2}$ 即可. 例 4.29（2）中的式子称为詹生（Jensen）不等式. 特别地，取

$$f(x) = -\ln x$$

显然有

$$f''(x) = \frac{1}{x^2} > 0$$

取 $p_i = \frac{1}{n}(i=1,2,\cdots,n)$，则对任意的 $x_i > 0(i=1,2,\cdots,n)$，有

$$-\ln \frac{x_1 + x_2 + \cdots + x_n}{n} \leqslant -\frac{1}{n} \cdot (\ln x_1 + \ln x_2 + \cdots + \ln x_n)$$

即

$$\sqrt[n]{x_1 x_2 \cdots x_n} \leqslant \frac{x_1 + x_2 + \cdots + x_n}{n}$$

且等号仅在 $x_1 = x_2 = \cdots = x_n$ 时成立.

用 $\dfrac{1}{x_i}$ 替换 x_i（$i = 1, 2, \cdots, n$），最终得到

$$\frac{n}{\dfrac{1}{x_1} + \dfrac{1}{x_2} + \cdots + \dfrac{1}{x_n}} \leqslant \sqrt[n]{x_1 x_2 \cdots x_n} \leqslant \frac{x_1 + x_2 + \cdots + x_n}{n}$$

即"调和平均-几何平均-算术平均"不等式.

---

* 例 4.30　证明杨氏不等式：$\alpha\beta \leqslant \dfrac{1}{p}\alpha^p + \dfrac{1}{q}\beta^q$，其中 $\alpha, \beta > 0$，

$p, q > 1$，且 $\dfrac{1}{p} + \dfrac{1}{q} = 1$.

证明一　令

$$f(x) = -\ln x$$

则

$$f''(x) = \frac{1}{x^2} > 0$$

因此有

$$-\ln\left(\frac{1}{p}\alpha^p + \frac{1}{q}\beta^q\right) \leqslant -\ln\alpha - \ln\beta$$

立即得

$$\alpha\beta \leqslant \frac{1}{p}\alpha^p + \frac{1}{q}\beta^q$$

证明二　注意到

$$\alpha\beta \leqslant \frac{1}{p}\alpha^p + \frac{1}{q}\beta^q$$

等价于

$$\frac{\alpha}{\beta^{q-1}} \leqslant \frac{1}{p} \cdot \frac{\alpha^p}{\beta^q} + \frac{1}{q}$$

由 $\dfrac{1}{p} + \dfrac{1}{q} = 1$，有 $q = (q-1)p$. 于是原不等式等价于

$$\frac{\alpha}{\beta^{q-1}} \leqslant \frac{1}{p}\left(\frac{\alpha}{\beta^{q-1}}\right)^p + \frac{1}{q}$$

令

$$f(x) = \frac{1}{p}x^p + \frac{1}{q} - x$$

则

$$f'(x) = x^{p-1} - 1$$

当 $x \geqslant 1$ 时，$f'(x) \geqslant 0$，$f(x)$ 递增，$f(x) \geqslant f(1) = 0$，即

$$x \leqslant \frac{1}{p}x^p + \frac{1}{q}$$

当 $x < 1$ 时，$f'(x) < 0$，$f(x)$ 递减，$f(x) \geqslant f(1) = 0$，即

$$x \leqslant \frac{1}{p}x^p + \frac{1}{q}$$

于是总有

$$x \leqslant \frac{1}{p}x^p + \frac{1}{q}$$

取 $x = \dfrac{\alpha}{\beta^{q-1}}$ 即得杨氏不等式.

注 对任意的 $x_i > 0$, $y_i > 0$ （$i = 1, 2, \cdots, n$）, 令

$$\alpha_i = \frac{x_i}{\left(\sum\limits_{i=1}^{n} x_i^p\right)^{\frac{1}{p}}}, \quad \beta_i = \frac{y_i}{\left(\sum\limits_{i=1}^{n} y_i^q\right)^{\frac{1}{q}}}$$

由杨氏不等式得

$$\sum_{i=1}^{n} \alpha_i \beta_i \leqslant \frac{1}{p}\sum_{i=1}^{n}\alpha_i^p + \frac{1}{q}\sum_{i=1}^{n}\beta_i^q$$

$$= \frac{1}{p}\sum_{i=1}^{n}\frac{x_i^p}{\sum\limits_{i=1}^{n}x_i^p} + \frac{1}{q}\sum_{i=1}^{n}\frac{y_i^q}{\sum\limits_{i=1}^{n}y_i^q}$$

$$= \frac{1}{p} + \frac{1}{q} = 1$$

即

$$\sum_{i=1}^{n} x_i y_i \leqslant \left(\sum_{i=1}^{n} x_i^p\right)^{\frac{1}{p}} \left(\sum_{i=1}^{n} y_i^q\right)^{\frac{1}{q}}$$

上式称为 Hölder 不等式. 特别地, 当 $p = q = 2$ 时,

$$\sum_{i=1}^{n} x_i y_i \leqslant \left(\sum_{i=1}^{n} x_i^2\right)^{\frac{1}{2}} \left(\sum_{i=1}^{n} y_i^2\right)^{\frac{1}{2}}$$

或者

$$\left(\sum_{i=1}^{n} x_i y_i\right)^2 \leqslant \left(\sum_{i=1}^{n} x_i^2\right)\left(\sum_{i=1}^{n} y_i^2\right)$$

部分题目详解与提示

称为 Cauchy-Schwarz（柯西-许瓦兹）不等式.

习题 4.5

A 组

1. 证明下列不等式:

(1) $e^x > 1 + x$ ($x \neq 0$);

(2) $x - \dfrac{x^2}{2} < \ln(1+x) < x$ ($x > 0$);

(3) $2\sqrt{x} > 3 - \dfrac{1}{x}$ ($x > 1$);

(4) $\ln(1+x) \geqslant \dfrac{\arctan x}{1+x}$ ($x \geqslant 0$);

(5) $e^x > ex$　　($x > 1$);

(6) $b - a > \dfrac{1}{a} - \dfrac{1}{b}$　　($b > a > 1$).

2. 设 $f(x)$ 在 (a, b) 内二阶可导, 且 $f''(x) > 0$. 证明: 当 $a < \alpha < \beta < b$ 时, 有

$$(\beta - \alpha)f'(\alpha) < f(\beta) - f(\alpha) < (\beta - \alpha)f'(\beta)$$

3. 设 $f(x)$ 在 $[0, c]$ 上可导, 且导函数 $f'(x)$ 单调递减, $f(0) = 0$, 证明: 对任意 $0 \leqslant a \leqslant b \leqslant a + b \leqslant c$, 有 $f(a+b) \leqslant f(a) + f(b)$.

4. 设 $b > a > 0$, 证明: $(1+a)\ln(1+a) + (1+b)\ln(1+b) < (1+a+b)\ln(1+a+b)$.

5. 证明不等式 $e^{\pi} > \pi^e$.

6. 证明：当 $0 < x < 1$ 时，$\sqrt{\dfrac{1-x}{1+x}} < \dfrac{\ln(1+x)}{\arcsin x}$.

B 组

1. 证明：当 $0 < a < 1$，$x > 0$ 时，$x^a - ax \leqslant 1 - a$.

2. 证明：当 $x > 0$ 时，$(x^2 - 1)\ln x \geqslant (x-1)^2$.

3. 证明：当 $0 < x < 1$ 时，$(1+x)\ln^2(1+x) < x^2$.

4. 证明：当 $0 < x < 1$ 时，$\dfrac{1}{\ln 2} - 1 < \dfrac{1}{\ln(1+x)} -$

$\dfrac{1}{x} < \dfrac{1}{2}$.

5. 设 $b > a > 0$，$n > 1$ 为整数．证明：$\sqrt[n]{b} - \sqrt[n]{a} < \sqrt[n]{b-a}$.

6. 证明：当 $x > 1$ 时，$0 < \dfrac{1}{2}\ln\dfrac{x+1}{x-1} - \dfrac{1}{x} < \dfrac{1}{3x(x^2-1)}$.

4.6　柯西中值定理与洛必达法则

　　柯西中值定理是拉格朗日中值定理的推广．柯西中值定理的重要应用之一是用来证明洛必达法则，后者则提供了用导数求未定式的极限的一种方法．此外，柯西中值定理也是证明泰勒公式必不可少的工具．

微课视频：
柯西中值定理
与洛必达法则 1

> **定理 4.10**　（柯西中值定理）
> 　　如果函数 $f(x)$ 和 $F(x)$ 满足：
> 　　1）在闭区间 $[a, b]$ 上连续；
> 　　2）在开区间 (a, b) 内可导；
> 　　3）$F'(x) \neq 0$，$x \in (a, b)$，
> 则，在 (a, b) 内至少存在一点 ξ，使得
> $$\frac{f(b) - f(a)}{F(b) - F(a)} = \frac{f'(\xi)}{F'(\xi)}$$

　　证明　令
$$\frac{f(b) - f(a)}{F(b) - F(a)} = k$$
整理得
$$f(b) - kF(b) = f(a) - kF(a)$$
作辅助函数
$$G(x) = f(x) - kF(x)$$
则 $G(x)$ 在闭区间 $[a, b]$ 上满足罗尔定理的条件.
$$G'(x) = f'(x) - kF'(x)$$
　　由罗尔定理，在 (a, b) 内至少存在一点 ξ 使得
$$G'(\xi) = 0$$
即
$$f'(\xi) - kF'(\xi) = 0$$
由 $F'(\xi) \neq 0$ 得

$$k = \frac{f'(\xi)}{F'(\xi)}$$

即

$$\frac{f(b) - f(a)}{F(b) - F(a)} = \frac{f'(\xi)}{F'(\xi)}$$

作为柯西中值定理的应用，我们介绍洛必达法则，用导数求两个无穷小之商或两个无穷大之商的极限，这两种形式分别简记为 $\dfrac{0}{0}$ 和 $\dfrac{\infty}{\infty}$.

先讨论一种较为简单的情况.

柯西
（Cauchy，1789—1857）
法国数学家

> **定理 4.11**　如果 $f(x)$ 和 $g(x)$ 满足条件：
>
> （1）$\lim\limits_{x \to x_0} f(x) = 0$ 且 $\lim\limits_{x \to x_0} g(x) = 0$；
>
> （2）$f(x)$ 和 $g(x)$ 在 x_0 的某个空心邻域内可导，且 $g'(x) \neq 0$；
>
> （3）极限 $\lim\limits_{x \to x_0} \dfrac{f'(x)}{g'(x)}$ 存在或为 ∞，
>
> 则
>
> $$\lim_{x \to x_0} \frac{f(x)}{g(x)} = \lim_{x \to x_0} \frac{f'(x)}{g'(x)}$$

　　证明　因为 $f(x)$ 和 $g(x)$ 在 x_0 的某个空心邻域内可导，所以 $f(x)$ 和 $g(x)$ 在 x_0 的该空心邻域内连续. 由于函数在点 x_0 的极限与函数在点 x_0 的值无关，不妨设

$$f(x_0) = g(x_0) = 0$$

由 $\lim\limits_{x \to x_0} f(x) = 0$ 且 $\lim\limits_{x \to x_0} g(x) = 0$ 可知，$f(x)$ 和 $g(x)$ 在点 x_0 也连续.

　　设 x 是该邻域内的一点（$x \neq x_0$），则在 x_0 与 x 之间，$f(x)$ 与 $g(x)$ 满足柯西中值定理的条件，故有

$$\frac{f(x)}{g(x)} = \frac{f(x) - f(x_0)}{g(x) - g(x_0)} = \frac{f'(\xi)}{g'(\xi)} \quad (\xi \text{ 介于 } x_0 \text{ 与 } x \text{ 之间})$$

令 $x \to x_0$，并对上式两端求极限，注意到当 $x \to x_0$ 时 $\xi \to x_0$，得

$$\lim_{x \to x_0} \frac{f(x)}{g(x)} = \lim_{\xi \to x_0} \frac{f'(\xi)}{g'(\xi)} = \lim_{x \to x_0} \frac{f'(x)}{g'(x)}$$

洛必达
（L'Hospital，1661—1704）
法国数学家

　　例 4.31　求 $\lim\limits_{x \to 1} \dfrac{x^5 - 3x + 2}{x^7 + x^4 - 5x + 3}$.

　　解　该极限为 $\dfrac{0}{0}$ 型. 由洛必达法则，有

$$\lim_{x \to 1} \frac{x^5 - 3x + 2}{x^7 + x^4 - 5x + 3} = \lim_{x \to 1} \frac{5x^4 - 3}{7x^6 + 4x^3 - 5} = \frac{1}{3}$$

例 4.32　求 $\lim\limits_{x\to 0}\dfrac{x-\sin x}{\sin^3 x}$.

解　原式 $=\lim\limits_{x\to 0}\dfrac{x-\sin x}{x^3}$　（等价无穷小代换）

$=\lim\limits_{x\to 0}\dfrac{1-\cos x}{3x^2}$　（洛必达法则）

$=\lim\limits_{x\to 0}\dfrac{\sin x}{6x}$　（洛必达法则）

$=\dfrac{1}{6}$　（第一个重要极限）

为了方便，我们把六种不同的极限方式都用 $\lim\limits_{x\to\tau}$ 表示，洛必达法则的一般形式如下.

定理 4.12　（洛必达法则）　如果 $f(x)$ 和 $g(x)$ 满足条件:

（1）$\lim\limits_{x\to\tau}f(x)=0$ 且 $\lim\limits_{x\to\tau}g(x)=0$，或 $\lim\limits_{x\to\tau}f(x)=\infty$ 且 $\lim\limits_{x\to\tau}g(x)=\infty$；

（2）极限 $\lim\limits_{x\to\tau}\dfrac{f'(x)}{g'(x)}$ 存在或为 ∞，

则

$$\lim\limits_{x\to\tau}\dfrac{f(x)}{g(x)}=\lim\limits_{x\to\tau}\dfrac{f'(x)}{g'(x)}$$

我们略去定理的证明，请读者注意 "$\lim\limits_{x\to\tau}\dfrac{f'(x)}{g'(x)}$ 存在或为 ∞" 隐含 "$f(x)$，$g(x)$ 在 τ 附近可导，且 $g'(x)\neq 0$."

例 4.33　求 $\lim\limits_{x\to +\infty}\dfrac{\ln x}{x^n}$　$(n>0)$.

解　该极限为 $\dfrac{\infty}{\infty}$ 型，应用洛必达法则，得

$$\lim\limits_{x\to +\infty}\dfrac{\ln x}{x^n}=\lim\limits_{x\to +\infty}\dfrac{\dfrac{1}{x}}{nx^{n-1}}$$

$$=\lim\limits_{x\to +\infty}\dfrac{1}{nx^n}=0$$

例 4.34　求 $\lim\limits_{x\to +\infty}\dfrac{x^n}{\mathrm{e}^{\lambda x}}$　$(n\in\mathbf{N}^*,\ \lambda>0)$.

解　该极限为 $\dfrac{\infty}{\infty}$ 型，连续 n 次使用洛必达法则，得

$$\lim\limits_{x\to +\infty}\dfrac{x^n}{\mathrm{e}^{\lambda x}}=\lim\limits_{x\to +\infty}\dfrac{nx^{n-1}}{\lambda\mathrm{e}^{\lambda x}}=\lim\limits_{x\to +\infty}\dfrac{n(n-1)x^{n-2}}{\lambda^2\mathrm{e}^{\lambda x}}=\cdots=\lim\limits_{x\to +\infty}\dfrac{n!}{\lambda^n\mathrm{e}^{\lambda x}}=0$$

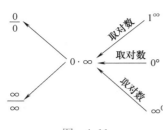

图 4-11

有时把 $\dfrac{0}{0}$ 和 $\dfrac{\infty}{\infty}$ 称为未定式，原因是仅仅知道分子、分母同为无穷小或同为无穷大，无法确定分式的极限. 除了这两种类型之外，未定式还包括：$0 \cdot \infty$，$\infty - \infty$，1^{∞}，0^{0} 和 ∞^{0}. 把这些未定式转化为 $\dfrac{0}{0}$ 或 $\dfrac{\infty}{\infty}$ 型，进而用洛必达法则求解. 图 4-11 给出了几种未定式的转化关系.

至于 $\infty - \infty$，经过通分或其他变形也可以化为 $\dfrac{0}{0}$ 和 $\dfrac{\infty}{\infty}$.

例 4.35   求 $\lim\limits_{x \to 0^{+}} (x^{n} \ln x)$ $(n > 0)$.

解   该极限为 $0 \cdot \infty$ 型.

$$
\begin{aligned}
\lim_{x \to 0^{+}} (x^{n} \ln x) &= \lim_{x \to 0^{+}} \frac{\ln x}{x^{-n}} \\
&= \lim_{x \to 0^{+}} \frac{\dfrac{1}{x}}{-nx^{-n-1}} \\
&= \lim_{x \to 0^{+}} \frac{-x^{n}}{n} = 0
\end{aligned}
$$

例 4.36   求 $\lim\limits_{x \to 0} \left(\dfrac{1}{e^{x}-1} - \dfrac{1}{x} \right)$.

解   该极限为 $\infty - \infty$ 型.

$$
\begin{aligned}
\lim_{x \to 0} \left(\frac{1}{e^{x}-1} - \frac{1}{x} \right) &= \lim_{x \to 0} \left[\frac{x - e^{x} + 1}{x(e^{x}-1)} \right] \\
&= \lim_{x \to 0} \frac{x - e^{x} + 1}{x^{2}} \quad (\text{等价无穷小代换}) \\
&= \lim_{x \to 0} \frac{1 - e^{x}}{2x} = -\frac{1}{2}
\end{aligned}
$$

例 4.37   求 $\lim\limits_{x \to +\infty} x^{\frac{1}{x}}$.

解   该极限为 ∞^{0} 型.

$$
\lim_{x \to +\infty} x^{\frac{1}{x}} = \exp\left(\lim_{x \to +\infty} \frac{\ln x}{x} \right) = \exp\left(\lim_{x \to +\infty} \frac{1}{x} \right) = e^{0} = 1
$$

例 4.38   求 $\lim\limits_{x \to 0} (\cos x + x \sin x)^{1/x^{2}}$.

解   该极限为 1^{∞} 型.

令 $y = (\cos x + x \sin x)^{1/x^{2}}$，取对数得

$$
\ln y = \frac{1}{x^{2}} \ln (\cos x + x \sin x)
$$

当 $x \to 0$ 时，上式右端是 $\dfrac{0}{0}$ 型. 因为

$$\lim_{x\to 0}\ln y = \lim_{x\to 0}\frac{\ln(\cos x + x\sin x)}{x^2}$$

$$= \lim_{x\to 0}\frac{\dfrac{1}{\cos x + x\sin x}(-\sin x + \sin x + x\cos x)}{2x}$$

$$= \lim_{x\to 0}\frac{\cos x}{2(\cos x + x\sin x)}$$

$$= \frac{1}{2}$$

所以,

$$\lim_{x\to 0}(\cos x + x\sin x)^{\frac{1}{x^2}} = \lim_{x\to 0}e^{\ln y} = e^{\lim_{x\to 0}\ln y} = e^{\frac{1}{2}}$$

例 4.39　求 $\lim\limits_{x\to 0^+} x^{\sin x}$.

解　该极限为 0^0 型. 令 $y = x^{\sin x}$, 则

$$\lim_{x\to 0^+}\ln y = \lim_{x\to 0^+}(\sin x\ln x)$$

$$= \lim_{x\to 0^+}\frac{\ln x}{\csc x} = \lim_{x\to 0^+}\frac{\dfrac{1}{x}}{\dfrac{-\cos x}{\sin^2 x}}$$

$$= -\lim_{x\to 0^+}\frac{\sin^2 x}{x\cos x} = 0$$

所以

$$\lim_{x\to 0^+} x^{\sin x} = e^0 = 1$$

微课视频:
柯西中值定理与
洛必达法则 2

例 4.40　验证极限 $\lim\limits_{x\to\infty}\dfrac{x + \sin x}{x}$ 存在,但不能用洛必达法则
求得.

解　该极限为 $\dfrac{\infty}{\infty}$ 型. 显然

$$\lim_{x\to\infty}\frac{x + \sin x}{x} = 1 + \lim_{x\to\infty}\frac{\sin x}{x} = 1 + 0 = 1$$

但是 $\qquad \dfrac{(x + \sin x)'}{(x)'} = \dfrac{1 + \cos x}{1}$

极限 $\lim\limits_{x\to\infty}(1 + \cos x)$ 不存在,也不是无穷大,不满足洛必达法
则的条件,故不能应用洛必达法则.

上例说明,当洛必达法则的条件不满足时,不能用它来求极限.

由于数列没有导数,所以不能直接用洛必达法则求数列的极
限. 但如果 $\lim\limits_{x\to +\infty}f(x) = A$,则有 $\lim\limits_{n\to\infty}f(n) = A$. 因此,对于 $\dfrac{0}{0}$ 或 $\dfrac{\infty}{\infty}$ 型
的数列极限,如果可以转化为函数极限,就可以间接地使用洛必
达法则来求.

部分题目详解与提示

例 4.41 求 $\lim\limits_{n\to\infty}\sqrt[n]{n}$ （n 为正整数）.

解 令 $f(x)=x^{\frac{1}{x}}$ （$x>0$），则 $f(n)=\sqrt[n]{n}$. 由 $\lim\limits_{x\to+\infty}x^{\frac{1}{x}}=1$，所以 $\lim\limits_{n\to\infty}\sqrt[n]{n}=1$.

习题 4.6

A 组

1. 用洛必达法则计算下列极限：

(1) $\lim\limits_{x\to0}\dfrac{\sin 2x}{\tan 3x}$；　　(2) $\lim\limits_{x\to a}\dfrac{\sin x-\sin a}{x-a}$；

(3) $\lim\limits_{x\to\infty}\dfrac{x-\ln(1+x)}{x^2}$；　　(4) $\lim\limits_{x\to0}\dfrac{\tan x-x}{x^2\sin x}$；

(5) $\lim\limits_{x\to+\infty}\dfrac{\ln(1+1/x)}{\operatorname{arccot} x}$；

(6) $\lim\limits_{x\to0}\left(\cot x\cdot\ln\dfrac{1+x}{1-x}\right)$；

(7) $\lim\limits_{x\to1}\left(\dfrac{2}{x^2-1}-\dfrac{1}{x-1}\right)$；

(8) $\lim\limits_{x\to\frac{\pi}{2}^+}(\sec x-\tan x)$；

(9) $\lim\limits_{x\to+\infty}\left(\dfrac{2}{\pi}\arctan x\right)^x$；

(10) $\lim\limits_{x\to0}\left(\dfrac{1}{x}\right)^{\tan x}$；

(11) $\lim\limits_{x\to+\infty}\dfrac{\ln(1+e^x)}{5x}$；

(12) $\lim\limits_{x\to0}\dfrac{e-(1+x)^{1/x}}{x}$；

(13) $\lim\limits_{x\to\frac{\pi}{4}}(\tan x)^{\tan 2x}$；

(14) $\lim\limits_{x\to1^+}(x-1)\tan\dfrac{\pi}{2}x$；

(15) $\lim\limits_{x\to+\infty}\left(e^{\frac{1}{x}}+\dfrac{1}{x}\right)^x$；　(16) $\lim\limits_{x\to0}\left(\dfrac{\arcsin x}{x}\right)^{\frac{1}{x^2}}$；

(17) $\lim\limits_{n\to\infty}\left(\dfrac{2^n+3^n}{2}\right)^{\frac{1}{n}}$；　(18) $\lim\limits_{n\to\infty}\left(\dfrac{2^{\frac{1}{n}}+3^{\frac{1}{n}}}{2}\right)^n$.

2. 确定常数 a、b 的值，使得

$$\lim\limits_{x\to0}\dfrac{\ln(1+x)-(ax+bx^2)}{x^2}=2.$$

3. 验证极限 $\lim\limits_{x\to0}\dfrac{x^2\sin\dfrac{1}{x}}{\tan x}$ 存在，但不能用洛必达法则得出.

B 组

1. 设函数 $g(x)$ 在 $x=0$ 的某邻域内二阶可导，且 $g(0)=0$，研究函数

$$f(x)=\begin{cases}g(x)/x, & x\neq0\\ g'(0), & x=0\end{cases}$$ 在 $x=0$ 处的可导性.

2. 在下列求极限的过程中都应用了洛必达法则，解法是否正确？若有错，请给予修改.

(1) $\lim\limits_{x\to0}\dfrac{x^2+1}{x^2-1}=\lim\limits_{x\to0}\dfrac{(x^2+1)'}{(x^2-1)'}=\lim\limits_{x\to0}\dfrac{2x}{2x}=1$；

(2) 设 $f(x)$ 在 x_0 处二阶可导，则

$$\lim\limits_{h\to0}\dfrac{f(x_0+h)-2f(x_0)+f(x_0-h)}{h^2}$$
$$=\lim\limits_{h\to0}\dfrac{f'(x_0+h)-f'(x_0-h)}{2h}$$
$$=\lim\limits_{h\to0}\dfrac{f''(x_0+h)+f''(x_0-h)}{2}$$
$$=f''(x_0).$$

3. 讨论函数 $f(x)=\begin{cases}\left[\dfrac{(1+x)^{\frac{1}{x}}}{e}\right]^{\frac{1}{x}}, & x>0\\ e^{-\frac{1}{2}}, & x\leqslant0\end{cases}$ 在点 $x=0$ 处的连续性.

4.7　泰勒公式

在实际问题中，为了便于研究和计算，往往希望用一些较为简单的函数来近似代替复杂的函数. 多项式函数是最简单的一类

初等函数，它本身的运算仅是有限项的加减法和乘法，很适合计算机运算.

　　首先，考虑函数在一点附近的多项式近似.

　　设 n 是给定的正整数，我们考虑在点 x_0 附近用 n 次多项式 $T_n(x-x_0)$ 来近似函数 $f(x)$. 即在 $|x-x_0|$ 很小（比如 $|x-x_0|<1$）时，有

$$f(x) \approx T_n(x-x_0)$$

微课视频：
如何记住泰勒公式？

其中 $T_n(x-x_0)$ 是 n 次多项式，一般形式为

$$T_n(x-x_0) = a_0 + a_1(x-x_0) + a_2(x-x_0)^2 + \cdots + a_n(x-x_0)^n$$

$$(4-1)$$

　　在实际应用时，必须考虑这种近似的误差. 我们用 $\left| \dfrac{f(x)-T_n(x-x_0)}{(x-x_0)^n} \right|$ 来表示，它是一种相对误差. 如果 $\lim\limits_{x \to x_0} \dfrac{f(x)-T_n(x-x_0)}{(x-x_0)^n}$ 存在，我们所能期待的最理想的结果是，

$$\lim_{x \to x_0} \frac{f(x)-T_n(x-x_0)}{(x-x_0)^n} = 0 \qquad (4-2)$$

　　当 $n=1$，且 $f'(x_0)$ 存在时，满足式（4-2）的一次多项式是存在的. 由

$$f'(x_0) = \lim_{x \to x_0} \frac{f(x)-f(x_0)}{x-x_0}$$

有

$$\lim_{x \to x_0} \frac{f(x)-[f(x_0)+f'(x_0)(x-x_0)]}{x-x_0} = 0$$

即，满足式（4-2）的一次多项式为

$$T_1(x-x_0) = f(x_0) + f'(x_0)(x-x_0)$$

上式也可以写成

$$f(x) = f(x_0) + f'(x_0)(x-x_0) + o(x-x_0)$$

　　一般地，我们有下面的定理.

定理 4.13　（**带有皮亚诺型余项的泰勒公式**）　设 $f^{(n)}(x_0)$ 存在，则

$$f(x) = T_n(x-x_0) + o((x-x_0)^n) \qquad (4-3)$$

其中，

$$T_n(x-x_0) = f(x_0) + f'(x_0)(x-x_0) + \frac{f''(x_0)}{2!}(x-x_0)^2 + \cdots +$$

$$\frac{f^{(n)}(x_0)}{n!}(x-x_0)^n \qquad (4-4)$$

多项式（4-4）称为 $f(x)$ 在点 x_0 的 n 阶**泰勒多项式**. 注意到

$$T_n^{(k)}(x-x_0)\big|_{x=x_0}=f^{(k)}(x_0)\quad(k=0,1,\cdots,n)$$

因此，$f(x)$ 在 x_0 点的 n 阶泰勒多项式就是在 x_0 点与 $f(x)$ 的 0 到 n 阶导数都相等的 n 阶多项式.

证明　令 $R_n(x)=f(x)-T_n(x-x_0)$，则 $R_n^{(k)}(x_0)=0$（$k=0,1,\cdots,n$）. 只要证明 $\lim\limits_{x\to x_0}\dfrac{R_n(x)}{(x-x_0)^n}=0$. 连续 $(n-1)$ 次使用洛必达法则，得

$$\lim_{x\to x_0}\frac{R_n(x)}{(x-x_0)^n}=\lim_{x\to x_0}\frac{f^{(n-1)}(x)-[f^{(n-1)}(x_0)+f^{(n)}(x_0)(x-x_0)]}{n!(x-x_0)}$$

$$=\frac{1}{n!}\lim_{x\to x_0}\Big[\frac{f^{(n-1)}(x)-f^{(n-1)}(x_0)}{x-x_0}-f^{(n)}(x_0)\Big]$$

$$=0$$

注　证明中的最后一个等式由 $f^{(n)}(x_0)$ 的定义得到，不能用洛必达法则得到. 因为我们只假设 $f(x)$ 在 x_0 有 n 阶导数，并没有假设 $f(x)$ 在 x_0 附近有 n 阶导数.

把式（4-3）写成

$$f(x)=T_n(x-x_0)+R_n(x)$$

其中 $R_n(x)=o((x-x_0)^n)$ 称为**皮亚诺型余项**.

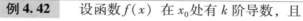

例 4.42　设函数 $f(x)$ 在 x_0 处有 k 阶导数，且

$$f'(x_0)=f''(x_0)=\cdots=f^{(k-1)}(x_0)=0,\ f^{(k)}(x_0)\neq0$$

证明：当 k 为奇数时，x_0 不是 $f(x)$ 的极值点；当 k 为偶数时，x_0 是 $f(x)$ 的极值点，且 $f^{(k)}(x_0)>0$ 时，x_0 是 $f(x)$ 的极小值点；当 $f^{(k)}(x_0)<0$ 时，x_0 是 $f(x)$ 的极大值点.

皮亚诺

（Peano，1858—1932）

意大利数学家、逻辑学家

证明　由泰勒公式有

$$f(x)=f(x_0)+f'(x_0)(x-x_0)+\frac{f''(x_0)}{2!}(x-x_0)^2+\cdots+$$

$$\frac{f^{(k)}(x_0)}{k!}(x-x_0)^k+o(x-x_0)^k$$

即

$$\lim_{x\to x_0}\frac{f(x)-f(x_0)}{(x-x_0)^k}=\frac{f^{(k)}(x_0)}{k!}$$

所以在 x_0 的某个空心邻域内 $\dfrac{f(x)-f(x_0)}{(x-x_0)^k}$ 与 $f^{(k)}(x_0)$ 同号. 因此，当 k 为奇数时，$f(x)-f(x_0)$ 在 x_0 两侧异号，x_0 不是 $f(x)$ 的极值点；当 k 为偶数且 $f^{(k)}(x_0)>0$ 时，$f(x)-f(x_0)>0$，x_0 是 $f(x)$ 的极小值点，当 $f^{(k)}(x_0)<0$ 时，$f(x)-f(x_0)<0$，x_0 是

$f(x)$ 的极大值点.

现在考虑**函数在区间上的多项式近似**. 我们希望把函数在一点的泰勒多项式作为函数在区间上的一种近似表示. 为此, 我们需要对误差做进一步分析.

> **定理 4.14**　（**带有拉格朗日型余项的泰勒公式**）　如果函数 $f(x)$ 在开区间 (a, b) 内具有 $n+1$ 阶导数, $x_0 \in (a, b)$, 那么对于任意的 $x \in (a, b)$, 都存在介于 x_0 与 x 之间的一点 ξ, 使得
>
> $$f(x) = T_n(x - x_0) + R_n(x) \tag{4-5}$$
>
> 其中, $T_n(x - x_0)$ 是 $f(x)$ 在点 x_0 的泰勒多项式
>
> $$R_n(x) = \frac{f^{(n+1)}(\xi)}{(n+1)!}(x - x_0)^{n+1} \tag{4-6}$$

证明　用柯西中值定理证明

$$R_n(x) = f(x) - T_n(x - x_0) = \frac{f^{(n+1)}(\xi)}{(n+1)!}(x - x_0)^{n+1}$$

令 $G(x) = (x - x_0)^{n+1}$. 不难验证, $R_n(x)$ 和 $G(x)$ 在 (a, b) 内有 $n+1$ 阶导数, 且

$$R_n(x_0) = R_n'(x_0) = R_n''(x_0) = \cdots = R_n^{(n)}(x_0) = 0$$
$$G(x_0) = G'(x_0) = G''(x_0) = \cdots = G^{(n)}(x_0) = 0$$
$$R_n^{(n+1)}(x) = f^{(n+1)}(x), \quad G^{(n+1)}(x) = (n+1)!$$

连续使用 $n+1$ 次柯西中值定理有

$$\frac{R_n(x)}{(x - x_0)^{n+1}} = \frac{R_n(x) - R_n(x_0)}{G(x) - G(x_0)} = \frac{R_n'(\xi_1)}{G'(\xi_1)} = \frac{R_n'(\xi_1) - R_n'(x_0)}{G'(\xi_1) - G(x_0)} = \cdots$$
$$= \frac{R_n^{(n)}(\xi_n)}{G^{(n)}(\xi_n)} = \frac{R_n^{(n)}(\xi_n) - R_n^{(n)}(x_0)}{G^{(n)}(\xi_n) - G^{(n)}(x_0)} = \frac{R_n^{(n+1)}(\xi)}{G^{(n+1)}(\xi)}$$
$$= \frac{f^{(n+1)}(\xi)}{(n+1)!}$$

其中, ξ 是 x_0 与 x 之间的某个值. 因此

$$R_n(x) = \frac{f^{(n+1)}(\xi)}{(n+1)!}(x - x_0)^{n+1}$$

$R_n(x)$ 通常被称为 $f(x)$ 在 x_0 的邻域内的**拉格朗日型余项**. 定理 4.14 也称**泰勒中值定理**.

如果函数 $f(x)$ 在含 x_0 的某个开区间 (a, b) 内任意阶导数都存在, 就有任意阶的泰勒公式成立. 特别地, 如果存在常数 $M > 0$, 使得对任意 $x \in (a, b)$, 都有

$$|f^{(n+1)}(x)| \leqslant M \quad (n = 0, 1, 2, \cdots)$$

则

$$\left| R_n(x) \right| = \left| \frac{f^{(n+1)}(\xi)}{(n+1)!}(x-x_0)^{n+1} \right| \leqslant \frac{M}{(n+1)!} \left| b-a \right|^{n+1}, \quad x \in (a, b)$$

因此有 $R_n(x) \to 0$　$(n \to \infty)$. 此式的意义在于，用 $T_n(x-x_0)$ 代替 $f(x)$ 时，误差 $\left| f(x) - T_n(x-x_0) \right|$ 可以通过对阶数 n 的适当选取达到完全控制. 即可以用同一个多项式 $T_n(x-x_0)$ 在整个开区间 (a, b) 内以任意指定的精度计算 $f(x)$ 的值.

如果 $x_0 = 0$，那么式（4-5）变成

$$f(x) = T_n(x) + \frac{f^{(n+1)}(\xi)}{(n+1)!}x^{n+1} \quad (\xi \text{ 在 } 0 \text{ 与 } x \text{ 之间})$$

其中

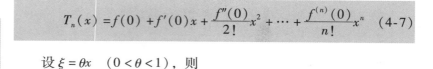

$$T_n(x) = f(0) + f'(0)x + \frac{f''(0)}{2!}x^2 + \cdots + \frac{f^{(n)}(0)}{n!}x^n \quad (4\text{-}7)$$

设 $\xi = \theta x$　$(0 < \theta < 1)$，则

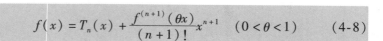

$$f(x) = T_n(x) + \frac{f^{(n+1)}(\theta x)}{(n+1)!}x^{n+1} \quad (0 < \theta < 1) \quad (4\text{-}8)$$

式（4-7）称为 $f(x)$ 的 n 阶**麦克劳林多项式**，称式（4-8）为 $f(x)$ 的带拉格朗日型余项的 n 阶**麦克劳林公式**. 而

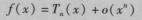

$$f(x) = T_n(x) + o(x^n)$$

被称为 $f(x)$ 的带**皮亚诺型余项**的 n 阶**麦克劳林**公式.

麦克劳林公式是泰勒公式的一种简单形式，也是最常用的形式. 下面我们计算几个常见的初等函数的麦克劳林公式.

泰勒
（Taylor，1685—1731）
英国数学家

例 4.43　求指数函数 $f(x) = \mathrm{e}^x$ 的 n 阶麦克劳林公式.

解　因为

$$f(x) = f'(x) = \cdots = f'(x) = \cdots = f^{(n)}(x) = \mathrm{e}^x$$

所以

$$f(0) = f'(0) = f''(0) = \cdots = f^{(n)}(0) = 1$$

代入式（4-7），并且注意到

$$f^{(n+1)}(\theta x) = \mathrm{e}^{\theta x} \quad (0 < \theta < 1)$$

得到

麦克劳林
（Maclaurin，1698—1746）
英国数学家

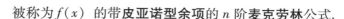

$$\mathrm{e}^x = 1 + x + \frac{1}{2!}x^2 + \cdots + \frac{1}{n!}x^n + \frac{\mathrm{e}^{\theta x}}{(n+1)!}x^{n+1} \quad (0 < \theta < 1)$$

$$|R_n(x)| = \left| \frac{e^{\theta x}}{(n+1)!}x^{n+1} \right| < \frac{e^{|x|}}{(n+1)!}|x|^{n+1} \quad (0 < \theta < 1)$$

注意　在前面我们学习过等价无穷小代换，通过麦克劳林公式可以得出任意多个等价无穷小，例如

$$\left[e^x - \left(1 + x + \frac{1}{2!}x^2 + \cdots + \frac{1}{n!}x^n \right) \right] \sim \frac{1}{(n+1)!}x^{n+1} \quad (n = 0, 1, 2, \cdots)$$

微课视频：
泰勒公式及应用 1

例 4.44　求正弦函数 $f(x) = \sin x$ 的 $2n$ 阶麦克劳林公式.

解　因为

$$f^{(n)}(x) = \sin\left(x + \frac{n}{2}\pi \right) \quad (n = 0, 1, 2, \cdots)$$

所以

$$f^{(n)}(0) = \begin{cases} 0, & \text{当 } n = 2m \\ (-1)^m, & \text{当 } n = 2m+1 \end{cases}, \quad (m = 0, 1, 2, \cdots)$$

于是，由麦克劳林公式得到

$$\sin x = x - \frac{1}{3!}x^3 + \frac{1}{5!}x^5 - \cdots + \frac{(-1)^{n-1}}{(2n-1)!}x^{2n-1} + \frac{\sin\left(\theta x + \frac{2n+1}{2}\pi \right)}{(2n+1)!}x^{2n+1}, \theta \in (0, 1)$$

类似地，还可以得到余弦函数 $\cos x$、对数函数 $\ln(1+x)$、幂函数 $(1+x)^\alpha$，（α 为非正整数）的麦克劳林公式：

$$\cos x = 1 - \frac{1}{2!}x^2 + \frac{1}{4!}x^4 - \cdots + \frac{(-1)^n}{(2n)!}x^{2n} + \frac{\cos(\theta x + (n+1)\pi)}{(2n+2)!}x^{2n+2}, \quad (0 < \theta < 1)$$

$$\ln(1+x) = x - \frac{1}{2}x^2 + \frac{1}{3}x^3 - \cdots + \frac{(-1)^{n-1}}{n}x^n + \frac{(-1)^n}{(n+1)(1+\theta x)^{n+1}}x^{n+1} \quad (0 < \theta < 1)$$

$$(1+x)^\alpha = 1 + \alpha x + \frac{\alpha(\alpha-1)}{2!}x^2 + \cdots + \frac{\alpha(\alpha-1)\cdots(\alpha-n+1)}{n!}x^n +$$

$$\frac{\alpha(\alpha-1)\cdots(\alpha-n+1)(\alpha-n)}{(n+1)!}(1+\theta x)^{\alpha-n-1}x^{n+1}, \quad (0 < \theta < 1)$$

最后，通过几个例子来介绍泰勒公式，特别是麦克劳林公式的应用.

例 4.45　利用带有皮亚诺余项的麦克劳林公式，求 $\lim\limits_{x \to 0} \dfrac{\cos x \cdot \ln(1+x) - x}{x^2}$.

解　因为分式函数的分母是 x^2，所以只需将分子中的 $\cos x$ 与 $\ln(1+x)$ 分别用二阶的麦克劳林公式表示：

$$\cos x = 1 - \frac{1}{2!}x^2 + o(x^2)$$

$$\ln(1+x) = x - \frac{1}{2}x^2 + o(x^2)$$

于是

$$\cos x \cdot \ln(1+x) - x = \left[1 - \frac{1}{2!}x^2 + o(x^2) \right] \cdot \left[x - \frac{1}{2}x^2 + o(x^2) \right] - x$$

对上式作运算时可以把所有比 x^2 高阶的无穷小的代数和仍记为 $o(x^2)$，得

$$\cos x \cdot \ln(1+x) - x = x - \frac{1}{2}x^2 + o(x^2) - x$$
$$= -\frac{1}{2}x^2 + o(x^2)$$

微课视频：
泰勒公式及应用 2

故

$$\lim_{x \to 0} \frac{\cos x \cdot \ln(1+x) - x}{x^2} = \lim_{x \to 0} \frac{-\frac{1}{2}x^2 + o(x^2)}{x^2}$$
$$= -\frac{1}{2}$$

例 4.46 证明：不等式 $e^x \geqslant 1 + x + \frac{x^2}{2} + \frac{x^3}{6}$，$x \in (-\infty, +\infty)$.

证明 e^x 的三阶麦克劳林公式为

$$e^x = 1 + x + \frac{x^2}{2!} + \frac{x^3}{3!} + R_3(x), \quad x \in (-\infty, +\infty)$$

其中

$$R_3(x) = \frac{e^\xi}{4!}x^4 > 0, \quad \xi \in (0, x)$$

故

$$e^x \geqslant 1 + x + \frac{x^2}{2} + \frac{x^3}{6}$$

成立（等号仅在 $x = 0$ 时成立）.

例 4.47 近似计算 e 的值，并估计误差.

解 在 e^x 的麦克劳林公式中，取 $x = 1$，就得到 e 的近似式为

$$e \approx 1 + 1 + \frac{1}{2!} + \cdots + \frac{1}{n!}$$

其误差

$$|R_n(1)| < \frac{e}{(n+1)!} < \frac{3}{(n+1)!}$$

因此，只要 n 充分大，用上式近似计算 e 的值，就可以达到所需要的精度. 例如，要使误差不超过 10^{-5}，只要

$$\frac{3}{(n+1)!} < 10^{-5}$$

取 $n = 8$ 即可. 于是

$$e \approx 1 + 1 + \frac{1}{2!} + \cdots + \frac{1}{8!} \approx 2.71828$$

部分题目详解与提示

习题 4.7

A 组

1. 设 $f(x) = 1 + 3x + 5x^2 - 2x^3$，写出它在 $x = -1$ 处的泰勒多项式.

2. 写出下列函数的 $2n$ 阶麦克劳林公式:

(1) $f(x) = \dfrac{1}{1-x}$;

(2) $f(x) = xe^x$;

(3) $f(x) = \sin^2 x$.

3. 设函数 $f(x) = e^{\sin x}$，求 $f(x)$ 的带皮亚诺型余项的二阶麦克劳林公式.

4. 求函数 $f(x) = \ln\dfrac{1-x}{1+x}$ 的带皮亚诺型余项的 $2n+1$ 阶麦克劳林公式，并求 $f^{(9)}(0)$.

B 组

1. 试问下列函数当 $x \to 0$ 时是 x 的几阶无穷小量:

(1) $\sin x + x$;

(2) $\sin x - x$;

(3) $e^x \sin x - x(1 + x)$;

(4) $\cos x - 1 + \dfrac{x^2}{2}$.

2. 用两种方法求下列极限:

(1) $\lim\limits_{x \to 0} \dfrac{e^x - 1 - x}{x \ln(1 + x)}$;

(2) $\lim\limits_{x \to 0} \dfrac{x \cdot \cos x - \sin x}{x^2 \sin x}$;

(3) $\lim\limits_{x \to +\infty} \left(\sqrt[3]{x^3 + 3x} - \sqrt{x^2 - 2x} \right)$;

(4) $\lim\limits_{x \to +\infty} \left[x - x^2 \ln\left(1 + \dfrac{1}{x}\right) \right]$.

3. 设 $f''(x) > 0$，当 $x \to 0$ 时，$f(x)$ 与 x 是等价无穷小，证明: 当 $x \neq 0$ 时，$f(x) > x$.

4. 求常数 a、b 的值，使得 $e^x - \dfrac{1 + ax}{1 + bx}$ 是 x 的三阶无穷小.

5. 应用三阶泰勒公式求下列各数的近似值并估计误差:

(1) $\sqrt[3]{30}$;

(2) $\sin 18°$.

4.8　曲率

　　在现代工程技术的许多问题中，经常要考虑曲线的弯曲程度，如对桥梁弯曲程度的限制、铁路弯道用曲线衔接、机床的转轴等问题. 曲率问题就是研究曲线的弯曲程度的问题. 本节作为导数的应用，将介绍曲率的概念、曲率的计算公式以及曲率圆和曲率半径的概念和计算. 作为预备知识，我们先介绍弧长的微分（简称弧微分）的概念.

4.8.1　弧长的微分

　　设曲线弧 $\overset{\frown}{AB}$ 的方程为 $y = f(x)$，$x \in [a, b]$，$f(x)$ 在区间 (a, b) 内具有连续导数，如图 4-12 所示. M 是曲线上一点，令有向弧段 $\overset{\frown}{AM}$ 的长度为 s，则 s 是关于点 M 的横坐标 x 的单调增

函数 $s = s(x)$. 下面来求 $s(x)$ 的导数和微分.

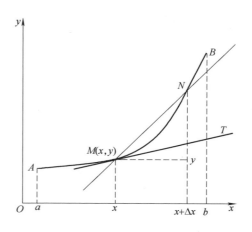

图　4-12

　　设 x, $x + \Delta x \in (a, b)$, 它们在曲线上对应的点分别为 M 和 N, 对应于自变量的增量 Δx, 弧长的增量为 Δs. 当 Δx 足够小时, 我们用曲线的弦长来近似曲线的弧长, 即 $\Delta s \approx |MN|$. 特别地,

$$\lim_{\Delta x \to 0} \frac{\Delta s}{|MN|} = 1$$

所以

$$\left(\frac{\mathrm{d}s}{\mathrm{d}x}\right)^2 = \lim_{\Delta x \to 0} \left(\frac{\Delta s}{\Delta x}\right)^2 = \lim_{\Delta x \to 0} \frac{(\Delta x)^2 + (\Delta y)^2}{(\Delta x)^2} = 1 + \left(\frac{\mathrm{d}y}{\mathrm{d}x}\right)^2$$

或

$$\frac{\mathrm{d}s}{\mathrm{d}x} = \sqrt{1 + \left(\frac{\mathrm{d}y}{\mathrm{d}x}\right)^2}$$

上式根号前取正号, 是由于 $s = s(x)$ 是单调增函数, 于是有

$$\mathrm{d}s = \sqrt{1 + \left(\frac{\mathrm{d}y}{\mathrm{d}x}\right)^2}\ \mathrm{d}x$$

它被称为弧长的微分 (简称弧微分).

4.8.2　曲率及其计算公式

　　下面我们将讨论如何用数量来描述曲线的弯曲程度. 如图 4-13 所示, 曲线弧的弯曲程度不仅与切线夹角的大小有关, 还与弧段的长度有关.

　　由此我们可以给出描述曲线在一点处弯曲程度的量——**曲率** 的定义.

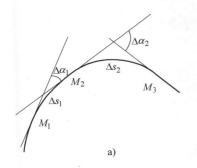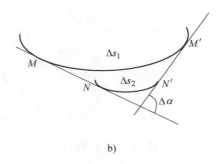

图　4-13

a）弧段弯曲程度越大转角越大　b）转角相同弧段越短弯曲程度越大

> **定义 4.4**　设 M 为曲线 C 上一点，M' 为曲线 C 上动点，$\overset{\frown}{MM'}$ 的长度为 Δs，曲线在 M，M' 的切线夹角为 $\Delta\alpha$。如果当 M' 沿曲线趋于 M 时，$\left|\dfrac{\Delta\alpha}{\Delta s}\right|$ 的极限存在，则称其极限值为曲线 C 在点 M 处的曲率。

　　按照曲率的定义，曲线 C 在点 M 处的曲率为 $k(M) = \left|\dfrac{\mathrm{d}\alpha}{\mathrm{d}s}\right|$。下面我们考虑曲线曲率的计算问题。设曲线在直角坐标系的方程为 $y = f(x)$，且 $f(x)$ 二阶可导，则

$$\tan\alpha = y'$$

即

$$\alpha = \arctan y', \quad \mathrm{d}\alpha = \frac{y''}{1 + y'^2}\mathrm{d}x$$

又因为

$$\mathrm{d}s = \sqrt{1 + y'^2}\,\mathrm{d}x$$

所以

$$k = \frac{|y''|}{(1 + y'^2)^{3/2}}$$

　　当曲线由参数方程 $\begin{cases} x = \varphi(t) \\ y = \psi(t) \end{cases}$ 给出时，上述公式仍然成立。

例 4.48　证明：直线的曲率恒为零。

　　证明　直线 $y = ax + b$，因 $y'' = 0$，故各点处曲率为零。

例 4.49　证明：圆上各点处的曲率等于半径的倒数。

　　证明　不妨设圆心在原点，半径为 R，则圆的参数方程为

$$\begin{cases} x = R\cos t \\ y = R\sin t \end{cases}, \quad (0 \leqslant t < 2\pi)$$

则 $\dfrac{dy}{dx} = -\cot t$，$\dfrac{d^2y}{dx^2} = \dfrac{-1}{R\sin^3 t}$，于是曲率为

$$k = \dfrac{\left|\dfrac{-1}{R\sin^3 t}\right|}{(1 + \cot^2 t)^{3/2}}$$

$$= \dfrac{1}{R}$$

即圆上各点处的曲率等于半径的倒数.

例 4.50　求抛物线 $y = ax^2 + bx + c$ 上曲率最大的点.

解　由于

$$y' = 2ax + b, \quad y'' = 2a$$

故

$$k = \dfrac{|2a|}{[1 + (2ax + b)^2]^{3/2}}$$

当 $2ax + b = 0$，即 $x = -\dfrac{b}{2a}$ 时，k 取最大值 $|2a|$，故抛物线 $y = ax^2 + bx + c$ 在顶点 $\left(-\dfrac{b}{2a}, \dfrac{4ac - b^2}{4a}\right)$ 处曲率最大.

4.8.3　曲率圆与曲率半径

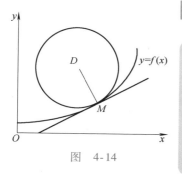

图　4-14

定义 4.5　设曲线 $y = f(x)$ 在点 $M(x, y)$ 处的曲率为 $k(k \neq 0)$. 在点 M 处的曲线的法线上凹的一侧取一点 D，使 $|DM| = \dfrac{1}{k} = \rho$. 以 D 为圆心，ρ 为半径作圆（见图 4-14），称此圆为曲线在点 M 处的**曲率圆**，曲率圆的圆心 D 称为曲线在点 M 处的**曲率中心**，曲率圆的半径 ρ 称为曲线在点 M 处的**曲率半径**.

注　（1）曲线上一点处的曲率半径与曲线在该点处的曲率互为倒数，即 $\rho k = 1$. 因此，曲线上一点处的曲率半径越大，曲线在该点处的曲率越小（曲线越平坦）；曲率半径越小，曲率越大（曲线越弯曲）.

（2）因为曲率圆与曲线在点 M 处有相同的切线和曲率，且在点 M 邻近有相同的凹向，所以在实际工作中，常常用曲率圆上的点 M 邻近的一段弧来近似代替该点附近曲线弧（称为曲线在该点附近的二次近似）. 于是就可以用圆周运动来分析该点处的曲线运动.

例 4.51　一工件内表面截线为 $y = 0.4x^2$，需要用砂轮磨削其内表面且不能破坏工件，求砂轮半径的最大值.

解　砂轮半径不大于抛物线上各点处曲率半径的最小者时，

才不会破坏工件内表面，由例 4.50 知，抛物线在顶点处曲率最大，曲率半径最小.

$$y' = 0.8x, \quad y'' = 0.8, \quad k(0,0) = \frac{0.8}{(1+0)^{3/2}} = 0.8$$

因此

$$\rho = \frac{1}{k} = 1.25$$

所以砂轮半径不大于 1.25 时才能保证工件不被破坏.

例 4.52 **（铁路弯道的曲线衔接问题）** 铁路上的轨道从直线转为半径为 R 的圆弧时，为了使列车转弯时既平稳又安全，应避免离心力的突变，这就要求轨道曲线有连续变化的曲率，因而需要在直道和圆弧道之间连接一段缓和曲线的弯道 $\overset{\frown}{OA}$（见图 4-15），使轨道的曲率连续地从直道 $\overline{OP}$ 的曲率 0 过渡到圆弧道 $\overset{\frown}{AB}$ 的曲率 $\frac{1}{R}$.

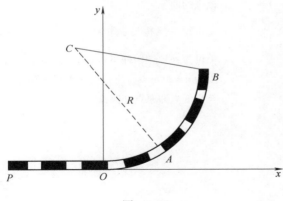

图 4-15

通常，在建造铁道时，采用三次抛物线作为缓和曲线，如图 4-15 所示，$\overline{PO}$ 为直道，$\overset{\frown}{OA}$ 为缓和曲线，方程为 $y = \frac{ax^3}{R}$，点 A 的坐标为 (x_0, y_0)，其中 R 为圆弧 $\overset{\frown}{AB}$ 的半径，a 为待定系数.

由曲率公式可求出 $\overset{\frown}{OA}$ 的曲率

$$k = \frac{|y''|}{(1+y'^2)^{3/2}} = \frac{6ax}{R\left[1 + \left(\frac{3ax^2}{R}\right)^2\right]^{3/2}}$$

当 x 从 0 变到 x_0 时，曲率连续地从 0 变到 k_A，其中

$$k_A = \frac{6ax_0}{R\left[1 + \left(\frac{3ax_0^2}{R}\right)^2\right]^{3/2}}$$

一般地，R 要比 $\overset{\frown}{OA}$ 的弧长 l 大得多，因而

$$x_0 \approx l, \quad \frac{3ax_0^{\,2}}{R} \approx 0$$

得到

$$k_A \approx \frac{6al}{R}$$

令 $k_A = \dfrac{1}{R}$，就有 $a \approx \dfrac{1}{6l}$. 故缓和曲线的方程为

$$y = \frac{x^3}{6lR}$$

部分题目详解与提示

习题 4.8

A 组

1. 求下列各曲线的弧长的微分：

（1）$y = x\sin x$；　　　　（2）$y^2 = 2px$；

（3）$\begin{cases} x = a(t - \sin t) \\ y = a(1 - \cos t) \end{cases} (a > 0)$；　（4）$\begin{cases} x = \dfrac{1 + t}{t} \\ y = \dfrac{1 - t}{t} \end{cases}$.

2. 求下列各曲线在指定点处的曲率：

（1）$y = x^2 - 4x + 3$ 在点 $(2, -1)$；

（2）$\dfrac{x^2}{a^2} + \dfrac{y^2}{b^2} = 1$ 在点 $(0, b)$；

（3）$\begin{cases} x = a\cos^3 t \\ y = a\sin^3 t \end{cases}$（对应参数 $t = t_0$ 的点）；

（4）$x^2 - xy + y^2 = 1$ 在点 $(1, 1)$.

B 组

1. 曲线 $y = \sin x$ 在哪一点处的曲率最小？求出该点的曲率.

2. 一飞机沿抛物线 $y = \dfrac{x^2}{1000}$（y 轴铅直向上，单位为 m）做俯冲飞行，在坐标原点 O 处飞机的速度为 $v = 200\text{m/s}$，飞行员体重 $G = 70\text{kg}$，求飞机俯冲至最低点即原点处座椅对飞行员的反作用力.

部分题目详解与提示

综合习题 4

1. 求下列函数的极限：

（1）$\displaystyle\lim_{x \to 0^+} \frac{\ln \tan(ax)}{\ln \tan(bx)}$（$a, b > 0$）；

（2）$\displaystyle\lim_{x \to 0} \frac{x(e^x + 1) - 2(e^x - 1)}{x^3}$；

（3）$\displaystyle\lim_{x \to 0}\left(\frac{1}{\arctan^2 x} - \frac{1}{x^2} \right)$；

（4）$\displaystyle\lim_{x \to \frac{\pi}{2}^-} (\tan x)^{2x - \pi}$.

2. 设 $f(x)$ 在区间 (a, b) 内连续，除 $x_0 \in (a, b)$ 外 $f'(x)$ 存在，且 $\displaystyle\lim_{x \to x_0} f'(x) = A$. 试证：$f'(x_0)$ 存在，且 $f'(x_0) = A$.

3. 设 $f(x)$ 二阶可导. 求证：

$$\lim_{h \to 0} \frac{f(x + 2h) - 2f(x + h) + f(x)}{h^2} = f''(x).$$

4. 设 $f(x)$ 在 $x = 0$ 点的某邻域二阶可导，且

$$\lim_{x \to 0}\left[\frac{\sin 3x}{x^3} + \frac{f(x)}{x^2} \right] = 0,$$

（1）求 $f(0)$，$f'(0)$，$f''(0)$；

（2）求 $\displaystyle\lim_{x \to 0}\left[\frac{3}{x^2} + \frac{f(x)}{x^2} \right]$.

5. 证明：设 $f(x)$ 在区间 $[a, b]$ 上具有二阶导数，且 $f(a) = f(b) = 0$，$f'(a) \cdot f'(b) > 0$，证明：存在 $\xi \in (a, b)$，$\eta \in (a, b)$，使得 $f(\xi) = 0$，$f''(\eta) = 0$.

6. 设 $f(x)$ 在 $[a,b]$ 二阶可导，且 $f'(a) = f'(b) = 0$，证明：存在 $c \in (a,b)$ 使得

$$|f''(c)| \geq \frac{4}{(b-a)^2} |f(b) - f(a)|.$$

7. 若 $f(x)$ 在区间 $[a,b]$ 上有定义，且满足 $|f(x) - f(y)| \leq k(x-y)^2$，$\forall x, y \in [a,b]$，且 $k > 0$。求证：$f(x)$ 在区间 $[a,b]$ 上恒为常数。

8. 求证：$\left(1 + \dfrac{1}{x}\right)^x$ 在 $(0, +\infty)$ 严格递增。

9. 设不恒为常数的函数 $f(x)$ 在闭区间 $[a,b]$ 上连续，在开区间 (a,b) 内可导，且 $f(a) = f(b)$，试证明：在开区间 (a,b) 内至少存在一点 ξ，使得 $f'(\xi) > 0$。

10. 讨论方程 $\ln x + \dfrac{e}{x} + k = 0$（$k$ 为常数）在 $(0, +\infty)$ 内有几个实根。

11. 设函数 $f(x)$ 在闭区间 $[a,b]$ 上连续，在开区间 (a,b) 内可导，且 $f(a) + f(c) = 2$，$f(b) = 1$，$a < c < b$，试证明：在开区间 (a, b) 内至少存在一点 ξ，使得 $f'(\xi) = 0$。

12. 设 $0 < a < b$，函数 $f(x)$ 在闭区间 $[a,b]$ 上连续，在开区间 (a,b) 内可导，试证明：存在 $\xi, \eta \in (a,b)$，使得

$$f'(\xi) = \eta f'(\eta) \frac{\ln \dfrac{b}{a}}{b-a}$$

13. 设函数 $f(x)$ 二阶可导，且 $f(x) > 0$，曲线 $y = \sqrt{f(x)}$ 有拐点 $(x_0, \sqrt{f(x_0)})$，试证明：

$$[f'(x_0)]^2 = 2f(x_0)f''(x_0)$$

14. 设函数 $f(x)$ 在 $x = 0$ 的邻域内二阶可导，且

$$\lim_{x \to 0}\left[1 + x + \frac{f(x)}{x}\right]^{\frac{1}{x}} = e^3, \ 求：$$

$$f(0), f'(0), f''(0) \ 及 \lim_{x \to 0}\left[1 + \frac{f(x)}{x}\right]^{\frac{1}{x}}.$$

15. （1）求函数 $f(x) = \begin{cases} x^{2x}, & x > 0 \\ x + 3, & x \leq 0 \end{cases}$ 的极值；

（2）求数列 $\{\sqrt[n]{n}\}$ 的最大项。

16. 设 $f(x)$ 在区间 $[0, a]$ 上二阶可导，且 $f(0) = 0$，$f''(x) \leq 0$。求证：$\dfrac{f(x)}{x}$ 严格递减。

17. 求常数 A 和 $B(\neq 0)$，使得

$$\lim_{x \to 0^+} \frac{2\arctan x - \ln \dfrac{1+x}{1-x}}{\sin x^A} = B.$$

18. 设函数 $f(x)$ 在区间 $[a,b]$ 上有二阶导数，且 $f(b) = 0$，$F(x) = (x-a)^2 f(x)$，那么在区间 (a,b) 内至少有一点 ξ，使得 $F''(\xi) = 0$。

19. 设函数 $f(x)$ 在区间 $[0,1]$ 上有二阶导数，且 $|f(x)| \leq a$，$|f''(x)| \leq b$，证明：对任意 $c \in (0,1)$，有 $|f'(c)| \leq 2a + \dfrac{b}{2}$。

20. 在椭圆 $\dfrac{x^2}{a^2} + \dfrac{y^2}{b^2} = 1$ 的第一象限内求一点 P，使得在该点处的切线、椭圆以及两个坐标轴所围成的图形的面积最小。

21. 设 $y = f(x)$ 在 $[a,b]$ 是向下凸的，且 $f'_+(a)$ 和 $f'_-(b)$ 存在。求证：$f(x)$ 满足李普希兹条件，即存在常数 k，使得

$$|f(x) - f(y)| \leq k|x - y|, \quad \forall x, y \in [a,b].$$

第 5 章

不定积分

在我们已经学习过的数学运算当中，许多运算都是成对互逆出现的，如加法和减法，乘法和除法，求幂和求根等. 对逆运算感兴趣的原因之一是它们广泛应用于解方程，例如解方程

$$2x^2 + 5 = 13$$

就需要减法、除法和开方运算. 如果方程中含有导数，解这个方程就需要求导运算的逆运算，这就是这一章我们要讨论的反导数问题或不定积分问题.

5.1 不定积分的概念和性质

我们首先介绍原函数的概念.

> **定义 5.1** 如果函数 $F(x)$ 在区间 I 上可导，且 $F'(x) = f(x)$，$x \in I$，则称 $F(x)$ 为 $f(x)$ 在区间 I 上的一个**原函数**或**反导数**.

例如，因为

$$(\sin x)' = \cos x, \; x \in (-\infty, +\infty)$$

所以 $\sin x$ 是 $\cos x$ 在区间 $(-\infty, +\infty)$ 上的一个原函数. 又因为

$$(\sin x + C)' = \cos x \quad (C \text{ 为任意常数})$$

所以 $\sin x + C$ 也是 $\cos x$ 在区间 $(-\infty, +\infty)$ 上的一个原函数.

那么满足什么条件才能保证一个函数有原函数呢？我们直接承认如下结论，证明将在下一章给出.

> **定理 5.1** （原函数存在定理） 如果函数 $f(x)$ 在区间 I 上连续，则在区间 I 上存在可导函数 $F(x)$，使得 $\forall x \in I$，都有 $F'(x) = f(x)$，即连续函数必有原函数.

关于原函数的概念我们需要注意以下几点.

首先, $f(x)$ 的原函数不仅和 $f(x)$ 有关, 而且和 x 所在的区间有关. 例如, 由于

$$(\ln x)' = \frac{1}{x}, \quad x \in (0, +\infty)$$

故 $\ln x$ 是 $\frac{1}{x}$ 在区间 $(0, +\infty)$ 上的一个原函数. 又因为

$$[\ln(-x)]' = \frac{1}{x}, \quad x \in (-\infty, 0)$$

故 $\ln(-x)$ 是 $\frac{1}{x}$ 在区间 $(-\infty, 0)$ 上的一个原函数. 因此,

$\ln|x|$ 是 $\frac{1}{x}$ 在 $(-\infty, 0) \cup (0, +\infty)$ 上的一个原函数.

其次, **若 $F(x)$ 是 $f(x)$ 在区间 I 上的一个原函数, 则 $F(x) + C$ (C 为任意常数) 也是 $f(x)$ 的原函数**. 这是显而易见的, 注意到 $[F(x) + C]' = F'(x)$ 就够了.

最后, **如果 $F(x)$ 和 $G(x)$ 都是 $f(x)$ 在区间 I 上的原函数, 则存在常数 C, 使得**

$$G(x) = F(x) + C$$

证明同样简单, 注意到

$$[G(x) - F(x)]' = G'(x) - F'(x) = f(x) - f(x) = 0$$

所以存在常数 C, 在区间 I 上恒有

$$G(x) = F(x) + C$$

后面的两点表明, 一个函数的原函数如果存在就一定不唯一, 但只要求出它的一个原函数, 也就求出了它所有的原函数.

定义 5.2 函数 $f(x)$ 在区间 I 上的原函数的全体称为 $f(x)$ 在区间 I 上的**不定积分**, 记为 $\int f(x)\mathrm{d}x$. 其中记号 $\int$ 称为**积分号**, $f(x)$ 称为**被积函数**, $f(x)\mathrm{d}x$ 称为**被积表达式**, x 称为**积分变量**.

关于不定积分的定义请注意以下几个方面.

首先, **不定积分是一个集合**, 也称函数族. 如果 $F(x)$ 是 $f(x)$ 在区间 I 上的一个原函数, 则

$$\int f(x)\mathrm{d}x = \{F(x) + C \mid C \text{ 为任意常数}\}$$

为简单起见, 简记为

$$\int f(x)\mathrm{d}x = F(x) + C \quad (C \text{ 为任意常数})$$

由不定积分的定义及等式

$$(\sec^2 x)' = (\tan^2 x)' = \frac{2\sin x}{\cos^3 x}$$

有

$$\int \frac{2\sin x}{\cos^3 x}\mathrm{d}x = \sec^2 x + C = \tan^2 x + C$$

注意

$$\sec^2 x + C = \tan^2 x + C$$

不是普通的等式，而是两个集合相等，即

$$\left\{\sec^2 x + C \,\middle|\, C \text{ 为任意常数}\right\} = \left\{\tan^2 x + C \,\middle|\, C \text{ 为任意常数}\right\}$$

其次，**不定积分与区间 I 有关**. 例如，在区间 $(0, +\infty)$，有

$$\int \frac{1}{x}\mathrm{d}x = \ln x + C$$

而在区间 $(-\infty, 0)$ 有

$$\int \frac{1}{x}\mathrm{d}x = \ln(-x) + C$$

最后，**不定积分与求导数是"互逆"的运算**. 由定义知

$$\frac{\mathrm{d}}{\mathrm{d}x}\left[\int f(x)\,\mathrm{d}x\right] = f(x)$$

$$\int F'(x)\,\mathrm{d}x = F(x) + C$$

这就是说，先积分后求导，函数不变；先求导后积分，两者结果相差一个任意常数.

例 5.1　求不定积分 $\int x^4\mathrm{d}x$.

解　因为 $\left(\dfrac{x^5}{5}\right)' = x^4$，所以 $\dfrac{x^5}{5}$ 是 x^4 的一个原函数. 故

$$\int x^4\mathrm{d}x = \frac{x^5}{5} + C$$

例 5.2　求 $\int \dfrac{1}{1+x^2}\mathrm{d}x$.

解　因 $(\arctan x)' = \dfrac{1}{1+x^2}$，故

$$\int \frac{1}{1+x^2}\mathrm{d}x = \arctan x + C$$

例 5.3　设曲线通过点 $(1, 3)$，且其上任一点处的切线斜率等于该点横坐标的 2 倍，求此曲线方程.

解　设曲线方程为 $y = F(x)$，由题意知 $\dfrac{\mathrm{d}y}{\mathrm{d}x} = 2x$，即 $F(x)$ 是

函数 $y = 2x$ 的一个原函数. 因为 $(x^2)' = 2x$，所以，必存在某个常数 C 使得 $F(x) = x^2 + C$. 将点（1，3）代入，求得 $C = 2$，所求的曲线方程为

$$y = x^2 + 2$$

函数 $f(x)$ 的原函数的图像称为 $f(x)$ 的**积分曲线**，求不定积分可得到一个积分曲线族，如上例中的 $y = x^2 + 2$ 就是函数 $y = 2x$ 的积分曲线族

$$F(x) = x^2 + C \quad （C \text{ 为任意常数}）$$

中的一条曲线.

由于曲线族 $\int f(x)\,dx = F(x) + C$ （C 为任意常数）中的任一曲线在横坐标为 x 的点处的切线斜率都为 $f(x)$，所以积分曲线族中不同曲线在横坐标相同的点处的切线都平行. 从几何上看，$f(x)$ 的任意两个不同的原函数的图形彼此之间只差一个平移.

$f(x) = \dfrac{1}{4}x$ 的积分曲线族如图 5-1 所示.

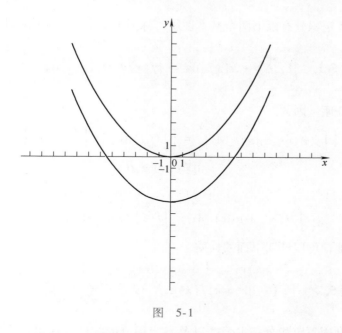

图　5-1

由不定积分与微分之间的"互逆"关系，可以从导数基本公式直接推得以下**不定积分基本公式**：

(1) $\displaystyle\int 1\,dx = x + C$；

(2) $\displaystyle\int x^{\alpha}\,dx = \dfrac{x^{\alpha+1}}{\alpha + 1} + C \quad （\alpha \neq -1）$；

（3）$\displaystyle\int \frac{\mathrm{d}x}{x} = \ln|x| + C$；

（4）$\displaystyle\int a^x \mathrm{d}x = \frac{a^x}{\ln a} + C$；

（5）$\displaystyle\int \mathrm{e}^x \mathrm{d}x = \mathrm{e}^x + C$；

（6）$\displaystyle\int \sin x \mathrm{d}x = -\cos x + C$；

（7）$\displaystyle\int \cos x \mathrm{d}x = \sin x + C$；

（8）$\displaystyle\int \sec^2 x \mathrm{d}x = \tan x + C$；

（9）$\displaystyle\int \csc^2 x \mathrm{d}x = -\cot x + C$；

（10）$\displaystyle\int \frac{1}{\sqrt{1-x^2}} \mathrm{d}x = \arcsin x + C$；

（11）$\displaystyle\int \frac{1}{1+x^2} \mathrm{d}x = \arctan x + C$．

不定积分有以下两个基本性质，称为不定积分的线性性质．

性质 5.1　$\displaystyle\int [f(x) \pm g(x)] \mathrm{d}x = \int f(x) \mathrm{d}x \pm \int g(x) \mathrm{d}x$．

证明　因为

$$\left[\int f(x)\mathrm{d}x \pm \int g(x)\mathrm{d}x \right]' = \left[\int f(x)\mathrm{d}x \right]' \pm \left[\int g(x)\mathrm{d}x \right]'$$
$$= f(x) \pm g(x)$$

所以

$$\int [f(x) \pm g(x)] \mathrm{d}x = \int f(x)\mathrm{d}x \pm \int g(x)\mathrm{d}x$$

类似地，可以证明下面的性质．

性质 5.2　$\displaystyle\int kf(x)\mathrm{d}x = k\int f(x)\mathrm{d}x$　（k 为非零的常数）．

利用不定积分基本公式以及不定积分的线性性质可以求得一些简单函数的不定积分．

例 5.4　求不定积分 $\displaystyle\int \left(\frac{3}{1+x^2} - \frac{2}{\sqrt{1-x^2}} \right)\mathrm{d}x$．

解　$\displaystyle\int \left(\frac{3}{1+x^2} - \frac{2}{\sqrt{1-x^2}} \right)\mathrm{d}x = 3\int \frac{1}{1+x^2}\mathrm{d}x - 2\int \frac{1}{\sqrt{1-x^2}}\mathrm{d}x$

$$= 3\arctan x - 2\arcsin x + C$$

例 5.5 求不定积分 $\int 3^x e^x dx$.

解 $\displaystyle\int 3^x e^x dx = \int (3e)^x dx$

$\displaystyle\qquad\qquad = \frac{(3e)^x}{\ln(3e)} + C$

$\displaystyle\qquad\qquad = \frac{3^x e^x}{1 + \ln 3} + C$

例 5.6 求不定积分 $\displaystyle\int \frac{1 + 2x^2}{x^2(1 + x^2)} dx$.

解 $\displaystyle\int \frac{1 + 2x^2}{x^2(1 + x^2)} dx = \int \frac{(1 + x^2) + x^2}{x^2(1 + x^2)} dx$

$\displaystyle\qquad\qquad\qquad\quad = \int \frac{1}{x^2} dx + \int \frac{1}{1 + x^2} dx$

$\displaystyle\qquad\qquad\qquad\quad = -\frac{1}{x} + \arctan x + C$

例 5.7 求不定积分 $\displaystyle\int \frac{1}{1 + \cos 2x} dx$.

解 $\displaystyle\int \frac{1}{1 + \cos 2x} dx = \int \frac{1}{2\cos^2 x} dx$

$\displaystyle\qquad\qquad\qquad = \frac{1}{2} \int \sec^2 x \, dx$

$\displaystyle\qquad\qquad\qquad = \frac{1}{2} \tan x + C$

例 5.8 求 $\int \cot^2 2x \, dx$.

解 $\displaystyle\qquad\qquad \cot^2 2x = \frac{1}{\sin^2 2x} - 1$

$\displaystyle\qquad\qquad\qquad\quad = \frac{\sin^2 x + \cos^2 x}{4\sin^2 x \cos^2 x} - 1$

$\displaystyle\qquad\qquad\qquad\quad = \frac{1}{4}\left(\frac{1}{\sin^2 x} + \frac{1}{\cos^2 x} \right) - 1$

$\displaystyle\qquad\qquad\qquad\quad = \frac{1}{4}(\csc^2 x + \sec^2 x) - 1$

故

$\displaystyle\int \cot^2 2x \, dx = \int \left[\frac{1}{4}(\csc^2 x + \sec^2 x) - 1 \right] dx$

$\displaystyle\qquad\qquad\quad = \frac{1}{4}\tan x - \frac{1}{4}\cot x - x + C$

部分题目详解与提示

习题 5.1

A 组

1. 求下列不定积分:

(1) $\int \dfrac{dx}{x^2 \sqrt{x}}$;

(2) $\int (x^2 - 3x + 2)\,dx$;

(3) $\int (\sqrt{x} + 1)(\sqrt{x^3} - 1)\,dx$;

(4) $\int \dfrac{(1-x)^2}{\sqrt{x}}\,dx$;

(5) $\int \dfrac{x^2}{1+x^2}\,dx$;

(6) $\int \dfrac{2 \cdot 3^x - 5 \cdot 2^x}{3^x}\,dx$;

(7) $\int \cos^2 \dfrac{x}{2}\,dx$;

(8) $\int \dfrac{\cos 2x}{\cos^2 x \sin^2 x}\,dx$;

(9) $\int \left(1 - \dfrac{1}{x^2}\right) \sqrt{x\sqrt{x}}\,dx$;

(10) $\int \dfrac{4x^2 - 1}{1+x^2}\,dx$;

(11) $\int \left(\dfrac{1}{x} + \dfrac{2}{x^2} + \dfrac{3}{x^3}\right)dx$;

(12) $\int \dfrac{1}{x^2(1+x^2)}\,dx$.

2. 设曲线通过点 $(e^2, 3)$, 且在任一点处的切线的斜率等于该点横坐标的倒数, 求该曲线的方程.

3. 证明函数 $-\dfrac{1}{2}\cos 2x$, $\sin^2 x$ 和 $-\cos^2 x$ 都是 $\sin 2x$ 的原函数.

B 组

填空题:

(1) $\left[\int f(x)\,dx\right]' = $ _____;

(2) $d\left[\int f(x)\,dx\right] = $ _____;

(3) $\int F'(x)\,dx = $ _____;

(4) $\int dF(x) = $ _____.

5.2　换元积分法

在上一节中, 我们利用不定积分的基本积分公式和性质求出了一些函数的不定积分. 但是这种方法有很大的局限性. 不考虑常数的话, 被积函数只能是不定积分基本公式中的几个函数. 因此, 所能计算的不定积分非常有限, 有必要进一步研究不定积分的一般的计算方法.

由于微分和积分互为逆运算, 所以对应微分的各种方法, 就有相应的积分方法, 其中, 对应复合函数微分法则的是换元积分法. 具体地说, 由

$$f(\varphi(x))\varphi'(x)\,dx = f(u)\,du$$

其中, $u = \varphi(x)$. 我们有

微课视频:
换元积分法 1

$$\int f(\varphi(x))\varphi'(x)\,dx = \int f(u)\,du \qquad (5\text{-}1)$$

在式 (5-1) 中, 如果右式 $\int f(u)\,du$ 容易计算, 我们就可以通过它计算左式 $\int f(\varphi(x))\varphi'(x)\,dx$, 这就是不定积分的第一换元

积分法. 如果左式 $\int f(\varphi(x))\varphi'(x)\mathrm{d}x$ 容易计算，我们就可以通过

它计算右式 $\int f(u)\mathrm{d}u$，这就是不定积分的第二换元法.

定理 5.2 （不定积分的第一换元积分法）

设 $\int f(u)\mathrm{d}u = F(u) + C$，$u = \varphi(x)$ 是可微函数，则

$$\int f(\varphi(x))\varphi'(x)\mathrm{d}x = F(\varphi(x)) + C$$

证明 由复合函数求导法则，有

$$\frac{\mathrm{d}}{\mathrm{d}x}\big[F(\varphi(x))\big] = F'(\varphi(x))\varphi'(x) = f(\varphi(x))\varphi'(x)$$

根据不定积分的定义

$$\int f(\varphi(x))\varphi'(x)\mathrm{d}x = F(\varphi(x)) + C$$

不定积分的第一换元积分法又称**凑微分**法. 所谓凑微分，是指先把被积表达式写成

$$f(\varphi(x))\varphi'(x)\mathrm{d}x$$

再把 $\varphi'(x)\mathrm{d}x$ 凑成 $\mathrm{d}\varphi(x)$.

形如 $\int f(ax + b)\mathrm{d}x$ 凑微分的例子，其中 $a \neq 0$. 由 $(ax + b)'\mathrm{d}x = a\mathrm{d}x$

有

微课视频：
如何凑微分?

$$\int f(ax + b)\mathrm{d}x = \frac{1}{a}\int f(ax + b)\mathrm{d}(ax + b)$$

例 5.9 计算 $\int \dfrac{1}{3x + 2}\mathrm{d}x$.

解 $\displaystyle\int \frac{1}{3x + 2}\mathrm{d}x = \frac{1}{3}\int \frac{1}{3x + 2}\mathrm{d}(3x + 2)$

令 $u = 3x + 2$，则

$$\int \frac{1}{3x + 2}\mathrm{d}x = \frac{1}{3}\int \frac{1}{u}\mathrm{d}u = \frac{1}{3}\ln|u| + C = \frac{1}{3}\ln|3x + 2| + C$$

例 5.10 计算 $\int (2x + 1)^{50}\mathrm{d}x$.

解 $\displaystyle\int (2x + 1)^{50}\mathrm{d}x = \frac{1}{2}\int (2x + 1)^{50}\mathrm{d}(2x + 1)$

$$= \frac{1}{102}(2x + 1)^{51} + C$$

上例中把 $2x+1$ 视为中间变量，但省略了变量代换 $u=2x+1$.

例 5.11 求不定积分 $\int \dfrac{1}{a^2+x^2}\mathrm{d}x, a>0.$

解
$$\int \frac{1}{a^2+x^2}\mathrm{d}x = \frac{1}{a^2}\int \frac{1}{1+\dfrac{x^2}{a^2}}\mathrm{d}x$$
$$= \frac{1}{a}\int \frac{1}{1+\left(\dfrac{x}{a}\right)^2}\mathrm{d}\left(\frac{x}{a}\right)$$
$$= \frac{1}{a}\arctan \frac{x}{a}+C$$

类似地，可以得到
$$\int \frac{\mathrm{d}x}{\sqrt{a^2-x^2}} = \arcsin \frac{x}{a}+C$$

例 5.12 求不定积分 $\int \dfrac{1}{x^2-a^2}\mathrm{d}x, a>0.$

解
$$\int \frac{1}{x^2-a^2}\mathrm{d}x = \frac{1}{2a}\int\left(\frac{1}{x-a}-\frac{1}{x+a}\right)\mathrm{d}x$$
$$= \frac{1}{2a}\int \frac{\mathrm{d}(x-a)}{x-a}-\int \frac{\mathrm{d}(x+a)}{x+a}$$
$$= \frac{1}{2a}\big[\ln|x-a|-\ln|x+a|\big]+C$$
$$= \frac{1}{2a}\ln\left|\frac{x-a}{x+a}\right|+C$$

下面是几个三角函数的不定积分的例子.

例 5.13 计算 $\int \tan x\mathrm{d}x.$

解
$$\int \tan x\mathrm{d}x = \int \frac{\sin x}{\cos x}\mathrm{d}x = -\int \frac{1}{\cos x}\mathrm{d}\cos x$$
$$= -\ln|\cos x|+C$$

类似地，有
$$\int \cot x\mathrm{d}x = \ln|\sin x|+C$$

例 5.14 计算 $\int \tan^4 x\mathrm{d}x.$

解
$$\int \tan^4 x\mathrm{d}x = \int \tan^2 x\cdot(\sec^2 x-1)\mathrm{d}x$$
$$= \int(\tan^2 x\cdot\sec^2 x)\mathrm{d}x-\int \tan^2 x\mathrm{d}x$$
$$= \int \tan^2 x\mathrm{d}(\tan x)-\int(\sec^2 x-1)\mathrm{d}x$$

$$= \frac{1}{3}\tan^3 x - \tan x + x + C$$

例 5.15 求不定积分 $\int \csc x \mathrm{d}x$.

解 $\quad \displaystyle\int \csc x \mathrm{d}x = \int \frac{1}{2\sin\frac{x}{2}\cos\frac{x}{2}}\mathrm{d}x$

$$= \int \frac{1}{\tan\frac{x}{2}\left(\cos\frac{x}{2}\right)^2}\mathrm{d}\left(\frac{x}{2}\right)$$

$$= \int \frac{1}{\tan\frac{x}{2}}\mathrm{d}\left(\tan\frac{x}{2}\right)$$

$$= \ln\left|\tan\frac{x}{2}\right| + C$$

$$= \ln\left|\frac{\sin\frac{x}{2}}{\cos\frac{x}{2}}\right| + C$$

$$= \ln\left|\frac{2\sin^2\frac{x}{2}}{\sin x}\right| + C$$

$$= \ln\left|\frac{1 - \cos x}{\sin x}\right| + C$$

$$= \ln\left|\csc x - \cot x\right| + C$$

类似地，可以得到

$$\int \sec x \mathrm{d}x = \ln\left|\sec x + \tan x\right| + C$$

例 5.16 求不定积分 $\int \sin^2 x \cdot \cos^5 x \mathrm{d}x$.

解 $\quad \displaystyle\int \sin^2 x \cdot \cos^5 x \mathrm{d}x = \int \sin^2 x \cdot \cos^4 x \mathrm{d}(\sin x)$

$$= \int \sin^2 x \cdot (1 - \sin^2 x)^2 \mathrm{d}(\sin x)$$

$$= \int (\sin^2 x - 2\sin^4 x + \sin^6 x)\mathrm{d}(\sin x)$$

$$= \frac{1}{3}\sin^3 x - \frac{2}{5}\sin^5 x + \frac{1}{7}\sin^7 x + C$$

三角函数的积分中经常用到的公式包括 $\tan^2 x = \sec^2 x - 1$, $\cot^2 x = \csc^2 x - 1$, $\sin 2x = 2\sin x \cos x$, $\cos 2x = \cos^2 x - \sin^2 x$ 和积化和差公式.

下面是几个较复杂的例子.

例 5.17　求不定积分 $\int \dfrac{\sin\sqrt{x}}{\sqrt{x}}\mathrm{d}x$.

解　$\displaystyle\int \dfrac{\sin\sqrt{x}}{\sqrt{x}}\mathrm{d}x = 2\int \sin\sqrt{x}\,\mathrm{d}\sqrt{x} = -2\cos\sqrt{x} + C$

例 5.18　求不定积分 $\int \dfrac{1}{x(1+2\ln x)}\mathrm{d}x$.

解　$\displaystyle\int \dfrac{1}{x(1+2\ln x)}\mathrm{d}x = \int \dfrac{1}{1+2\ln x}\mathrm{d}(\ln x)$

$$= \dfrac{1}{2}\int \dfrac{1}{1+2\ln x}\mathrm{d}(1+2\ln x)$$

$$= \dfrac{1}{2}\ln|1+2\ln x| + C$$

例 5.19

求不定积分　$\int \dfrac{\arctan\dfrac{1}{x}}{1+x^2}\mathrm{d}x$.

解　原式 $= \displaystyle\int \dfrac{\arctan\dfrac{1}{x}}{x^2\left[1+\left(\dfrac{1}{x}\right)^2\right]}\mathrm{d}x$

$$= -\int \dfrac{\arctan\dfrac{1}{x}}{1+\left(\dfrac{1}{x}\right)^2}\mathrm{d}\left(\dfrac{1}{x}\right)$$

$$= -\int \arctan\dfrac{1}{x}\,\mathrm{d}\left(\arctan\dfrac{1}{x}\right)$$

$$= -\dfrac{1}{2}\left(\arctan\dfrac{1}{x}\right)^2 + C$$

例 5.20　设 $f'(\sin^2 x) = \cos^2 x$，求 $f(x)$.

解　令 $u = \sin^2 x$，则 $\cos^2 x = 1-u$，$f'(u) = 1-u$，故

$f(u) = \displaystyle\int (1-u)\mathrm{d}u = u - \dfrac{1}{2}u^2 + C$，即

$$f(x) = x - \dfrac{1}{2}x^2 + C.$$

下面介绍不定积分的第二换元法.

定理 5.3　（不定积分的第二换元法）

设函数 $f(x)$ 连续，$x = \varphi(t)$ 具有连续导数，且有反函数 $t = \varphi^{-1}(x)$. 如果 $\int f(\varphi(t))\,\varphi'(t)\mathrm{d}t = F(t) + C$，则

$$\int f(x)\mathrm{d}x = F(\varphi^{-1}(x)) + C$$

微课视频:
换元积分法 2

证明

$$\frac{\mathrm{d}F(\varphi^{-1}(x))}{\mathrm{d}x} = \frac{\mathrm{d}F(t)}{\mathrm{d}x}$$

$$= F'(t) \cdot \frac{\mathrm{d}t}{\mathrm{d}x}$$

$$= F'(t) \Big/ \left(\frac{\mathrm{d}x}{\mathrm{d}t}\right)$$

$$= f(\varphi(t)) \cdot \varphi'(t) \cdot \frac{1}{\varphi'(t)}$$

$$= f(\varphi(t)) = f(x)$$

定理得证.

在第二换元法中,为保证 $t = \varphi^{-1}(x)$ 存在,往往取 $x = \varphi(t)$ 为单调函数.

三角代换、根式代换、倒数代换是三种常用的换元方法.

例 5. 21 计算不定积分 $\displaystyle\int \frac{1}{\sqrt{x^2 + a^2}}\mathrm{d}x$ ($a > 0$).

解 为了去掉分母的根号,作变换 $x = a\tan t$, $t \in \left(-\dfrac{\pi}{2}, \dfrac{\pi}{2}\right)$,则

$$\mathrm{d}x = a\sec^2 t\mathrm{d}t$$

于是

$$\int \frac{1}{\sqrt{x^2 + a^2}}\mathrm{d}x = \int \frac{1}{a\sec t} \cdot a\sec^2 t\mathrm{d}t$$

$$= \int \sec t\mathrm{d}t = \ln|\sec t + \tan t| + C$$

当 $t \in \left(0, \dfrac{\pi}{2}\right)$ 时,$x = a\tan t$,如图 5-2 所示,可以在形式上

求得 $\cos t = \dfrac{a}{\sqrt{x^2 + a^2}}$ 和 $\tan t = \dfrac{x}{a}$,于是有

$$\int \frac{1}{\sqrt{x^2 + a^2}}\mathrm{d}x = \ln\left|\frac{x}{a} + \frac{\sqrt{x^2 + a^2}}{a}\right| + C = \ln\left|x + \sqrt{x^2 + a^2}\right| + C$$

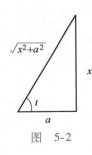

图 5-2

例 5. 22 计算不定积分 $\displaystyle\int \frac{1}{\sqrt{x^2 - a^2}}\mathrm{d}x$ ($a > 0$).

解 作变换 $x = a\sec t$, $t \in \left(0, \dfrac{\pi}{2}\right)$,如图 5-3 所示,则有

$\mathrm{d}x = a\sec t \tan t\mathrm{d}t$,于是

$$\int \frac{1}{\sqrt{x^2 - a^2}}\mathrm{d}x = \int \frac{a\sec t \cdot \tan t}{a\tan t}\mathrm{d}t$$

$$= \int \sec t\mathrm{d}t = \ln|\sec t + \tan t| + C$$

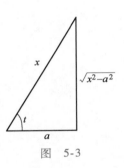

图 5-3

$$= \ln \left| \frac{x}{a} + \frac{\sqrt{x^2 - a^2}}{a} \right| + C = \ln \left| x + \sqrt{x^2 - a^2} \right| + C$$

例 5.23　　计算不定积分 $\int x^3 \sqrt{4 - x^2} \, dx$.

解　作变换 $x = 2\sin t$, $t \in \left(-\frac{\pi}{2}, \frac{\pi}{2} \right)$, 则有 $dx = 2\cos t \, dt$, 于是

$$\int x^3 \sqrt{4 - x^2} \, dx = \int (2\sin t)^3 \sqrt{4 - 4\sin^2 t} \cdot 2\cos t \, dt$$

$$= 32 \int \sin^3 t \cos^2 t \, dt$$

$$= 32 \int \sin t (1 - \cos^2 t) \cos^2 t \, dt$$

$$= -32 \int (\cos^2 t - \cos^4 t) \, d\cos t$$

$$= -32 \left(\frac{1}{3} \cos^3 t - \frac{1}{5} \cos^5 t \right) + C$$

当 $t \in \left(0, \frac{\pi}{2} \right)$ 时, $x = 2\sin t$, 如图 5-4 所示, 于是有

$$\int x^3 \sqrt{4 - x^2} \, dx = -\frac{4}{3} (\sqrt{4 - x^2})^3 + \frac{1}{5} (\sqrt{4 - x^2})^5 + C$$

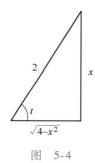

图　5-4

上面三个例子用的都是三角代换, 目的都是去掉根式. 当被积函数中含有:

（1）$\sqrt{a^2 - x^2}$ 时, 可设 $x = a\sin t$;

（2）$\sqrt{a^2 + x^2}$ 时, 可设 $x = a\tan t$;

（3）$\sqrt{x^2 - a^2}$ 时, 可设 $x = a\sec t$.

事实上, 为去掉根式, 还可采用其他方法, 要根据被积函数的具体情况具体分析. 如下例, 使用根式代换更为简便.

例 5.24　　计算不定积分 $\int \frac{1}{\sqrt{1 + e^x}} \, dx$.

解　作变换 $t = \sqrt{1 + e^x}$, 则有

$$e^x = t^2 - 1, \quad x = \ln(t^2 - 1), \quad dx = \frac{2t}{t^2 - 1} \, dt$$

$$\int \frac{1}{\sqrt{1 + e^x}} \, dx = \int \frac{2}{t^2 - 1} \, dt$$

$$= \int \left(\frac{1}{t - 1} - \frac{1}{t + 1} \right) dt$$

$$= \ln \left| \frac{t - 1}{t + 1} \right| + C$$

$$= 2\ln \left| \sqrt{1 + e^x} - 1 \right| - x + C$$

当被积函数中分母含有 x 的高次幂项时，往往运用倒数代换 $x = \dfrac{1}{t}$.

例 5.25　计算不定积分 $\displaystyle\int \dfrac{1}{x(x^7 + 2)} \mathrm{d}x$.

解　作变换 $x = \dfrac{1}{t}$ （$t \neq 0$），则有 $\mathrm{d}x = -\dfrac{1}{t^2}\mathrm{d}t$，于是

$$
\begin{aligned}
\int \frac{1}{x(x^7 + 2)}\mathrm{d}x &= \int \frac{t}{\left(\dfrac{1}{t}\right)^7 + 2} \cdot \left(-\frac{1}{t^2}\right)\mathrm{d}t \\
&= -\int \frac{t^6}{1 + 2t^7}\mathrm{d}t \\
&= -\frac{1}{14}\ln|1 + 2t^7| + C \\
&= -\frac{1}{14}\ln|2 + x^7| + \frac{1}{2}\ln|x| + C
\end{aligned}
$$

本节例题中的一些结论可作为公式使用. 为方便读者，我们将不定积分基本公式补充如下（其中常数 $a > 0$）：

（12）$\displaystyle\int \tan x\,\mathrm{d}x = -\ln|\cos x| + C$；

（13）$\displaystyle\int \cot x\,\mathrm{d}x = \ln|\sin x| + C$；

（14）$\displaystyle\int \sec x\,\mathrm{d}x = \ln|\sec x + \tan x| + C$；

（15）$\displaystyle\int \csc x\,\mathrm{d}x = \ln|\csc x - \cot x| + C$；

（16）$\displaystyle\int \dfrac{1}{a^2 + x^2}\mathrm{d}x = \dfrac{1}{a}\arctan\dfrac{x}{a} + C$；

（17）$\displaystyle\int \dfrac{1}{x^2 - a^2}\mathrm{d}x = \dfrac{1}{2a}\ln\left|\dfrac{x - a}{x + a}\right| + C$；

（18）$\displaystyle\int \dfrac{1}{\sqrt{a^2 - x^2}}\mathrm{d}x = \arcsin\dfrac{x}{a} + C$；

（19）$\displaystyle\int \dfrac{1}{\sqrt{x^2 \pm a^2}}\mathrm{d}x = \ln\left|x + \sqrt{x^2 \pm a^2}\right| + C$.

部分题目详解与提示

习题 5.2

A 组

1. 填空题：

（1）$\mathrm{d}x = $ _____ $\mathrm{d}(a + bx)$；

（2）$\mathrm{e}^{-\frac{x}{2}}\mathrm{d}x = $ _____ $\mathrm{d}(1 + \mathrm{e}^{-\frac{x}{2}})$；

（3）$\dfrac{\mathrm{d}x}{\sqrt{x}} = $ _____ $\mathrm{d}(\sqrt{x})$；

(4) $\dfrac{\mathrm{d}x}{1+9x^2}=$ _____ $\mathrm{d}(\arctan 3x)$;

(5) $\dfrac{x\mathrm{d}x}{\sqrt{1-x^2}}=$ _____ $\mathrm{d}(\sqrt{1-x^2})$;

(6) _____ $\mathrm{d}x = \mathrm{d}(x\ln x)$.

2. 求下列不定积分（第一换元法）：

(1) $\displaystyle\int \mathrm{e}^{3x}\mathrm{d}x$;   (2) $\displaystyle\int (5-2x)^3\mathrm{d}x$;

(3) $\displaystyle\int \dfrac{1}{1-2x}\mathrm{d}x$;   (4) $\displaystyle\int \sqrt[5]{3-5x}\mathrm{d}x$;

(5) $\displaystyle\int (\mathrm{e}^{\frac{1}{3}x}-\sin 6x)\mathrm{d}x$;   (6) $\displaystyle\int \dfrac{\cos\sqrt{x}}{\sqrt{x}}\mathrm{d}x$;

(7) $\displaystyle\int \dfrac{\ln^2 x}{x}\mathrm{d}x$;   (8) $\displaystyle\int \dfrac{\arctan x}{1+x^2}\mathrm{d}x$;

(9) $\displaystyle\int x^2\mathrm{e}^{-x^3}\mathrm{d}x$;

(10) $\displaystyle\int \dfrac{1}{\sqrt{1-x^2}\arcsin x}\mathrm{d}x$;

(11) $\displaystyle\int \dfrac{1}{x^2-x-2}\mathrm{d}x$;

(12) $\displaystyle\int \dfrac{1}{x^2-2x+2}\mathrm{d}x$;

(13) $\displaystyle\int \dfrac{x}{\sqrt{1+x^2}}\tan\sqrt{1+x^2}\mathrm{d}x$;

(14) $\displaystyle\int x^2\sqrt{1+x^3}\mathrm{d}x$;

(15) $\displaystyle\int \dfrac{\sin x+\cos x}{\sqrt[3]{\sin x-\cos x}}\mathrm{d}x$;

(16) $\displaystyle\int \dfrac{1-x}{\sqrt{9-4x^2}}\mathrm{d}x$;

(17) $\displaystyle\int \dfrac{x^3}{9+x^2}\mathrm{d}x$;   (18) $\displaystyle\int \dfrac{\mathrm{e}^{3\sqrt{x}}}{\sqrt{x}}\mathrm{d}x$;

(19) $\displaystyle\int \dfrac{\arctan\sqrt{x}}{\sqrt{x}(1+x)}\mathrm{d}x$;   (20) $\displaystyle\int \dfrac{\mathrm{d}x}{(2-x)^{100}}$;

(21) $\displaystyle\int \dfrac{10^{2\arccos x}}{\sqrt{1-x^2}}\mathrm{d}x$;   (22) $\displaystyle\int \dfrac{\ln(\ln x)}{x\ln x}\mathrm{d}x$;

(23) $\displaystyle\int \dfrac{1}{\cos^2 x\,\sqrt{1+3\tan x}}\mathrm{d}x$;

(24) $\displaystyle\int \dfrac{\mathrm{d}x}{x\ln x\cdot\ln(\ln x)}$.

3. 求下列不定积分（第二换元法）：

(1) $\displaystyle\int \dfrac{\sqrt{x^2-9}}{x}\mathrm{d}x$;   (2) $\displaystyle\int \dfrac{\mathrm{d}x}{\sqrt{(x^2+1)^3}}$;

(3) $\displaystyle\int \dfrac{\mathrm{d}x}{x\,\sqrt{x^2-1}}$;   (4) $\displaystyle\int \dfrac{1}{x(x^5-1)}\mathrm{d}x$.

B 组

1. 求下列不定积分（第一换元法）：

(1) $\displaystyle\int \dfrac{\mathrm{d}x}{\mathrm{e}^x+\mathrm{e}^{-x}}$;   (2) $\displaystyle\int \dfrac{\sin x\cos x}{1+\sin^4 x}\mathrm{d}x$;

(3) $\displaystyle\int \tan^3 x\sec x\mathrm{d}x$;   (4) $\displaystyle\int \dfrac{1}{\sin x\cos x}\mathrm{d}x$;

(5) $\displaystyle\int \dfrac{\ln(\tan x)}{\sin x\cos x}\mathrm{d}x$;   (6) $\displaystyle\int \cot^4 x\mathrm{d}x$.

2. 求下列不定积分（第二换元法）：

(1) $\displaystyle\int \dfrac{\mathrm{d}x}{(1+x^2)^2}$;

(2) $\displaystyle\int \dfrac{1}{\sqrt{1-x-x^2}}\mathrm{d}x$;

(3) $\displaystyle\int \dfrac{1}{\sqrt{1+x+x^2}}\mathrm{d}x$;

(4) $\displaystyle\int \dfrac{x}{\sqrt{2x^2-4x}}\mathrm{d}x$;

(5) $\displaystyle\int \dfrac{\mathrm{d}x}{\sqrt{\mathrm{e}^x-1}}$;

(6) $\displaystyle\int \dfrac{x}{\sqrt{x^2+4x+3}}\mathrm{d}x$.

5.3 分部积分法

微课视频：
如何分部积分？

分部积分法与函数乘积的求导法则相对应，也是求不定积分的常用方法之一，主要用于求两个不同函数乘积的不定积分.

设 $u(x)$ 和 $v(x)$ 是可微函数，由函数乘积的求导公式，即

$$[u(x)v(x)]'=u'(x)v(x)+u(x)v'(x)$$

移项，得

$$u(x)v'(x)=[u(x)v(x)]'-u'(x)v(x)$$

等式两边同时求不定积分

$$\int u(x)v'(x)\mathrm{d}x = u(x)v(x) - \int u'(x)v(x)\mathrm{d}x$$

或者写成

$$\int u(x)\mathrm{d}v(x) = u(x)v(x) - \int v(x)\mathrm{d}u(x)$$

或者写成

$$\begin{aligned}
\int u(x)v'(x)\mathrm{d}x &= \int u(x)\mathrm{d}v(x) \\
&= u(x)v(x) - \int v(x)\mathrm{d}u(x) \\
&= u(x)v(x) - \int u'(x)v(x)\mathrm{d}x
\end{aligned}$$

这就是**分部积分公式**. 从公式可以看出，这种方法首先要对被积函数 $u(x)v'(x)$ 的一部分 $v'(x)$ 进行积分，然后把 $\int u(x)v'(x)\mathrm{d}x$ 的计算转化为 $\int v(x)\mathrm{d}u(x)$ 的计算，因而称这种方法为分部积分法. 分部积分法的第一步是"凑微分"，即 $v'(x)\mathrm{d}x = \mathrm{d}v(x)$.

微课视频：
分部积分法

例 5.26 计算不定积分 $\int x\mathrm{e}^x\mathrm{d}x$.

解法一 先对 e^x 积分，即令 $u = x$，$v'(x) = \mathrm{e}^x$，则 $\mathrm{e}^x\mathrm{d}x = \mathrm{d}\mathrm{e}^x = \mathrm{d}v$，用分部积分公式得

$$\int x\mathrm{e}^x\mathrm{d}x = \int x\mathrm{d}\mathrm{e}^x = x\mathrm{e}^x - \int \mathrm{e}^x\mathrm{d}x = x\mathrm{e}^x - \mathrm{e}^x + C$$

解法二 先对 x 积分，即令 $u = \mathrm{e}^x$，$v'(x) = x$，则 $x\mathrm{d}x = \frac{1}{2}\mathrm{d}x^2$，用分部积分公式得

$$\int x\mathrm{e}^x\mathrm{d}x = \int \mathrm{e}^x\frac{1}{2}\mathrm{d}x^2 = \frac{1}{2}x^2\mathrm{e}^x - \frac{1}{2}\int x^2\mathrm{e}^x\mathrm{d}x$$

至此可以发现，不定积分 $\int x^2\mathrm{e}^x\mathrm{d}x$ 比 $\int x\mathrm{e}^x\mathrm{d}x$ 更复杂了.

从上面的简单分析可以看出，使用分部积分法的关键之处是恰当选取 $v'(x)$. 对于一些比较简单的函数，**选取 $v'(x)$ 的优先顺序可以按"指数函数（a^x），正弦或余弦函数，幂函数（x^n，包括常数 1）"进行.**

例 5.27 计算不定积分 $\int x\arctan x\mathrm{d}x$.

解 令 $v' = x$，则 $x\mathrm{d}x = \mathrm{d}\left(\dfrac{x^2}{2}\right)$，

$$\int x\arctan x\,dx = \int \arctan x\,d\!\left(\frac{x^2}{2}\right) = \frac{x^2}{2}\arctan x - \int \frac{x^2}{2}\,d(\arctan x)$$

$$= \frac{x^2}{2}\arctan x - \int \left(\frac{x^2}{2}\cdot\frac{1}{1+x^2}\right)dx$$

$$= \frac{x^2}{2}\arctan x - \int \left[\frac{1}{2}\cdot\left(1-\frac{1}{1+x^2}\right)\right]dx$$

$$= \frac{x^2}{2}\arctan x - \frac{1}{2}(x-\arctan x) + C$$

例 5.28　计算不定积分 $\int x^3\ln x\,dx$.

解　令 $v'=x^3$，则 $x^3\,dx = d\!\left(\frac{x^4}{4}\right)$，

$$\int x^3\ln x\,dx = \int \ln x\,d\!\left(\frac{x^4}{4}\right) = \frac{1}{4}x^4\ln x - \frac{1}{4}\int x^3\,dx = \frac{1}{4}x^4\ln x - \frac{1}{16}x^4 + C$$

在解题过程中，没有必要在每次使用分部积分公式时都写出 $v'(x)$ 和 $u(x)$，它们可以通过具体的书写格式体现.

例 5.29　计算不定积分 $\int x\sin x\,dx$.

解　$\int x\sin x\,dx = -\int x\,d\cos x$

$$= -x\cos x + \int \cos x\,dx$$

$$= -x\cos x + \sin x + C$$

下面列出的是可以使用分部积分法求不定积分的几种经典类型：

$$x^k\sin x,\ x^k\cos x,\ x^k\arcsin x,\ x^k\arctan x,\ x^k\ln x,\ x^k a^x,\ a^x\sin x,\ a^x\cos x$$

接下来的两个例子中用分部积分法建立递推公式.

例 5.30　计算不定积分 $I=\int \sin(\ln x)\,dx$.

解　$I = x\sin(\ln x) - \int x\,d[\sin(\ln x)]$

$$= x\sin(\ln x) - \int \left[x\cos(\ln x)\cdot\frac{1}{x}\right]dx$$

$$= x\sin(\ln x) - x\cos(\ln x) + \int x\,d[\cos(\ln x)]$$

$$= x[\sin(\ln x) - \cos(\ln x)] - \int \sin(\ln x)\,dx$$

$$= x[\sin(\ln x) - \cos(\ln x)] - I$$

移项得

$$I = \frac{x}{2}\big[\sin(\ln x) - \cos(\ln x)\big] + C$$

例 5.31　求 $I_n = \int \frac{\mathrm{d}t}{(t^2 + a^2)^n}$　$(n > 1,\ a > 0)$.

解　利用分部积分法可得

$$I_n = \frac{t}{(t^2 + a^2)^n} - \int t\,\mathrm{d}\frac{1}{(t^2 + a^2)^n}$$

$$= \frac{t}{(t^2 + a^2)^n} + 2n\int \frac{t^2\,\mathrm{d}t}{(t^2 + a^2)^{n+1}}$$

$$= \frac{t}{(t^2 + a^2)^n} + 2n\int \frac{(t^2 + a^2 - a^2)\,\mathrm{d}t}{(t^2 + a^2)^{n+1}}$$

$$= \frac{t}{(t^2 + a^2)^n} + 2nI_n - 2na^2\int \frac{\mathrm{d}t}{(t^2 + a^2)^{n+1}}$$

$$= \frac{t}{(t^2 + a^2)^n} + 2nI_n - 2na^2 I_{n+1}$$

于是得到递推公式

$$I_{n+1} = \frac{2n-1}{2na^2}I_n + \frac{t}{2na^2(t^2 + a^2)^n}$$

由此式可将 I_n 的下标依次递推降低至 1，而我们很容易求得 I_1 的值，即

$$I_1 = \int \frac{\mathrm{d}t}{t^2 + a^2} = \frac{1}{a}\arctan\frac{t}{a} + C$$

这样，就可由递推公式求得任意的 I_n，例如

$$I_2 = \frac{1}{2a^2}I_1 + \frac{t}{2a^2(t^2 + a^2)}$$

$$= \frac{1}{2a^3}\arctan\frac{t}{a} + \frac{t}{2a^2(t^2 + a^2)} + C$$

分部积分法可以和换元积分法结合使用.

例 5.32　求不定积分 $\int \left(1 - \frac{1}{x^2}\right)\ln\left(x + \frac{1}{x}\right)\mathrm{d}x$.

解　原式 $= \int \ln\left(x + \frac{1}{x}\right)\mathrm{d}\left(x + \frac{1}{x}\right) \xlongequal{x + \frac{1}{x} = u} \int \ln u\,\mathrm{d}u$

$$= u\ln u - \int \mathrm{d}u$$

$$= u\ln u - u + C$$

$$= \left(x + \frac{1}{x}\right)\ln\left(x + \frac{1}{x}\right) - x - \frac{1}{x} + C$$

例 5.33　已知 $\dfrac{\sin x}{x}$ 是 $f(x)$ 的原函数，求 $\displaystyle\int xf'(x)\,\mathrm{d}x$.

解　由分部积分法

$$\int xf'(x)\,\mathrm{d}x = \int x\mathrm{d}f(x)$$

$$= xf(x) - \int f(x)\,\mathrm{d}x$$

$$= xf(x) - \frac{\sin x}{x} + C$$

因为 $\dfrac{\sin x}{x}$ 是 $f(x)$ 的原函数，故

$$f(x) = \left(\frac{\sin x}{x}\right)' = \frac{x\cos x - \sin x}{x^2}$$

因而有

$$\int xf'(x)\,\mathrm{d}x = \frac{x\cos x - \sin x}{x} - \frac{\sin x}{x} + C$$

$$= \cos x - \frac{2\sin x}{x} + C$$

部分题目详解与提示

习题 5.3

A 组

1. 求下列不定积分：

(1) $\displaystyle\int \ln x\,\mathrm{d}x$；

(2) $\displaystyle\int x\arcsin x\,\mathrm{d}x$；

(3) $\displaystyle\int x\mathrm{e}^{-x}\,\mathrm{d}x$；

(4) $\displaystyle\int x\cos\frac{x}{2}\,\mathrm{d}x$；

(5) $\displaystyle\int x^2\cos^2\frac{x}{2}\,\mathrm{d}x$；

(6) $\displaystyle\int \frac{(\ln x)^3}{x^2}\,\mathrm{d}x$；

(7) $\displaystyle\int \mathrm{e}^{ax}\cos bx\,\mathrm{d}x$；

(8) $\displaystyle\int \mathrm{e}^{3\sqrt{x}}\,\mathrm{d}x$；

(9) $\displaystyle\int t\mathrm{e}^{-2t}\,\mathrm{d}t$；

(10) $\displaystyle\int \ln(1+x^2)\,\mathrm{d}x$.

2. 设 e^{-x} 是 $f(x)$ 的一个原函数，求：

(1) $\displaystyle\int xf(x)\,\mathrm{d}x$；

(2) $\displaystyle\int xf'(x)\,\mathrm{d}x$.

B 组

1. 求下列不定积分：

(1) $\displaystyle\int \cos(\ln x)\,\mathrm{d}x$；

(2) $\displaystyle\int \frac{\ln x}{(1-x)^2}\,\mathrm{d}x$；

(3) $\displaystyle\int \frac{x\mathrm{e}^x}{(1+x)^2}\,\mathrm{d}x$；

(4) $\displaystyle\int \arctan\sqrt{x}\,\mathrm{d}x$；

(5) $\displaystyle\int \sqrt{x^2+a^2}\,\mathrm{d}x$；

(6) $\displaystyle\int \sqrt{a^2-x^2}\,\mathrm{d}x$.

2. 设 $\displaystyle\int f(x)\,\mathrm{d}x = F(x) + C$（$C$ 为任意常数），$f(x)$ 可微，且 $f(x)$ 的反函数 $f^{-1}(x)$ 存在，证明：

$$\int f^{-1}(x)\,\mathrm{d}x = xf^{-1}(x) - F(f^{-1}(x)) + C.$$

5.4　几种特殊类型函数的不定积分

在前三节中我们看到，不定积分的计算不像导数计算那样有固定的公式和法则，因而解题过程更具创造性. 前面例题中所求的不定积分，求出的原函数都是初等函数. 一般而论，有相当多

的初等函数虽然存在原函数，但原函数却不是初等函数. 此时我们就会遇到所谓 "积不出来" 的情形，例如

$$\int \frac{\sin x}{x}\mathrm{d}x,\ \int \cos x^2 \mathrm{d}x,\ \int \mathrm{e}^{-x^2}\mathrm{d}x,\ \int \frac{1}{\ln x}\mathrm{d}x,\ \int \frac{\mathrm{d}x}{\sqrt{1+x^3}}$$

等不定积分都积不出来. 关于什么样的函数一定 "积不出来" 的问题过于复杂，我们只简单地介绍几类原函数一定是初等函数的不定积分.

微课视频：
几种特殊类型
函数的不定积分 1

5.4.1 有理函数的积分

我们把由 x 和常数经过有限次加、减、乘、除运算得到的函数称为 x 的有理函数. 通过适当整理，有理函数总可以写成多项式的商

$$\frac{P_m(x)}{Q_n(x)} = \frac{a_0 x^m + a_1 x^{m-1} + \cdots + a_{m-1} x + a_m}{b_0 x^n + b_1 x^{n-1} + \cdots + b_{n-1} x + b_n}$$

其中 m，n 是非负整数，a_0，a_1，$\cdots$，a_m，b_0，b_1，$\cdots$，b_n 是实数，且 $a_0 \neq 0$，$b_0 \neq 0$. **有理函数** 也称 **有理分式**. 如果 $m \geqslant n$，则称 $\dfrac{P_m(x)}{Q_n(x)}$ 为假分式. 如果 $m < n$，则称 $\dfrac{P_m(x)}{Q_n(x)}$ 为真分式.

类似于正整数的除法，也有多项式的除法.

对多项式除法不熟悉的读者可以用和整数除法完全类似的方式做多项式除法，例如

$$
\begin{array}{r}
x+2 \\
x^2+4\overline{\smash{\big)}\,x^3+2x^2+5x+3} \\
\underline{x^3+4x} \\
2x^2+x+3 \\
\underline{2x^2+8} \\
x-5
\end{array}
$$

于是

$$\frac{x^3+2x^2+5x+3}{x^2+4} = x+2+\frac{x-5}{x^2+4}$$

通过多项式除法可以将假分式化成真分式与多项式的和. 因此，在考虑有理分式的积分时，我们只需重点关注真分式的情况.

在真分式中，我们把形如 $\dfrac{A}{(x-a)^k}$，$\dfrac{Mx+N}{(x^2+px+q)^k}$（$k$ 为正整数，$p^2-4q<0$）的真分式称为 **部分分式**. 多项式理论中有一条重要结论：**任意真分式都可以写成部分分式之和**. 为把真分式写成部分分式之和，首先需要对真分式的分母进行分解. 按照多项式理论，**任何一个实系数多项式都可以分解为形如 $(x-a)^k$ 和 $(x^2+px+q)^k$（其中 $p^2-4q<0$）的若干个因式的乘积，而这些**

因式两两之间的公因式都是 1. 例如，

$$x^4 + 1 = (x^2 + \sqrt{2}x + 1)(x^2 - \sqrt{2}x + 1)$$

$$x^3 - x^2 - x + 1 = (x-1)^2(x+1)$$

下面我们不加证明地给出真分式分解为部分分式的一般规律：

（1）若真分式的分母中有因式 $(x-a)^k\,(k\geqslant 1)$，则部分分式含有

$$\frac{A_1}{(x-a)^k} + \frac{A_2}{(x-a)^{k-1}} + \cdots + \frac{A_k}{x-a}$$

其中，A_1，A_2，$\cdots$，A_k 都是常数. 特别地，当 $k=1$ 时，分解后为 $\dfrac{A}{x-a}$.

（2）若真分式分母中有因式 $(x^2 + px + q)^k\,(k\geqslant 1$，且 $p^2 - 4q < 0)$，则部分分式含有

$$\frac{M_1 x + N_1}{(x^2 + px + q)^k} + \frac{M_2 x + N_2}{(x^2 + px + q)^{k-1}} + \cdots + \frac{M_k x + N_k}{x^2 + px + q}$$

其中，M_i，N_i 都是常数（$i=1$，2，$\cdots$，k）. 特别地，当 $k=1$ 时，分解后为 $\dfrac{Mx + N}{x^2 + px + q}$.

对第一种部分分式有

$$\int \frac{A}{(x-a)^k}\mathrm{d}x = \begin{cases} A\ln|x-a| + C, & k=1 \\ \dfrac{A}{(1-k)(x-a)^{k-1}} + C, & k>1 \end{cases}$$

对第二种部分分式有

$$\int \frac{Mx+N}{(x^2+px+q)^k}\mathrm{d}x = \int \frac{\dfrac{M}{2}(2x+p) + N - \dfrac{Mp}{2}}{(x^2+px+q)^k}\mathrm{d}x$$

$$= \frac{M}{2}\int \frac{\mathrm{d}(x^2+px+q)}{(x^2+px+q)^k} + \left(N - \frac{Mp}{2}\right)\int \frac{\mathrm{d}x}{(x^2+px+q)^k}$$

$$= \frac{M}{2}\int \frac{\mathrm{d}(x^2+px+q)}{(x^2+px+q)^k} +$$

$$\left(N - \frac{Mp}{2}\right)\int \frac{\mathrm{d}\left(x+\dfrac{p}{2}\right)}{\left[\left(x+\dfrac{p}{2}\right)^2 + q - \dfrac{p^2}{4}\right]^k}$$

上式右端第一项可直接积分，第二项当 $k=1$ 时也可直接积分，当 $k>1$ 时，可以通过递推公式求出来.

综上所述，**所有有理函数的原函数都是初等函数**. 这一结论对不定积分的计算具有指导意义，即当我们把任何一个不定积分

化为有理函数的积分后，就知道它一定可以"积出来"了.

下面用"待定系数法"求有理函数的部分分式分解，继而求其不定积分.

例 5. 34　计算不定积分 $I = \int \dfrac{x+3}{x^2-5x+6} \mathrm{d}x$.

解　将被积函数分解成**部分分式**. 由 $x^2-5x+6 = (x-2)(x-3)$，被积函数可分解为

$$\frac{x+3}{x^2-5x+6} = \frac{A}{x-2} + \frac{B}{x-3}$$

其中 A，B 为待定系数. 对右式通分，由等式两端分子相等，得

$$x+3 = (A+B)x - (3A+2B)$$

比较等式两端系数得

$$\begin{cases} A+B = 1 \\ -(3A+2B) = 3 \end{cases}$$

解得 $\begin{cases} A = -5 \\ B = 6 \end{cases}$，于是

$$I = \int \left(\frac{-5}{x-2} + \frac{6}{x-3} \right) \mathrm{d}x = -5\ln|x-2| + 6\ln|x-3| + C$$

例 5. 35　计算不定积分 $I = \int \dfrac{1}{x(x-1)^2} \mathrm{d}x$.

解　被积函数可分解为

$$\frac{1}{x(x-1)^2} = \frac{A}{x} + \frac{B}{(x-1)^2} + \frac{C}{x-1}$$

通分后得等式

$$1 = A(x-1)^2 + Bx + Cx(x-1)$$

代入特殊值确定系数 A，B，C.

令 $x = 0$，得 $A = 1$；令 $x = 1$，得 $B = 1$；再令 $x = 2$，得 $C = -1$，于是

$$\frac{1}{x(x-1)^2} = \frac{1}{x} + \frac{1}{(x-1)^2} - \frac{1}{x-1}$$

$$I = \int \left[\frac{1}{x} + \frac{1}{(x-1)^2} - \frac{1}{x-1} \right] \mathrm{d}x = \int \frac{1}{x} \mathrm{d}x + \int \frac{1}{(x-1)^2} \mathrm{d}x - \int \frac{1}{x-1} \mathrm{d}x$$

$$= \ln|x| - \frac{1}{x-1} - \ln|x-1| + C$$

例 5. 36　计算不定积分 $I = \int \dfrac{1}{(1+2x)(1+x^2)} \mathrm{d}x$.

解　被积函数可分解为

$$\frac{1}{(1+2x)(1+x^2)} = \frac{A}{1+2x} + \frac{Bx+C}{1+x^2}$$

其中

$$1 = (A+2B)x^2 + (B+2C)x + C + A$$

比较等式两边 x 幂的各项系数，得

$$\begin{cases} A + 2B = 0 \\ B + 2C = 0 \\ A + C = 1 \end{cases}$$

解得

$$A = \frac{4}{5}, \ B = -\frac{2}{5}, \ C = \frac{1}{5}$$

故

$$\frac{1}{(1+2x)(1+x^2)} = \frac{\dfrac{4}{5}}{1+2x} + \frac{-\dfrac{2}{5}x + \dfrac{1}{5}}{1+x^2}$$

于是

$$I = \int \frac{\dfrac{4}{5}}{1+2x}\mathrm{d}x + \int \frac{-\dfrac{2}{5}x + \dfrac{1}{5}}{1+x^2}\mathrm{d}x$$

$$= \frac{2}{5}\ln|1+2x| - \frac{1}{5}\int \frac{2x}{1+x^2}\mathrm{d}x + \frac{1}{5}\int \frac{1}{1+x^2}\mathrm{d}x$$

$$= \frac{2}{5}\ln|1+2x| - \frac{1}{5}\ln(1+x^2) + \frac{1}{5}\arctan x + C$$

5.4.2 简单无理函数的积分

微课视频：
几种特殊类型
函数的不定积分2

我们把变量 u、v 和常数经过有限次加、减、乘、除得到的函数记为 $R(u,v)$，它是 u、v 的有理分式. 简单无理函数的积分是指 $\int R(x, \sqrt[n]{ax+b})\mathrm{d}x$ 和 $\int R\left(x, \sqrt[n]{\dfrac{ax+b}{cx+e}}\right)\mathrm{d}x$（其中 n 是正整数，$ae - bc \neq 0$）. 计算的关键是通过代换去掉根号.

例 5.37   计算不定积分 $I = \displaystyle\int \frac{x\mathrm{d}x}{\sqrt{4x-3}}$.

解   令 $t = \sqrt{4x-3}$，则 $x = \dfrac{1}{4}(t^2+3)$，$\mathrm{d}x = \dfrac{t}{2}\mathrm{d}t$.

$$I = \frac{1}{8}\int (t^2+3)\mathrm{d}t$$

$$= \frac{t^3}{24} + \frac{3}{8}t + C$$

$$= \frac{\sqrt{4x-3}}{12}(2x+3) + C$$

例 5.38　计算不定积分 $I = \int \dfrac{1}{x} \sqrt{\dfrac{1+x}{x}}\,\mathrm{d}x$.

解　令 $\sqrt{\dfrac{1+x}{x}} = t$, 则 $x = \dfrac{1}{t^2-1}$, $\mathrm{d}x = -\dfrac{2t\,\mathrm{d}t}{(t^2-1)^2}$. 于是

$$
\begin{aligned}
I &= -\int (t^2-1)\, t\, \frac{2t}{(t^2-1)^2}\,\mathrm{d}t \\
&= -2\int \frac{t^2}{t^2-1}\,\mathrm{d}t \\
&= -2\int \left(1 + \frac{1}{t^2-1}\right)\mathrm{d}t \\
&= -2t - \ln\left|\frac{t-1}{t+1}\right| + C \\
&= -2\sqrt{\frac{1+x}{x}} - \ln\left|x\left(\sqrt{\frac{1+x}{x}}-1\right)^2\right| + C
\end{aligned}
$$

例 5.39　计算不定积分 $I = \int \dfrac{1}{\sqrt{x+1} + \sqrt[3]{x+1}}\,\mathrm{d}x$.

微课视频：
不定积分杂题

解　令 $t = \sqrt[6]{x+1}$, 则 $\mathrm{d}x = 6t^5\,\mathrm{d}t$.

$$
\begin{aligned}
I &= \int \frac{1}{t^3 + t^2} \cdot 6t^5\,\mathrm{d}t \\
&= 6\int \frac{t^3}{t+1}\,\mathrm{d}t \\
&= 6\int \left(t^2 - t + 1 - \frac{1}{1+t}\right)\mathrm{d}t \\
&= 2t^3 - 3t^2 + 6t - 6\ln|1+t| + C \\
&= 2\sqrt{x+1} - 3\sqrt[3]{x+1} + 6\sqrt[6]{x+1} - 6\ln\left(1 + \sqrt[6]{x+1}\right) + C
\end{aligned}
$$

5.4.3　三角函数有理式的积分

我们把由 $\sin x$, $\cos x$ 和常数经过有限次四则运算构成的函数称为**三角函数有理式**, 记为 $R(\sin x,\ \cos x)$.

任何三角函数有理式的积分都可以通过**万能代换** $u = \tan\dfrac{x}{2}$ 化为 u 的有理函数的积分, 这是因为

$$
\sin x = 2\sin\frac{x}{2}\cos\frac{x}{2} = \frac{2\tan\dfrac{x}{2}}{\sec^2\dfrac{x}{2}} = \frac{2\tan\dfrac{x}{2}}{1+\tan^2\dfrac{x}{2}} = \frac{2u}{1+u^2}
$$

$$
\cos x = \cos^2\frac{x}{2} - \sin^2\frac{x}{2} = \frac{1 - \tan^2\dfrac{x}{2}}{\sec^2\dfrac{x}{2}} = \frac{1 - \tan^2\dfrac{x}{2}}{1+\tan^2\dfrac{x}{2}} = \frac{1-u^2}{1+u^2}
$$

微课视频:

换元积分如何换元?

由 $u = \tan \dfrac{x}{2}$，有 $x = 2\arctan u$，$dx = \dfrac{2}{1 + u^2} du$.

万能代换公式:

$$\sin x = \frac{2u}{1 + u^2}, \quad \cos x = \frac{1 - u^2}{1 + u^2}, \quad dx = \frac{2}{1 + u^2} du$$

从而积分

$$\int R(\sin x, \cos x) dx = \int R\left(\frac{2u}{1 + u^2}, \frac{1 - u^2}{1 + u^2}\right) \frac{2}{1 + u^2} du$$

后者是有理函数的积分.

例 5.40　计算不定积分 $I = \displaystyle\int \frac{\sin x}{1 + \sin x + \cos x} dx$.

解　令 $u = \tan \dfrac{x}{2}$，则

$$\sin x = \frac{2u}{1 + u^2}, \quad \cos x = \frac{1 - u^2}{1 + u^2}, \quad dx = \frac{2}{1 + u^2} du$$

有

$$
\begin{aligned}
I &= \int \frac{2u}{(1 + u)(1 + u^2)} du = \int \frac{(1 + u)^2 - (1 + u^2)}{(1 + u)(1 + u^2)} du \\
&= \int \frac{1 + u}{1 + u^2} du - \int \frac{1}{1 + u} du \\
&= \arctan u + \frac{1}{2} \ln(1 + u^2) - \ln|1 + u| + C \\
&= \frac{x}{2} + \ln\left|\sec \frac{x}{2}\right| - \ln\left|1 + \tan \frac{x}{2}\right| + C
\end{aligned}
$$

例 5.41　计算不定积分 $I = \displaystyle\int \frac{1}{\sin^4 x} dx$.

解法一　由万能代换公式,

$$u = \tan \frac{x}{2}, \quad \sin x = \frac{2u}{1 + u^2}, \quad dx = \frac{2}{1 + u^2} du$$

$$
\begin{aligned}
I &= \int \frac{1 + 3u^2 + 3u^4 + u^6}{8u^4} du \\
&= \frac{1}{8}\left(-\frac{1}{3u^3} - \frac{3}{u} + 3u + \frac{u^3}{3}\right) + C \\
&= -\frac{1}{24\left(\tan \dfrac{x}{2}\right)^3} - \frac{3}{8\tan \dfrac{x}{2}} + \frac{3}{8}\tan \frac{x}{2} + \frac{1}{24}\left(\tan \frac{x}{2}\right)^3 + C
\end{aligned}
$$

解法二　修改万能代换公式, 令 $u = \tan x$, 则

$$\sin x = \frac{u}{\sqrt{1 + u^2}}, \quad dx = \frac{1}{1 + u^2} du$$

$$I = \int \frac{1}{\left(\dfrac{u}{\sqrt{1+u^2}}\right)^4} \cdot \frac{1}{1+u^2} \mathrm{d}u$$

$$= \int \frac{1+u^2}{u^4} \mathrm{d}u$$

$$= -\frac{1}{3u^3} - \frac{1}{u} + C$$

$$= -\frac{1}{3}\cot^3 x - \cot x + C$$

解法三　不使用万能代换公式，用其他方法直接计算：

$$I = \int \frac{1}{\sin^2 x}(1 + \cot^2 x)\,\mathrm{d}x$$

$$= -\int (1 + \cot^2 x)\,\mathrm{d}\cot x$$

$$= -\cot x - \frac{1}{3}\cot^3 x + C$$

　　一般来说，万能代换公式虽然应用范围广，但不一定是最简便的方法，所以在求三角函数有理式的不定积分中，要先考查是否可采用其他更为简便的方法和技巧，别无他法时才使用万能代换公式.

　　本章介绍的是求不定积分的基本方法，也是求定积分和解微分方程的基础，读者应熟练掌握. 另外，随着计算机技术的飞速发展，很多数值计算（包括求解微分运算、积分运算）都可以用功能强大的数学软件完成，在实际工作中，应该尝试学习并使用这些软件.

部分题目详解与提示

习题 5.4

A 组

求下列不定积分：

(1) $\displaystyle\int \frac{x}{(x+1)(x+2)(x+3)}\mathrm{d}x$；

(2) $\displaystyle\int \frac{\mathrm{d}x}{(x^2+1)(x^2+x)}$；

(3) $\displaystyle\int \frac{x^2+1}{(x+1)^2(x-1)}\mathrm{d}x$；

(4) $\displaystyle\int \frac{x+3}{x^2-x-6}\mathrm{d}x$；

(5) $\displaystyle\int \frac{x+1}{x^2+2x}\mathrm{d}x$；　　(6) $\displaystyle\int \frac{3}{x^3+1}\mathrm{d}x$；

(7) $\displaystyle\int \frac{\mathrm{d}x}{3+\cos x}$；　　(8) $\displaystyle\int \frac{\mathrm{d}x}{1+\sin x+\cos x}$；

(9) $\displaystyle\int \frac{\mathrm{d}x}{2\sin x - \cos x + 5}$；

(10) $\displaystyle\int \frac{\sin x}{\sin x + \cos x}\mathrm{d}x$；

(11) $\displaystyle\int \frac{\mathrm{d}x}{1+\sqrt{x}}$；　　(12) $\displaystyle\int \frac{\mathrm{d}x}{(1+\sqrt[3]{x})\sqrt{x}}$；

(13) $\displaystyle\int \frac{\mathrm{d}x}{\sqrt{ax+b}+m}$；

(14) $\displaystyle\int \frac{\mathrm{d}x}{\sqrt[4]{x}+\sqrt{x}}$；

(15) $\displaystyle\int \frac{\mathrm{d}x}{1+\sqrt{2x}}$；　　(16) $\displaystyle\int \frac{\mathrm{d}x}{\sqrt{x}+\sqrt[3]{x}}$；

(17) $\displaystyle\int \sqrt{\frac{a+x}{a-x}}\mathrm{d}x$.

B 组

求下列不定积分：

(1) $\int \dfrac{\mathrm{d}x}{x(x^6+4)}$；　　(2) $\int \dfrac{\mathrm{d}x}{x^4(x^2+1)}$；

(3) $\int \dfrac{\mathrm{d}x}{3+\sin^2 x}$；　　(4) $\int \dfrac{\sin x - \cos x}{\sin x + 2\cos x}\mathrm{d}x$；

(5) $\int \dfrac{\sqrt{x+1}-1}{\sqrt{x+1}+1}\mathrm{d}x$；　(6) $\int \dfrac{\mathrm{d}x}{\sqrt{x(1+x)}}$；

(7) $\int \dfrac{\mathrm{d}x}{\sqrt[3]{(x+1)^2(x-1)^4}}$；

(8) $\int \dfrac{2x+1}{(1+x^2)(1-x+x^2)}\mathrm{d}x$.

综合习题 5

计算下列不定积分：

(1) $\int \dfrac{\sqrt{x^3}+1}{\sqrt{x}+1}\mathrm{d}x$；

(2) $\int \dfrac{1}{\sqrt{x+1}+\sqrt{x-1}}\mathrm{d}x$；

(3) $\int \dfrac{x+1}{\sqrt{x^2+x+1}}\mathrm{d}x$；

(4) $\int \dfrac{\mathrm{d}x}{1+\sqrt{x}+\sqrt{1+x}}$；

(5) $\int \dfrac{\mathrm{d}x}{\sqrt{x(1+x)}}$；

(6) $\int \sqrt{\dfrac{x}{1-x\sqrt{x}}}\mathrm{d}x$；

(7) $\int \dfrac{1}{x^6(1+x^2)}\mathrm{d}x$；

(8) $\int \dfrac{\mathrm{d}x}{\mathrm{e}^x-\mathrm{e}^{-x}}$；

(9) $\int \dfrac{x^4}{x^3+1}\mathrm{d}x$；

部分题目
详解与提示

(10) $\int \dfrac{1}{x^4+1}\mathrm{d}x$；

(11) $\int \dfrac{x^2}{(x^2+2x+2)^2}\mathrm{d}x$；

(12) $\int \dfrac{x}{1+\cos x}\mathrm{d}x$；

(13) $\int \dfrac{1+\sin^2 x}{1-\cos 2x}\mathrm{d}x$；

(14) $\int \sqrt{x}\sin\sqrt{x}\,\mathrm{d}x$；

(15) $\int x\ln(1+x^2)\,\mathrm{d}x$；

(16) $\int \dfrac{\sin 2x}{\sin^4 x+\cos^4 x}\mathrm{d}x$；

(17) $\int x\mathrm{e}^x\cos x\,\mathrm{d}x$；

(18) $\int \dfrac{\sin x}{a\sin x+b\cos x}\mathrm{d}x$；

(19) 设 $f(x)=\begin{cases} x+2, & x\leqslant 1 \\ 3x, & x>1 \end{cases}$，求 $\int f(x)\,\mathrm{d}x$；

(20) $\int \sin|x|\,\mathrm{d}x$.

第 6 章
定积分及其应用

微分学产生于对函数瞬时变化率的研究，如切线问题与瞬时速度问题等. 微积分的另外一半则是积分学，它面对的典型几何、物理问题分别是曲边梯形面积问题和直线运动的位移问题.

在几何上，曲线的切线问题与曲边梯形面积问题似乎毫无关联，而牛顿和莱布尼茨却恰恰发现了二者间的内在联系，从而创立了微积分.

6.1 定积分的概念与性质

同导数一样，我们仍然从几何和物理两个方面介绍定积分的背景问题，从中引出定积分的概念.

6.1.1 定积分的概念

在初等数学中，有了三角形的面积公式后，任意多边形都可以划分成有限个三角形，计算出每个三角形的面积再加起来就会得到多边形的面积. 但是这种方法不能直接用来求曲边图形的面积，我们从一种特殊曲边图形开始对任意平面图形的面积进行讨论.

微课视频：
如何定义面积？

引例一 求曲边梯形的面积.

求由连续曲线 $y = f(x)$（$f(x) \geqslant 0$）与直线 $x = a$ 和 $x = b$ 及 x 轴所围成的曲边梯形（见图6-1）的面积.

应用极限的思想方法，我们分四步求面积.

（1）划分

在区间 $[a, b]$ 内任意插入 $n-1$ 个分点 $a = x_0 < x_1 < x_2 < \cdots < x_{n-1} < x_n = b$. 分点 $x_1, x_2, \cdots, x_{n-1}$ 把区间 $[a, b]$ 分成 n 个小区间 $[x_0, x_1], [x_1, x_2], \cdots, [x_{n-1}, x_n]$，长度分别为 $\Delta x_i = x_i - x_{i-1}(i=1, 2, \cdots, n)$，相应地，将曲边梯形分割成 n 个小曲边梯形（见图6-2）.

（2）近似

把每个小曲边梯形用小矩形来近似. 如图 6-2 所示，设第 i 个小曲边梯形面积为 ΔA_i，在 $[x_{i-1}, x_i]$ 中任取一点 ξ_i，以 $f(\xi_i)$ 作为小矩形的高，则

$$\Delta A_i \approx f(\xi_i)\Delta x_i \quad (i = 1, 2, \cdots, n)$$

微课视频：
定积分的概念

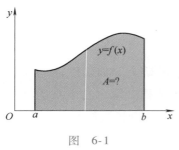 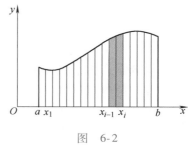

图 6-1   图 6-2

（3）求和

求曲边梯形面积 A 的近似值.

$$A = \sum_{i=1}^{n} \Delta A_i \approx \sum_{i=1}^{n} f(\xi_i)\Delta x_i$$

（4）取极限

令 $\lambda = \max\{\Delta x_1, \Delta x_2, \cdots, \Delta x_n\}$，则

$$A = \lim_{\lambda \to 0} \sum_{i=1}^{n} f(\xi_i)\Delta x_i$$

注　近似是把 $f(x)$ 在每个小区间上都近似为常数. $f(x)$ 的连续性保证了这种近似是合理的，小区间的长度越小，这种近似的相对误差也越小.

引例二　求物体变速直线运动的位移.

设某物体做变速直线运动，已知速度 $v = v(t)$ 是时间 t 的连续函数，且 $v(t) \geqslant 0$，求物体在时间间隔 $[T_1, T_2]$ 内所经过的位移 s.

在 $[T_1, T_2]$ 中任意插入 $n-1$ 个分点，$T_1 = t_0 < t_1 < t_2 < \cdots < t_n = T_2$，并记 $\Delta t_i = t_i - t_{i-1}$. 任取 $\tau_i \in [t_{i-1}, t_i]$，$i = 1, 2, \cdots, n$，则

$$s \approx \sum_{i=1}^{n} v(\tau_i)\Delta t_i$$

令 $\lambda = \max\{\Delta t_1, \Delta t_2, \cdots, \Delta t_n\}$，取极限得

$$s = \lim_{\lambda \to 0} \sum_{i=1}^{n} v(\tau_i)\Delta t_i$$

从以上两个例子可以看出，尽管所求的几何量面积 A 和物理量位移 s 的含义并不同，但都可以归结为求结构相同的特殊和式

（通常称为积分和式）的极限. 它们的值都取决于某个函数及该函数自变量的变化区间，而且，两个问题的处理方法也完全一样——**划分、近似、求和、取极限**. 为了研究这类问题在数量关系上的共同本质与特性，我们抽象出定积分的概念.

> **定义 6.1**　设函数 $f(x)$ 在区间 $[a,b]$ 上有界，在 $[a,b]$ 中依次插入 $n-1$ 个分点 $x_1,x_2,\cdots\cdots,x_{n-1}$，其中 $a=x_0<x_1<x_2<\cdots<x_{n-1}<x_n=b$. 在子区间 $[x_{i-1},x_i]$ $(i=1,2,\cdots,n)$ 上任取一点 ξ_i，做乘积 $f(\xi_i)\Delta x_i$，其中 $\Delta x_i=x_i-x_{i-1}$，并做和 $\sum_{i=1}^{n}f(\xi_i)\Delta x_i$. 令 $\lambda=\max\{\Delta x_1,\ \Delta x_2,\cdots,\ \Delta x_n\}$. 若对区间 $[a,b]$ 的任意划分及 $\xi_i\in[x_{i-1},\ x_i]$ 的任意取法，$\lim\limits_{\lambda\to0}\sum_{i=1}^{n}f(\xi_i)\Delta x_i$ 都存在，则称 $f(x)$ 在 $[a,b]$ 上是可积的，并称此极限值为函数 $f(x)$ 在区间 $[a,b]$ 上的定积分，记为 $\int_a^b f(x)\mathrm{d}x$，即
>
> $$\int_a^b f(x)\,\mathrm{d}x=\lim_{\lambda\to0}\sum_{i=1}^{n}f(\xi_i)\Delta x_i$$
>
> 其中 $\int$ 称为积分号；$f(x)$ 称为被积函数；$f(x)\mathrm{d}x$ 称为被积表达式；x 称为积分变量；a 称为积分下限；b 称为积分上限；$[a,b]$ 称为积分区间.

　　用定积分的符号，曲边梯形的面积可以表示为 $\int_a^b f(x)\,\mathrm{d}x$，变速直线运动的位移可以表示为 $\int_{T_1}^{T_2}v(t)\,\mathrm{d}t$.

　　值得注意的是，定积分是一个数值，因而与积分变量所采用的字母无关，例如

$$\int_a^b f(x)\,\mathrm{d}x=\int_a^b f(t)\,\mathrm{d}t$$

这也是定积分和不定积分的本质区别.

　　另外，定义中区间的划分是任意的，即分点可以在区间中任意取. 在划分确定后，ξ_i 可以取为 $[x_{i-1},\ x_i]$ 中任意一点. 因此，即使给定了 $\lambda>0$，积分和式 $\sum_{i=1}^{n}f(\xi_i)\Delta x_i$ 中的 n、Δx_i、ξ_i 也不能确定. 正是由于这样的原因，使得积分和式的极限极为复杂. 下面我们直接给出定积分存在的充分条件.

> **定理 6.1** （定积分的存在定理）
>
> （1）如果函数 $f(x)$ 在区间 $[a,b]$ 上连续，则 $f(x)$ 在 $[a,b]$ 上可积；
>
> （2）如果函数 $f(x)$ 在区间 $[a,b]$ 上有界，且最多只有有限个间断点，则 $f(x)$ 在区间 $[a,b]$ 上可积；
>
> （3）如果函数 $f(x)$ 在区间 $[a,b]$ 上单调，则 $f(x)$ 在区间 $[a,b]$ 上可积.

由于篇幅的原因，我们略去这个定理的证明.

在知道定积分存在的前提下，为了求出积分值，我们只要求出特殊划分（如等分）和 ξ_i 特殊取法（如区间端点）下积分和式的极限就可以了.

例 6.1 利用定积分的定义计算 $\int_0^1 x^2 \mathrm{d}x$.

解 函数 $f(x)=x^2$ 在区间 $[0,1]$ 上连续，由定积分的存在定理可知，$\int_0^1 x^2 \mathrm{d}x$ 存在. 我们利用特殊的和式求此积分值.

将 $[0,1]$ 区间 n 等分，则 $\lambda = \dfrac{1}{n}$. 取 $\xi_i = \dfrac{i}{n}$ （右端点），$(i=1,2,\cdots,n)$，则

$$
\begin{aligned}
\sum_{i=1}^n f(\xi_i) \Delta x_i &= \sum_{i=1}^n \xi_i^2 \Delta x_i \\
&= \sum_{i=1}^n \left(\frac{i}{n}\right)^2 \cdot \frac{1}{n} = \frac{1}{n^3}(1^2 + 2^2 + \cdots + n^2) \\
&= \frac{1}{n^3} \cdot \frac{n(n+1)(2n+1)}{6} \\
&= \frac{1}{6}\left(1+\frac{1}{n}\right)\left(2+\frac{1}{n}\right)
\end{aligned}
$$

故

$$
\int_0^1 x^2 \mathrm{d}x = \lim_{\lambda \to 0} \sum_{i=1}^n \xi_i^2 \Delta x_i = \lim_{n \to \infty} \frac{1}{6}\left(1+\frac{1}{n}\right)\left(2+\frac{1}{n}\right) = \frac{1}{3}
$$

例 6.2 将和式极限

$$
\lim_{n \to \infty} \frac{1}{n}\left[\sin\frac{\pi}{n} + \sin\frac{2\pi}{n} + \cdots + \sin\frac{(n-1)\pi}{n} + \sin\frac{n\pi}{n}\right]
$$

表示成定积分.

解 原式 $= \lim_{n \to \infty} \dfrac{1}{n} \sum_{i=1}^n \sin\dfrac{i\pi}{n}$

$= \dfrac{1}{\pi} \lim_{n \to \infty} \sum_{i=1}^n \left(\sin\dfrac{i\pi}{n}\right)\dfrac{\pi}{n}$

$\sin x$ 在 $[0,\pi]$ 连续，因而可积，有

$$\lim_{n\to\infty}\frac{1}{n}\Big[\sin\frac{\pi}{n}+\sin\frac{2\pi}{n}+\cdots+\sin\frac{(n-1)\pi}{n}+\sin\frac{n\pi}{n}\Big]=\frac{1}{\pi}\int_0^{\pi}\sin x\,\mathrm{d}x$$

例 6.3　设函数 $f(x)$ 在区间 $[0,1]$ 上连续，且 $f(x)>0$.
试证：

$$\lim_{n\to\infty}\sqrt[n]{f\Big(\frac{1}{n}\Big)f\Big(\frac{2}{n}\Big)\cdots f\Big(\frac{n}{n}\Big)}=\mathrm{e}^{\int_0^1\ln f(x)\,\mathrm{d}x}$$

证明　由指数与对数的连续性，有

$$\lim_{n\to\infty}\sqrt[n]{f\Big(\frac{1}{n}\Big)f\Big(\frac{2}{n}\Big)\cdots f\Big(\frac{n}{n}\Big)}=\mathrm{e}^{\lim\limits_{n\to\infty}\Big[\ln\sqrt[n]{f\big(\frac{1}{n}\big)f\big(\frac{2}{n}\big)\cdots f\big(\frac{n}{n}\big)}\Big]}$$

$$=\mathrm{e}^{\lim\limits_{n\to\infty}\frac{1}{n}\sum\limits_{i=1}^{n}\ln f\big(\frac{i}{n}\big)}$$

$$=\mathrm{e}^{\lim\limits_{n\to\infty}\sum\limits_{i=1}^{n}\ln f\big(\frac{i}{n}\big)\cdot\frac{1}{n}}$$

这里，和式 $\sum\limits_{i=1}^{n}\ln f\Big(\frac{i}{n}\Big)\cdot\frac{1}{n}$ 可理解为 $\ln f(x)$ 在 $[0,1]$ 区间上的一个积分和. 因为 $f(x)$ 在区间 $[0,1]$ 上连续，且 $f(x)>0$，所以 $\ln f(x)$ 在 $[0,1]$ 上连续，因而可积，所以

$$\lim_{n\to\infty}\sum_{i=1}^{n}\ln f\Big(\frac{i}{n}\Big)\cdot\frac{1}{n}=\int_0^1\ln f(x)\,\mathrm{d}x$$

于是

$$\lim_{n\to\infty}\sqrt[n]{f\Big(\frac{1}{n}\Big)f\Big(\frac{2}{n}\Big)\cdots f\Big(\frac{n}{n}\Big)}=\mathrm{e}^{\int_0^1\ln f(x)\,\mathrm{d}x}$$

相对于复杂的和式极限，定积分的思想却简洁明了：先在微小的局部以直线代替曲线取得近似，再通过求和取极限得到精确值.

本节我们介绍的定积分通常称为黎曼积分，在数学中还有更广泛的积分形式.

黎曼
（Riemann，1826—1866）
德国数学家

6.1.2　定积分的几何意义

按照定积分的定义，当被积函数 $f(x)>0$ 时，定积分 $\int_a^b f(x)\mathrm{d}x$ 表示曲边梯形的面积，当 $f(x)<0$ 时，$\int_a^b f(x)\mathrm{d}x$ 表示曲边梯形面积的负值. 一般地，$\int_a^b f(x)\mathrm{d}x$ 表示介于 x 轴、曲线 $f(x)$ 及两条直线 $x=a$、$x=b$ 之间的各部分面积的代数和. 在 x 轴上方的面积取正号，在 x 轴下方的面积取负号（见图 6-3）.

$$\int_a^b f(x)\,dx = A_1 - A_2 + A_3 - A_4$$

因此，**定积分的几何意义**是曲边梯形面积的代数和.

由定积分的几何意义立即得到下面的几个结论：

(1) $\int_a^b k\,dx = k(b - a)$，$k$ 为常数；

(2) 如果 $f(x)$ 是 $[-a,a]$ 上连续的奇函数，则 $\int_{-a}^a f(x)\,dx = 0$；

(3) 如果 $f(x)$ 是 $[-a,a]$ 上连续的偶函数，则 $\int_{-a}^a f(x)\,dx = 2\int_0^a f(x)\,dx$；

(4) 如果 $f(x)$ 是以 T 为周期的连续函数，则 $\int_a^{a+T} f(x)\,dx = \int_0^T f(x)\,dx$.

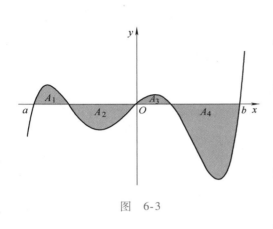

图 6-3

例 6.4　　计算 $\int_a^b x\,dx$，其中 $b > a > 0$.

解　在几何上，$\int_a^b x\,dx$ 是上底长为 a，下底长为 b，高为 $b - a$ 的直角梯形的面积，所以

$$\int_a^b x\,dx = \frac{1}{2}(a + b)(b - a) = \frac{1}{2}(b^2 - a^2)$$

例 6.5　　计算 $\int_0^4 f(x)\,dx$，其中 $f(x) = \begin{cases} x, & 0 \le x < 2 \\ 4 - x, & 2 \le x \le 4 \end{cases}$.

解　在几何上，$\int_0^4 f(x)\,dx$ 是底边为 4，高为 2 的三角形的面积，所以

$$\int_0^4 f(x)\,dx = 4$$

例 6.6　　计算 $\int_{-1}^1 x e^{x^4}\,dx$.

解　因为 $x e^{x^4}$ 是连续的奇函数，所以

$$\int_{-1}^1 x e^{x^4}\,dx = 0$$

6.1.3　定积分的性质

设函数 $f(x)$ 在区间 $[a,b]$ 上可积，我们规定

（1）$\int_a^a f(x)\,\mathrm{d}x = 0$；

（2）$\int_b^a f(x)\,\mathrm{d}x = -\int_a^b f(x)\,\mathrm{d}x$.

在此基础上，我们讨论定积分的性质. 这里假定涉及的函数都可积.

微课视频：
定积分的性质 1

性质 6.1　（线性性质）

（1）$\int_a^b \left[f(x) \pm g(x) \right]\mathrm{d}x = \int_a^b f(x)\,\mathrm{d}x \pm \int_a^b g(x)\,\mathrm{d}x$；

（2）$\int_a^b k f(x)\,\mathrm{d}x = k\int_a^b f(x)\,\mathrm{d}x$，其中 k 为常数.

性质 6.2　（区间可加性）

设 $a < c < b$，则有

$$\int_a^b f(x)\,\mathrm{d}x = \int_a^c f(x)\,\mathrm{d}x + \int_c^b f(x)\,\mathrm{d}x$$

这个性质表明定积分对于积分区间具有可加性.

事实上，不论 a、b、c 的相对位置如何，上述性质总成立. 例如，当 $a < b < c$ 时，由于

$$\int_a^c f(x)\,\mathrm{d}x = \int_a^b f(x)\,\mathrm{d}x + \int_b^c f(x)\,\mathrm{d}x$$

于是

$$\int_a^b f(x)\,\mathrm{d}x = \int_a^c f(x)\,\mathrm{d}x - \int_b^c f(x)\,\mathrm{d}x = \int_a^c f(x)\,\mathrm{d}x + \int_c^b f(x)\,\mathrm{d}x$$

性质 6.3　（保号性）　如果 $f(x) \geqslant 0$，$x \in [a,b]$，则 $\int_a^b f(x)\,\mathrm{d}x \geqslant 0$.

证明　由定积分概念

$$\int_a^b f(x)\,\mathrm{d}x = \lim_{\lambda \to 0} \sum_{i=1}^n f(\xi_i)\Delta x_i$$

因 $f(x) \geqslant 0$，故 $f(\xi_i) \geqslant 0$ $(i = 1, 2, \cdots, n)$，又 $\Delta x_i > 0$，所以

$$\sum_{i=1}^n f(\xi_i)\Delta x_i \geqslant 0$$

因此

$$\int_a^b f(x)\,\mathrm{d}x = \lim_{\lambda \to 0} \sum_{i=1}^n f(\xi_i)\Delta x_i \geqslant 0$$

定积分的保号性有两个简单的推论.

推论 6.1 （定积分的保序性）

如果 $f(x) \leqslant g(x)$，$x \in [a,b]$，则 $\int_a^b f(x)\,\mathrm{d}x \leqslant \int_a^b g(x)\,\mathrm{d}x$.

证明 由于 $f(x) \leqslant g(x)$，所以 $g(x) - f(x) \geqslant 0$，由保号性

$$\int_a^b [g(x) - f(x)]\,\mathrm{d}x \geqslant 0$$

再由线性性质

$$\int_a^b g(x)\,\mathrm{d}x - \int_a^b f(x)\,\mathrm{d}x \geqslant 0$$

从而

$$\int_a^b f(x)\,\mathrm{d}x \leqslant \int_a^b g(x)\,\mathrm{d}x$$

微课视频：
定积分的性质 2

例 6.7 比较积分值 $\int_0^{-2} e^x\,\mathrm{d}x$ 和 $\int_0^{-2} x\,\mathrm{d}x$ 的大小.

解 当 $x \in [-2,0)$ 时，$x < 0 < e^x$，故 $\int_{-2}^0 e^x\,\mathrm{d}x > \int_{-2}^0 x\,\mathrm{d}x$，所以

$$\int_0^{-2} e^x\,\mathrm{d}x < \int_0^{-2} x\,\mathrm{d}x$$

推论 6.2 $\left| \int_a^b f(x)\,\mathrm{d}x \right| \leqslant \int_a^b |f(x)|\,\mathrm{d}x$，$(a < b)$.

证明 因 $-|f(x)| \leqslant f(x) \leqslant |f(x)|$，由保序性有

$$-\int_a^b |f(x)|\,\mathrm{d}x \leqslant \int_a^b f(x)\,\mathrm{d}x \leqslant \int_a^b |f(x)|\,\mathrm{d}x$$

即

$$\left| \int_a^b f(x)\,\mathrm{d}x \right| \leqslant \int_a^b |f(x)|\,\mathrm{d}x$$

性质 6.4 （定积分的估值定理）

设 $m \leqslant f(x) \leqslant M$，$x \in [a,b]$，则

$$m(b-a) \leqslant \int_a^b f(x)\,\mathrm{d}x \leqslant M(b-a)$$

这一性质是保序性的直接推论. 特别地，当 $f(x)$ 在 $[a,b]$ 上连续时，m 和 M 可以取为 $f(x)$ 的最小值和最大值.

根据定积分的估值定理，由被积函数在积分区间上的最大值及最小值可以估计积分值的大致范围.

例 6.8 估计定积分 $\int_0^\pi \dfrac{1}{3 + \sin^3 x}\,\mathrm{d}x$ 的值的范围.

解　令 $f(x) = \dfrac{1}{3 + \sin^3 x}$，$x \in [0, \pi]$，因 $0 \leqslant \sin^3 x \leqslant 1$，故

$$\frac{1}{4} \leqslant \frac{1}{3 + \sin^3 x} \leqslant \frac{1}{3}$$

在区间 $[0, \pi]$ 上积分，得

$$\int_0^\pi \frac{1}{4}\mathrm{d}x \leqslant \int_0^\pi \frac{1}{3 + \sin^3 x}\mathrm{d}x \leqslant \int_0^\pi \frac{1}{3}\mathrm{d}x$$

即

$$\frac{\pi}{4} \leqslant \int_0^\pi \frac{1}{3 + \sin^3 x}\mathrm{d}x \leqslant \frac{\pi}{3}$$

性质 6.5　（定积分中值定理）

　　如果函数 $f(x)$ 在闭区间 $[a, b]$ 上连续，则至少存在一点 $\xi \in (a, b)$，使得

$$\int_a^b f(x)\mathrm{d}x = f(\xi)(b - a)$$

证明　我们只证明定理中的 $\xi \in [a, b]$，严格的证明可参考相关数学分析课程教材. 设 m 和 M 分别是 $f(x)$ 在 $[a, b]$ 的最小值和最大值，则

$$m(b - a) \leqslant \int_a^b f(x)\mathrm{d}x \leqslant M(b - a)$$

即

$$m \leqslant \frac{1}{b - a}\int_a^b f(x)\mathrm{d}x \leqslant M$$

由闭区间上连续函数的介值定理，至少存在一点 ξ，$\xi \in [a, b]$，使得

$$f(\xi) = \frac{1}{b - a}\int_a^b f(x)\mathrm{d}x$$

亦即

$$\int_a^b f(x)\mathrm{d}x = f(\xi)(b - a)$$

微课视频：
定积分中值定理
中的中值在区间
内还是区间上？

例 6.9　求 $\displaystyle\lim_{n \to \infty}\int_n^{n+\pi} x\sin\frac{1}{x}\mathrm{d}x$．

解　由积分中值定理，存在 ξ_n，$n < \xi_n < n + \pi$，使得

$$\int_n^{n+\pi} x\sin\frac{1}{x}\,\mathrm{d}x = \pi\xi_n\sin\frac{1}{\xi_n}$$

所以

$$\lim_{n \to \infty}\int_n^{n+\pi} x\sin\frac{1}{x}\,\mathrm{d}x = \lim_{n \to \infty}\pi\xi_n\sin\frac{1}{\xi_n} = \pi$$

下面我们给出积分中值定理的几何解释．

如图 6-4 所示，积分中值定理的几何意义为：在区间 (a,b) 内至少存在一点 ξ，使得以区间 $[a,b]$ 为底边、以曲线 $y=f(x)$ 为曲边的曲边梯形的面积等于以 $[a,b]$ 为底而高为 $f(\xi)$ 的一个矩形的面积．另外，通常把定积分中值定理中的

$$f(\xi)=\frac{1}{b-a}\int_a^b f(x)\,dx$$

称为 $f(x)$ 在区间 $[a,b]$ 上的**积分平均值**．这是算术平均值在连续情形下的推广．

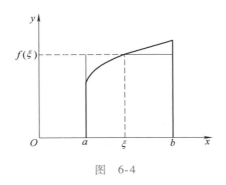

图　6-4

部分题目详解与提示

习题 6.1

A 组

1. 利用定积分的定义计算 $\int_0^1 x^3\,dx$．

2. 利用定积分的几何意义说明下列各等式成立：

(1) $\int_0^1 2x\,dx=1$；

(2) $\int_0^1 \sqrt{1-x^2}\,dx=\frac{\pi}{4}$；

(3) $\int_{-\pi}^{\pi}\sin x\,dx=0$；

(4) $\int_{-\frac{\pi}{2}}^{\frac{\pi}{2}}\cos x\,dx=2\int_0^{\frac{\pi}{2}}\cos x\,dx$．

3. 比较下列每组积分的大小：

(1) $\int_0^1 x^2\,dx$ _____ $\int_0^1 x^3\,dx$；

(2) $\int_1^2 x^2\,dx$ _____ $\int_1^2 x^3\,dx$；

(3) $\int_0^1 x\,dx$ _____ $\int_0^1 \ln(x+1)\,dx$；

(4) $\int_1^2 \ln x\,dx$ _____ $\int_1^2 (\ln x)^2\,dx$；

(5) $\int_0^1 e^x\,dx$ _____ $\int_0^1 (x+1)\,dx$；

(6) $\int_0^{\frac{\pi}{2}}\sin x\,dx$ _____ $\int_0^{\frac{\pi}{2}}x\,dx$．

4. 估计下列各定积分的值：

(1) $\int_1^3 (x^2+2)\,dx$；

(2) $\int_{\frac{\sqrt{3}}{3}}^{\sqrt{3}} x\arctan x\,dx$；

(3) $\int_{\frac{\pi}{4}}^{\frac{5}{4}\pi} (1+\sin^2 x)\,dx$；

(4) $\int_2^0 e^{x^2-x}\,dx$．

5. 证明下列不等式：

(1) $\int_1^2 \sqrt{x+1}\,dx\geqslant\sqrt{2}$；

(2) $\frac{1}{2}<\int_{\frac{\pi}{4}}^{\frac{\pi}{2}}\frac{\sin x}{x}\,dx<\frac{\sqrt{2}}{2}$；

(3) $\frac{2}{5}<\int_1^2 \frac{x}{1+x^2}\,dx<\frac{1}{2}$；

(4) $\frac{\pi}{2}<\int_0^{\frac{\pi}{2}}(1+\sin x)\,dx<\pi$．

B 组

1. 利用定积分表示下列和式极限：

（1）$\lim\limits_{n\to\infty}\sum\limits_{i=1}^{n}\dfrac{1}{n+i}$

（2）$\lim\limits_{n\to\infty}\sum\limits_{i=1}^{n}\dfrac{n}{n^2+i^2}$

2. 利用定积分中值定理公式求极限 $\lim\limits_{n\to\infty}\dfrac{1}{\sqrt{n}}\int_{n}^{n+\frac{\pi}{4}}\sin x\mathrm{d}x$.

3. 求极限 $\lim\limits_{n\to\infty}\int_{a}^{b}\mathrm{e}^{-nx^2}\mathrm{d}x$，其中 $0<a<b$.

4. 设 $f(x)$ 及 $g(x)$ 在 $[a,b]$ 上连续，证明：

（1）若在 $[a,b]$ 上，$f(x)\geqslant 0$，且 $\int_{a}^{b}f(x)\mathrm{d}x=0$，则在 $[a,b]$ 上 $f(x)\equiv 0$；

（2）若在 $[a,b]$ 上，$f(x)\geqslant 0$，且 $f(x)$ 不恒为零，则 $\int_{a}^{b}f(x)\mathrm{d}x>0$；

（3）若在 $[a,b]$ 上，$f(x)\leqslant g(x)$，且 $\int_{a}^{b}f(x)\mathrm{d}x=\int_{a}^{b}g(x)\mathrm{d}x$，则在 $[a,b]$ 上 $f(x)\equiv g(x)$.

5. 一根长 20cm 的细直杆 OA，其上任一点 P 处的线密度与 OP 的长度成正比，设比例系数为 k，试求此细杆的质量.

6.2　微积分基本定理

我们首先回顾物体的直线运动问题．设直线运动的物体位移函数为 $s(t)$，运动速度为 $v(t)$．由导数的定义，有 $s'(t)=v(t)$．我们考虑物体在 $[T_1,T_2]$ 时间段内的位移 L．一方面，由定积分的概念，我们有

$$L=\int_{T_1}^{T_2}v(t)\mathrm{d}t$$

另一方面，$L=s(T_2)-s(T_1)$，所以

$$\int_{T_1}^{T_2}v(t)\mathrm{d}t=s(T_2)-s(T_1)$$

设 $S(t)$ 是 $v(t)$ 的任意一个原函数，即 $v(t)=S'(t)$，则 $S(t)$ 与 $s(t)$ 只相差一个常数，因此

$$s(T_2)-s(T_1)=S(T_2)-S(T_1)$$

于是有

$$\int_{T_1}^{T_2}v(t)\mathrm{d}t=S(T_2)-S(T_1)$$

也就是说，只要我们求出速度函数的一个原函数，就可以方便地计算出速度函数的定积分.

抽去上述公式的物理意义，我们就得到了微积分学的基本公式，即牛顿-莱布尼茨公式．为了给出公式的证明，我们先介绍积分上限函数及其导数.

设函数 $f(x)$ 在区间 $[a,b]$ 上连续，x 为 $[a,b]$ 上的一点，考察定积分 $\int_{a}^{x}f(x)\mathrm{d}x$．为了防止歧义，也写成 $\int_{a}^{x}f(t)\mathrm{d}t$．如果积分上限 x 在区间 $[a,b]$ 上任意变动，则对于每一个取定的 x 值，定积分 $\int_{a}^{x}f(t)\mathrm{d}t$ 都有唯一一个值与之对应，这就相当于在区间

$[a,b]$ 上定义了一个以上限 x 为自变量的函数，称之为**积分上限函数**或**变上限积分**，记为

$$\Phi(x) = \int_a^x f(t)\,\mathrm{d}t$$

积分上限函数 $\Phi(x)$ 具有以下重要性质：

微课视频：
积分上限函数
一定连续、可导吗？

定理 6.2 （**微积分第一基本定理**） 如果 $f(x)$ 在区间 $[a,b]$ 上连续，则积分上限函数 $\Phi(x) = \int_a^x f(t)\,\mathrm{d}t$ 在 $[a,b]$ 上可导，且

$$\Phi'(x) = \frac{\mathrm{d}}{\mathrm{d}x}\int_a^x f(t)\,\mathrm{d}t = f(x), a \leqslant x \leqslant b$$

即 $\Phi(x)$ 是 $f(x)$ 的一个原函数.

证明

如图 6-5 所示，任意选取两点 x，$x + \Delta x \in [a,b]$，不妨设 $\Delta x > 0$，由

$$\Phi(x + \Delta x) = \int_a^{x+\Delta x} f(t)\,\mathrm{d}t$$

故函数的增量可以表示为

$$\begin{aligned}
\Delta \Phi &= \Phi(x + \Delta x) - \Phi(x) \\
&= \int_a^{x+\Delta x} f(t)\,\mathrm{d}t - \int_a^x f(t)\,\mathrm{d}t \\
&= \int_a^x f(t)\,\mathrm{d}t + \int_x^{x+\Delta x} f(t)\,\mathrm{d}t - \int_a^x f(t)\,\mathrm{d}t \\
&= \int_x^{x+\Delta x} f(t)\,\mathrm{d}t
\end{aligned}$$

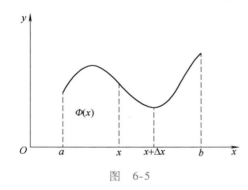

图 6-5

再由积分中值定理，

$$\Delta \Phi = f(\xi)\Delta x, \xi \in (x, x + \Delta x)$$

故

$$\frac{\Delta \Phi}{\Delta x} = f(\xi)$$

由于当 $\Delta x \to 0$ 时，有 $\xi \to x$，再由 $f(x)$ 在 x 处连续，得

$$\lim_{\Delta x \to 0}\frac{\Delta \Phi}{\Delta x} = \lim_{\Delta x \to 0} f(\xi) = \lim_{\xi \to x} f(\xi) = f(x)$$

即 $\Phi'(x) = f(x)$.

微积分第一基本定理建立了定积分与原函数（反导数）的直接联系. 通常认为牛顿和莱布尼茨是微积分的创始人，就是因为他们首先发现了这一联系.

例 6.10 设 $f(x)$ 在 $(-\infty, +\infty)$ 内连续，$F(x) = \int_0^{x^3} f(t)\,\mathrm{d}t$，求 $F'(x)$.

解　令

$$\Phi(x) = \int_0^x f(t)\,\mathrm{d}t$$

则

$$F(x) = \Phi(x^3)$$

由 $\Phi'(x) = f(x)$ 及复合函数的导数公式有

$$F'(x) = \Phi'(x^3)(x^3)'$$
$$= 3x^2 f(x^3)$$

微课视频：
变上限函数的
有关计算

例 6.11　计算极限 $\displaystyle\lim_{x\to 0}\dfrac{\int_0^{x^3}\sin t\,\mathrm{d}t}{x^4\sin^2 x}$.

解　此极限是 $\dfrac{0}{0}$ 型，用洛必达法则及等价无穷小代换来计算.

$$\lim_{x\to 0}\dfrac{\int_0^{x^3}\sin t\,\mathrm{d}t}{x^4\sin^2 x} = \lim_{x\to 0}\dfrac{\int_0^{x^3}\sin t\,\mathrm{d}t}{x^6}\qquad(\text{等价无穷小代换})$$

$$= \lim_{x\to 0}\dfrac{\left(\int_0^{x^3}\sin t\,\mathrm{d}t\right)'}{6x^5}\qquad(\text{洛必达法则})$$

$$= \lim_{x\to 0}\dfrac{\sin x^3\cdot(x^3)'}{6x^5}$$

$$= \lim_{x\to 0}\dfrac{\sin x^3}{2x^3} = \dfrac{1}{2}$$

例 6.12　证明：$\displaystyle\int_1^x\dfrac{1}{1+x^2}\mathrm{d}x = \int_{\frac{1}{x}}^1\dfrac{1}{1+x^2}\mathrm{d}x,\ x>0$.

证明　当 $x>0$ 时，因为

$$\left(\int_1^x\dfrac{1}{1+x^2}\mathrm{d}x\right)' = \dfrac{1}{1+x^2}$$

$$\left(\int_{\frac{1}{x}}^1\dfrac{1}{1+x^2}\mathrm{d}x\right)' = \left(-\int_1^{\frac{1}{x}}\dfrac{1}{1+x^2}\mathrm{d}x\right)'$$

$$= -\dfrac{1}{1+\left(\dfrac{1}{x}\right)^2}\cdot\left(\dfrac{1}{x}\right)'$$

$$= -\dfrac{1}{1+\left(\dfrac{1}{x}\right)^2}\left(-\dfrac{1}{x^2}\right)$$

$$= \dfrac{1}{1+x^2}$$

所以

$$\int_1^x\dfrac{1}{1+x^2}\mathrm{d}x = \int_{\frac{1}{x}}^1\dfrac{1}{1+x^2}\mathrm{d}x + C,\ x>0$$

微课视频：
牛顿-莱布尼茨
公式——定积分计算

牛顿
（Newton，1642—1727）
英国数学家、物理学家、
天文学家

莱布尼茨
（Leibniz，1646—1716）
德国数学家、自然主义
哲学家、自然科学家

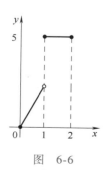

图 6-6

令 $x=1$，有 $C=0$. 原式得证.

> **定理 6.3**　（微积分第二基本定理）　设 $f(x)$ 在区间 $[a,b]$ 上连续，$F(x)$ 是 $f(x)$ 的一个原函数，则
> $$\int_a^b f(x)\,\mathrm{d}x = F(b) - F(a)$$

证明　由于 $F(x)$ 和 $\Phi(x) = \int_a^x f(t)\,\mathrm{d}t$ 都是 $f(x)$ 的原函数，故存在常数 C，使得

$$\Phi(x) = F(x) + C, \quad x \in [a,b]$$

又 $\Phi(a) = \int_a^a f(t)\,\mathrm{d}t = 0$，所以

$$\int_a^b f(x)\,\mathrm{d}x = \Phi(b) = \Phi(b) - \Phi(a) = F(b) - F(a)$$

为了书写方便，也记

$$\int_a^b f(x)\,\mathrm{d}x = F(x)\,\Big|_a^b = F(b) - F(a)$$

微积分第二基本定理也称**牛顿-莱布尼茨公式**（简记 N-L 公式），它为定积分的计算提供了一种有效的方法.

下面我们通过例子来具体说明牛顿-莱布尼茨公式的用法.

例 6.13　计算定积分 $\int_{-2}^{-1} \dfrac{1}{x}\,\mathrm{d}x$.

解　当 $x<0$ 时，$\dfrac{1}{x}$ 的一个原函数是 $\ln|x|$，故

$$\int_{-2}^{-1} \frac{1}{x}\,\mathrm{d}x = \ln|x|\,\Big|_{-2}^{-1} = \ln 1 - \ln 2 = -\ln 2$$

例 6.14　计算定积分 $\int_0^1 \dfrac{\mathrm{d}x}{1+x^2}$.

解　因 $\arctan x$ 是 $\dfrac{1}{1+x^2}$ 的一个原函数，故

$$\int_0^1 \frac{\mathrm{d}x}{1+x^2} = \arctan x\,\Big|_0^1 = \frac{\pi}{4}$$

例 6.15　设 $f(x) = \begin{cases} 2x, & 0 \leqslant x < 1 \\ 5, & 1 \leqslant x \leqslant 2 \end{cases}$，求 $\int_0^2 f(x)\,\mathrm{d}x$.

解　如图 6-6 所示，由定积分对区间可加性有

$$\int_0^2 f(x)\,\mathrm{d}x = \int_0^1 f(x)\,\mathrm{d}x + \int_1^2 f(x)\,\mathrm{d}x$$

$$= \int_0^1 2x\,\mathrm{d}x + \int_1^2 5\,\mathrm{d}x$$

$$= x^2\,\Big|_0^1 + 5 \times (2-1) = 6$$

例 6.16　计算 $\int_0^3 x|x-2|\,\mathrm{d}x$.

解　原式 $= \int_0^2 x(2-x)\,\mathrm{d}x + \int_2^3 x(x-2)\,\mathrm{d}x$

$$= \int_0^2 (2x-x^2)\,\mathrm{d}x + \int_2^3 (x^2-2x)\,\mathrm{d}x$$

$$= \left[x^2 - \frac{1}{3}x^3\right]\Big|_0^2 + \left[\frac{1}{3}x^3 - x^2\right]\Big|_2^3$$

$$= \frac{8}{3}$$

微课视频：
微积分基本定理是
牛顿-莱布尼茨公式吗?

例 6.17　计算 $\int_0^\pi \sqrt{\sin^3 x - \sin^5 x}\,\mathrm{d}x$.

解　$\int_0^\pi \sqrt{\sin^3 x - \sin^5 x}\,\mathrm{d}x = \int_0^\pi |\cos x|(\sin x)^{\frac{3}{2}}\,\mathrm{d}x$

$$= \int_0^{\frac{\pi}{2}} \cos x(\sin x)^{\frac{3}{2}}\,\mathrm{d}x -$$

$$\int_{\frac{\pi}{2}}^\pi \cos x(\sin x)^{\frac{3}{2}}\,\mathrm{d}x$$

$$= \int_0^{\frac{\pi}{2}} (\sin x)^{\frac{3}{2}}\,\mathrm{d}\sin x - \int_{\frac{\pi}{2}}^\pi (\sin x)^{\frac{3}{2}}\,\mathrm{d}\sin x$$

$$= \frac{2}{5}(\sin x)^{\frac{5}{2}}\Big|_0^{\pi/2} - \frac{2}{5}(\sin x)^{\frac{5}{2}}\Big|_{\pi/2}^\pi$$

$$= \frac{4}{5}$$

例 6.18　设函数 $f(x) = \frac{1}{1+x^2} + x^2 \int_0^1 f(x)\,\mathrm{d}x$，求 $\int_0^1 f(x)\,\mathrm{d}x$.

解　因定积分结果是常数，可设 $\int_0^1 f(x)\,\mathrm{d}x = A$，原等式两边在 $[0,1]$ 上积分，得

$$\int_0^1 f(x)\,\mathrm{d}x = \int_0^1 \frac{1}{1+x^2}\,\mathrm{d}x + A\int_0^1 x^2\,\mathrm{d}x$$

$$= \arctan x \Big|_0^1 + \frac{1}{3}Ax^3 \Big|_0^1 = \frac{\pi}{4} + \frac{1}{3}A$$

即

$$A = \frac{\pi}{4} + \frac{1}{3}A$$

解得

$$A = \frac{3}{8}\pi$$

即

$$\int_0^1 f(x)\,\mathrm{d}x = \frac{3}{8}\pi$$

部分题目详解与提示

习题 6.2

A 组

1. 求导数:

(1) 设函数 $y = y(x)$ 由方程 $\int_0^y e^t dt + \int_0^x \cos t dt = 0$ 确定, 求 $\dfrac{dy}{dx}$;

(2) 设 $\begin{cases} x = \int_1^{t^2} u\ln u du \\ y = \int_{t^2}^1 u^2 \ln u du \end{cases}$ $(t > 1)$, 求 $\dfrac{d^2 y}{dx^2}$;

(3) 设 $y(x) = \int_{\sin x}^{\cos x} \cos(\pi t^2) dt$, 求 $\dfrac{dy}{dx}$;

(4) 设 $g(x) = \int_0^{x^2} \dfrac{dx}{1 + x^3}$, 求 $g''(1)$.

2. 求下列极限:

(1) $\lim\limits_{x \to 0} \dfrac{\int_0^{x^2} \cos t^2 dt}{x^2}$;

(2) $\lim\limits_{x \to 1} \dfrac{\int_1^x e^{t^2} dt}{\ln x}$;

(3) $\lim\limits_{x \to +\infty} \dfrac{\left(\int_0^x e^{t^2} dt \right)^2}{\int_0^x e^{2t^2} dt}$;

(4) $\lim\limits_{x \to 0^+} \dfrac{\int_0^{\sqrt{x}} (1 - \cos t^2) dt}{x^{\frac{5}{2}}}$.

3. 计算下列各定积分:

(1) $\int_1^2 \left(x^2 + \dfrac{1}{x^2} \right) dx$;   (2) $\int_{-\frac{1}{2}}^{\frac{1}{2}} \dfrac{dx}{\sqrt{1 - x^2}}$;

(3) $\int_{-1}^0 \dfrac{3x^4 + 3x^2 + 1}{x^2 + 1} dx$;   (4) $\int_0^{\sqrt{3}a} \dfrac{dx}{a^2 + x^2}$;

(5) $\int_0^1 \dfrac{dx}{\sqrt{4 - x^2}}$;   (6) $\int_0^{\frac{\pi}{4}} \tan^2 \theta d\theta$;

(7) $\int_0^{2\pi} |\sin x| dx$;   (8) $\int_0^2 \max\{x, x^3\} dx$;

(9) $\int_0^2 f(x) dx$, 其中 $f(x) = \begin{cases} x + 1, & x \leq 1 \\ \dfrac{1}{2} x^2, & x > 1 \end{cases}$.

4. 设 k 为正整数, 试证明下列等式:

(1) $\int_{-\pi}^{\pi} \cos kx dx = 0$;

(2) $\int_{-\pi}^{\pi} \sin kx dx = 0$;

(3) $\int_{-\pi}^{\pi} \cos^2 kx dx = \pi$;

(4) $\int_{-\pi}^{\pi} \sin^2 kx dx = \pi$.

5. 设 k 及 l 为正整数, 且 $k \neq l$, 试证明下列等式:

(1) $\int_{-\pi}^{\pi} \cos kx \sin lx dx = 0$;

(2) $\int_{-\pi}^{\pi} \cos kx \cos lx dx = 0$;

(3) $\int_{-\pi}^{\pi} \sin kx \sin lx dx = 0$.

B 组

1. 求 $I(x) = \int_0^x t e^{-t^2} dt$ 的极值.

2. 设 $f(x) = \begin{cases} \dfrac{1}{2} \sin x, & 0 \leq x \leq \pi \\ 0, & x < 0 \text{ 或 } x > \pi \end{cases}$, 求 $\varphi(x) = \int_0^x f(t) dt$ 在 $(-\infty, +\infty)$ 内的表达式, 并讨论其连续性.

3. 设 $F(x) = \int_0^x (t^2 - x^2) f(t) dt$, 求 $F'(x)$, $F''(x)$.

4. 设 $f(x)$ 是连续函数, 求函数 $y_1(x) = \int_a^x (x - t) f(t) dt$ 和 $y_2(x) = \int_a^x \left[\int_a^t f(u) du \right] dt$ 的导数, 并证明这两个函数相等, 即

$$\int_a^x (x - t) f(t) dt = \int_a^x \left[\int_a^t f(u) du \right] dt$$

5. 设函数 $f(x) = \dfrac{\sqrt{1 - x^2}}{\pi} - (x^2 + 1) \cdot \int_0^1 f(x) dx$, 求 $\int_0^1 f(x) dx$.

6.3　定积分的换元积分法和分部积分法

尽管从理论上说把不定积分与牛顿-莱布尼茨公式结合起来就已经解决了定积分的主要计算问题，但我们仍然可以针对定积分本身的特点使计算过程得以简化. 另外，不是所有的定积分都能用牛顿-莱布尼茨公式计算，有的时候利用被积函数的性质和定积分的性质就可以很好地解决问题.

6.3.1　定积分的换元积分法

微课视频：
定积分计算-换元法

> **定理 6.4**　（定积分的换元法）　设 $f(x)$ 在 $[a, b]$ 上连续，
> $x = \varphi(t)$ 单调且有连续导数，$\varphi(\alpha) = a$，$\varphi(\beta) = b$，则
> $$\int_a^b f(x)\,\mathrm{d}x = \int_\alpha^\beta f(\varphi(t))\varphi'(t)\,\mathrm{d}t \qquad (6\text{-}1)$$

证明　设 $F(x)$ 是 $f(x)$ 的一个原函数. 因为 $x = \varphi(t)$ 有连续导数，所以 $F(\varphi(t))$ 是 $f(\varphi(t))\varphi'(t)$ 的一个原函数. 在等式两边应用牛顿-莱布尼茨公式，有

$$左边 = \int_a^b f(x)\,\mathrm{d}x = F(x)\,\Big|_a^b = F(b) - F(a)$$

$$右边 = \int_\alpha^\beta f(\varphi(t))\varphi'(t)\,\mathrm{d}t$$
$$= F(\varphi(t))\,\Big|_\alpha^\beta$$
$$= F(\varphi(\beta)) - F(\varphi(\alpha))$$
$$= F(b) - F(a)$$

即式（6-1）成立.

例 6.19　求椭圆 $\dfrac{x^2}{a^2} + \dfrac{y^2}{b^2} \leqslant 1\,(a > 0, b > 0)$ 的面积 S.

解　椭圆方程可写为 $y = \pm b\sqrt{1 - \dfrac{x^2}{a^2}}\,(a > 0, b > 0)$，

如图 6-7 所示，由定积分的几何意义，椭圆的面积可表示为

$$S = 2\int_{-a}^a b\sqrt{1 - \frac{x^2}{a^2}}\,\mathrm{d}x$$

令 $x = a\sin t$，$-\dfrac{\pi}{2} \leqslant t \leqslant \dfrac{\pi}{2}$，则 $\mathrm{d}x = a\cos t\,\mathrm{d}t$. 当

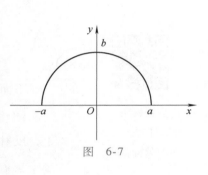

图　6-7

$x = -a$ 时,$t = -\dfrac{\pi}{2}$;当 $x = a$ 时,$t = \dfrac{\pi}{2}$. 于是

$$S = 2\int_{-a}^{a} b\sqrt{1 - \frac{x^2}{a^2}}\mathrm{d}x = 2b\int_{-\frac{\pi}{2}}^{\frac{\pi}{2}} \cos t \cdot a\cos t\mathrm{d}t = 2ab\int_{-\frac{\pi}{2}}^{\frac{\pi}{2}} \cos^2 t\mathrm{d}t$$

$$= 2ab\int_{-\frac{\pi}{2}}^{\frac{\pi}{2}} \frac{1}{2}(1 + \cos 2t)\mathrm{d}t = ab\left(t + \frac{\sin 2t}{2}\right)\Big|_{-\pi/2}^{\pi/2} = ab\pi$$

特别地,当 $b = a$ 即 $x^2 + y^2 = a^2$ 时,得到圆的面积公式 πa^2.

微课视频:
积分换元是不是
一定用单调函数?

例 6.20 计算 $\displaystyle\int_{-1}^{1} \frac{2x^2 + \sin x}{1 + \sqrt{1 - x^2}}\mathrm{d}x$.

解 $\displaystyle\int_{-1}^{1} \frac{2x^2 + \sin x}{1 + \sqrt{1 - x^2}}\mathrm{d}x = \int_{-1}^{1} \frac{2x^2}{1 + \sqrt{1 - x^2}}\mathrm{d}x +$

$$\int_{-1}^{1} \frac{\sin x}{1 + \sqrt{1 - x^2}}\mathrm{d}x$$

因为 $\dfrac{2x^2}{1 + \sqrt{1 - x^2}}$ 是偶函数,$\dfrac{\sin x}{1 + \sqrt{1 - x^2}}$ 是奇函数,所以

$$\int_{-1}^{1} \frac{2x^2 + \sin x}{1 + \sqrt{1 - x^2}}\mathrm{d}x = 4\int_{0}^{1} \frac{x^2}{1 + \sqrt{1 - x^2}}\mathrm{d}x$$

$$= 4\int_{0}^{1} \frac{x^2(1 - \sqrt{1 - x^2})}{1 - (1 - x^2)}\mathrm{d}x$$

$$= 4\int_{0}^{1} (1 - \sqrt{1 - x^2})\mathrm{d}x$$

$$= 4 - 4\int_{0}^{1} \sqrt{1 - x^2}\mathrm{d}x$$

$$= 4 - \pi$$

例 6.21 计算 $\displaystyle\int_{-2}^{-\sqrt{2}} \frac{1}{x\sqrt{x^2 - 1}}\mathrm{d}x$.

解 令 $x = -\sec t$,$0 \leqslant t \leqslant \pi$,则 $\mathrm{d}x = -\sec t\tan t\mathrm{d}t$. 当 $x = -2$ 时,$t = \dfrac{\pi}{3}$;当 $x = -\sqrt{2}$ 时,$t = \dfrac{\pi}{4}$. 于是

$$\int_{-2}^{-\sqrt{2}} \frac{1}{x\sqrt{x^2 - 1}}\mathrm{d}x = \int_{\frac{\pi}{3}}^{\frac{\pi}{4}} \frac{-\sec t\tan t}{-\sec t\tan t}\mathrm{d}t$$

$$= \int_{\frac{\pi}{3}}^{\frac{\pi}{4}} \mathrm{d}t = -\frac{\pi}{12}$$

下面介绍几个用反射变换求定积分的例子.

微课视频:
什么样的换元是
定积分特有的?

$[a,b]$ 区间上的变量代换 $x = a + b - t$ 称为反射变换. 在几何上,反射变换将区间 $[a,b]$ 上的函数 $f(x)$ 的图像绕直线 $x = \dfrac{a+b}{2}$ 做了一个翻转,即镜面反射.

例 6.22　求 $I = \displaystyle\int_0^{\frac{\pi}{2}} \dfrac{\sin x}{\sin x + \cos x}\mathrm{d}x.$

解　作反射变换 $x = \dfrac{\pi}{2} - t$，则

$$I = \int_{\frac{\pi}{2}}^0 \dfrac{\sin\left(\dfrac{\pi}{2} - t\right)}{\sin\left(\dfrac{\pi}{2} - t\right) + \cos\left(\dfrac{\pi}{2} - t\right)}\mathrm{d}\left(\dfrac{\pi}{2} - t\right)$$

$$= \int_0^{\frac{\pi}{2}} \dfrac{\cos t}{\cos t + \sin t}\mathrm{d}t$$

$$= \int_0^{\frac{\pi}{2}} \dfrac{\cos x}{\cos x + \sin x}\mathrm{d}x$$

所以

$$2I = \int_0^{\frac{\pi}{2}} \dfrac{\sin x}{\cos x + \sin x} + \dfrac{\cos x}{\cos x + \sin x}\mathrm{d}x$$

$$= \int_0^{\frac{\pi}{2}} 1\mathrm{d}x = \dfrac{\pi}{2}$$

$$I = \dfrac{\pi}{4}$$

例 6.23　（1）证明：$\displaystyle\int_0^{\pi} x f(\sin x)\mathrm{d}x = \dfrac{\pi}{2}\int_0^{\pi} f(\sin x)\mathrm{d}x$；

（2）计算：$\displaystyle\int_0^{\pi} \dfrac{x\sin x}{1 + \cos^2 x}\mathrm{d}x.$

解　（1）做反射变换 $x = \pi - t$，

$$\int_0^{\pi} x f(\sin x)\mathrm{d}x = -\int_{\pi}^0 (\pi - t)f(\sin(\pi - t))\mathrm{d}t$$

$$= \int_0^{\pi} (\pi - t)f(\sin t)\mathrm{d}t$$

$$= \int_0^{\pi} (\pi - x)f(\sin x)\mathrm{d}x$$

$$= \pi\int_0^{\pi} f(\sin x)\mathrm{d}x - \int_0^{\pi} x f(\sin x)\mathrm{d}x$$

所以　　$\displaystyle\int_0^{\pi} x f(\sin x)\mathrm{d}x = \dfrac{\pi}{2}\int_0^{\pi} f(\sin x)\mathrm{d}x$

（2）由（1）的结论

$$\int_0^{\pi} \dfrac{x\sin x}{1 + \cos^2 x}\mathrm{d}x = \dfrac{\pi}{2}\int_0^{\pi} \dfrac{\sin x}{1 + \cos^2 x}\mathrm{d}x$$

$$= -\dfrac{\pi}{2}\int_0^{\pi} \dfrac{\mathrm{d}(\cos x)}{1 + \cos^2 x}$$

$$= -\dfrac{\pi}{2}\arctan(\cos x)\Big|_0^{\pi}$$

$$= -\frac{\pi}{2}\left(-\frac{\pi}{4} - \frac{\pi}{4}\right) = \frac{\pi^2}{4}$$

例 6.24　　设 $f(x)$ 连续, $F(x) = \displaystyle\int_0^x xf(x - t)\,\mathrm{d}t$, 求 $\dfrac{\mathrm{d}F}{\mathrm{d}x}$.

解　　　　　　　　　$F(x) = x\displaystyle\int_0^x f(x - t)\,\mathrm{d}t$

做反射变换 $t = x - u$, 则

$$\int_0^x f(x - t)\,\mathrm{d}t = -\int_x^0 f(u)\,\mathrm{d}u$$

$$= \int_0^x f(u)\,\mathrm{d}u$$

于是　　　　　　　　　$F(x) = x\displaystyle\int_0^x f(u)\,\mathrm{d}u$

故

$$\frac{\mathrm{d}F}{\mathrm{d}x} = \int_0^x f(u)\,\mathrm{d}u + xf(x)$$

6.3.2　定积分的分部积分法

不定积分的分部积分公式是

$$\int uv'\,\mathrm{d}x = uv - \int vu'\,\mathrm{d}x \quad \text{或} \quad \int u\,\mathrm{d}v = uv - \int v\,\mathrm{d}u$$

由牛顿-莱布尼茨公式, 有定积分的**分部积分公式**.

定理 6.5　　设函数 $u(x)$ 和 $v(x)$ 在区间 $[a, b]$ 上具有连续导数, 则有

$$\int_a^b u(x)v'(x)\,\mathrm{d}x = u(x)v(x)\,\Big|_a^b - \int_a^b v(x)u'(x)\,\mathrm{d}x$$

例 6.25　　计算 $\displaystyle\int_0^1 \mathrm{e}^{\sqrt{x}}\,\mathrm{d}x$.

解　　令 $\sqrt{x} = u$, 则 $x = u^2$, $\mathrm{d}x = 2u\,\mathrm{d}u$. 当 $x = 0$ 时, $u = 0$; 当 $x = 1$ 时, $u = 1$. 于是

$$\int_0^1 \mathrm{e}^{\sqrt{x}}\,\mathrm{d}x = \int_0^1 \mathrm{e}^u 2u\,\mathrm{d}u$$

$$= 2\int_0^1 u\,\mathrm{d}\mathrm{e}^u$$

$$= 2\left(u\mathrm{e}^u\,\Big|_0^1 - \int_0^1 \mathrm{e}^u\,\mathrm{d}u\right)$$

$$= 2\left(\mathrm{e} - \mathrm{e}^u\,\Big|_0^1\right)$$

$$= 2$$

例 6. 26 计算 $\int_0^{\frac{\pi}{4}} \dfrac{x \mathrm{d}x}{1 + \cos 2x}$.

解 $\displaystyle\int_0^{\frac{\pi}{4}} \frac{x \mathrm{d}x}{1 + \cos 2x} = \int_0^{\frac{\pi}{4}} \frac{x \mathrm{d}x}{2\cos^2 x}$

$\displaystyle\qquad\qquad\qquad = \int_0^{\frac{\pi}{4}} \frac{x}{2} \mathrm{d}(\tan x)$

$\displaystyle\qquad\qquad\qquad = \frac{1}{2} x \tan x \Big|_0^{\frac{\pi}{4}} - \frac{1}{2} \int_0^{\frac{\pi}{4}} \tan x \mathrm{d}x$

$\displaystyle\qquad\qquad\qquad = \frac{\pi}{8} + \frac{1}{2} \ln \cos x \Big|_0^{\frac{\pi}{4}}$

$\displaystyle\qquad\qquad\qquad = \frac{\pi}{8} - \frac{\ln 2}{4}$

例 6. 27 计算 $I_n = \displaystyle\int_0^{\frac{\pi}{2}} \sin^n x \mathrm{d}x$.

解 $\displaystyle I_0 = \int_0^{\frac{\pi}{2}} \sin^0 x \mathrm{d}x = \frac{\pi}{2}$

$\displaystyle I_1 = \int_0^{\frac{\pi}{2}} \sin x \mathrm{d}x = -\cos x \Big|_0^{\frac{\pi}{2}} = 1$

当 $n \geqslant 2$ 时, 有

$\displaystyle I_n = \int_0^{\frac{\pi}{2}} \sin^n x \mathrm{d}x$

$\displaystyle\quad = \int_0^{\frac{\pi}{2}} \sin^{n-1} x \cdot \sin x \mathrm{d}x$

$\displaystyle\quad = -\sin^{n-1} x \cos x \Big|_0^{\frac{\pi}{2}} + (n-1) \int_0^{\frac{\pi}{2}} \sin^{n-2} x \cos^2 x \mathrm{d}x$

$\displaystyle\quad = (n-1) \int_0^{\frac{\pi}{2}} \sin^{n-2} x (1 - \sin^2 x) \mathrm{d}x$

$\displaystyle\quad = (n-1)(I_{n-2} - I_n)$

由此得到递推关系式:

$$I_n = \frac{n-1}{n} I_{n-2} \quad (n \geqslant 2)$$

结合 I_0 和 I_1 的结果, 当 $n \geqslant 2$ 时, 有

$$I_n = \begin{cases} \dfrac{(n-1) \cdot (n-3) \cdot \cdots \cdot 1}{n \cdot (n-2) \cdot \cdots \cdot 2} \cdot \dfrac{\pi}{2}, & n \text{ 为偶数} \\[3mm] \dfrac{(n-1) \cdot (n-3) \cdot \cdots \cdot 2}{n \cdot (n-2) \cdot \cdots \cdot 3}, & n \text{ 为奇数} \end{cases}$$

微课视频:
定积分计算
6-综合题 2

例 6. 28 设 $f(x) = \displaystyle\int_1^{x^2} \frac{\sin t}{t} \mathrm{d}t$, 求 $\displaystyle\int_0^1 x f(x) \mathrm{d}x$.

解 因为 $\dfrac{\sin x}{x}$ 的原函数是非初等函数, 无法直接求出 $f(x)$.

由分部积分法

$$\int_0^1 xf(x)\,\mathrm{d}x = \frac{1}{2}\int_0^1 f(x)\,\mathrm{d}(x^2)$$

$$= \frac{1}{2}x^2 f(x)\Big|_0^1 - \frac{1}{2}\int_0^1 x^2\,\mathrm{d}f(x)$$

$$= \frac{1}{2}f(1) - \frac{1}{2}\int_0^1 x^2 f'(x)\,\mathrm{d}x$$

由题目所给条件有

$$f(1) = \int_1^1 \frac{\sin t}{t}\mathrm{d}t = 0,\quad f'(x) = \frac{\sin x^2}{x^2}\cdot 2x = \frac{2\sin x^2}{x}$$

代入上式，得

$$\int_0^1 xf(x)\,\mathrm{d}x = -\frac{1}{2}\int_0^1 x^2 \frac{2\sin x^2}{x}\mathrm{d}x$$

$$= -\frac{1}{2}\int_0^1 2x\sin x^2\,\mathrm{d}x$$

$$= -\frac{1}{2}\int_0^1 \sin x^2\,\mathrm{d}x^2$$

$$= \frac{1}{2}\cos x^2\Big|_0^1$$

$$= \frac{1}{2}(\cos 1 - 1)$$

部分题目详解与提示

习题 6.3

A 组

1. 计算下列定积分：

(1) $\displaystyle\int_0^{\frac{\pi}{2}} \sin\varphi\cos^3\varphi\,\mathrm{d}\varphi$；　(2) $\displaystyle\int_1^{\sqrt{3}} \frac{\mathrm{d}x}{x^2\sqrt{1+x^2}}$；

(3) $\displaystyle\int_{\frac{3}{4}}^1 \frac{\mathrm{d}x}{\sqrt{1-x}-1}$；　(4) $\displaystyle\int_1^2 \frac{\sqrt{x^2-1}}{x}\mathrm{d}x$；

(5) $\displaystyle\int_{\frac{\pi}{3}}^{\pi} \sin\left(x+\frac{\pi}{3}\right)\mathrm{d}x$；　(6) $\displaystyle\int_0^{\sqrt{2}} \sqrt{2-x^2}\,\mathrm{d}x$；

(7) $\displaystyle\int_{-\frac{1}{2}}^{\frac{1}{2}} \frac{(\arcsin x)^2}{\sqrt{1-x^2}}\mathrm{d}x$；　(8) $\displaystyle\int_{-5}^5 \frac{x^3\sin^2 x}{x^4+2x^2+1}\mathrm{d}x$；

(9) $\displaystyle\int_0^1 x\mathrm{e}^{-x}\,\mathrm{d}x$；　(10) $\displaystyle\int_1^{\mathrm{e}} x\ln x\,\mathrm{d}x$；

(11) $\displaystyle\int_{\frac{\pi}{4}}^{\frac{\pi}{3}} \frac{x}{\sin^2 x}\mathrm{d}x$；　(12) $\displaystyle\int_0^1 x\arctan x\,\mathrm{d}x$；

(13) $\displaystyle\int_1^2 \frac{\sqrt{x^2-1}}{x^2}\mathrm{d}x$；　(14) $\displaystyle\int_0^{\pi} \sqrt{1+\cos 2x}\,\mathrm{d}x$；

(15) $\displaystyle\int_0^{\frac{2\pi}{\omega}} t\sin\omega t\,\mathrm{d}t$；　(16) $\displaystyle\int_1^2 x\log_2 x\,\mathrm{d}x$；

(17) $\displaystyle\int_{-\frac{\pi}{2}}^{\frac{\pi}{2}} 4\cos^4\theta\,\mathrm{d}\theta$；　(18) $\displaystyle\int_1^4 \frac{\ln x}{\sqrt{x}}\mathrm{d}x$；

(19) $\displaystyle\int_0^{\frac{\pi}{2}} \mathrm{e}^{2x}\cos x\,\mathrm{d}x$；　(20) $\displaystyle\int_0^{\pi} (x\sin x)^2\,\mathrm{d}x$；

(21) $\displaystyle\int_1^{\mathrm{e}} \sin(\ln x)\,\mathrm{d}x$；　(22) $\displaystyle\int_{\frac{1}{\mathrm{e}}}^{\mathrm{e}} |\ln x|\,\mathrm{d}x$；

(23) $\displaystyle\int_0^1 (\arcsin x)^2\,\mathrm{d}x$；　(24) $\displaystyle\int_0^1 \ln(1+x^2)\,\mathrm{d}x$.

2. 设 $f(x) = \begin{cases} \dfrac{1}{1+x}, & \text{当 } x\geqslant 0 \text{ 时} \\[2mm] \dfrac{1}{1+\mathrm{e}^x}, & \text{当 } x<0 \text{ 时} \end{cases}$，求 $\displaystyle\int_0^2 f(x-1)\,\mathrm{d}x$.

3. 证明：$\displaystyle\int_0^1 x^m(1-x)^n\,\mathrm{d}x = \int_0^1 x^n(1-x)^m\,\mathrm{d}x$.

4. 设 $f(x)$ 在 $[a,b]$ 上连续，证明：$\displaystyle\int_a^b f(x)\,\mathrm{d}x =$

$\int_a^b f(a + b - x)\mathrm{d}x.$

5. 设 $f(x)$ 是以 l 为周期的连续函数, 证明: $\int_a^{a+l} f(x)\mathrm{d}x$ 的值与 a 无关.

B 组

1. 已知 $f(x) = \tan^2 x$, 求 $\int_0^{\frac{\pi}{4}} f'(x) f''(x)\mathrm{d}x.$

2. 若 $f''(x)$ 在 $[0, \pi]$ 上连续, $f(0) = 2, f(\pi) = 1$, 证明:
$$\int_0^\pi [f(x) + f''(x)]\sin x\mathrm{d}x = 3.$$

3. 设 $f(x) = \int_1^x \dfrac{t}{\ln(1 + t)}\mathrm{d}t$, 求 $g(x) = \int_0^1 \dfrac{f(x)}{1 + x}\mathrm{d}x.$

6.4　广义积分

本章的前几节讨论了有界函数在有限闭区间上的定积分, 可以称之为常义积分. 这一节将把定积分的定义从有限区间推广到无限区间, 从有界函数推广到无界函数, 这就是所谓的广义积分 (也有人称之为反常积分). 广义积分在物理等科学领域有广泛的应用.

6.4.1　无穷限的广义积分

无穷区间有三种, 分别是 $[a, +\infty)$、$(-\infty, b]$ 和 $(-\infty, +\infty)$, 我们分别定义这三种区间上的广义积分.

微课视频:
无穷限的广义积分

> **定义 6.2 (无穷限的广义积分)**　设函数 $f(x)$ 在 $[a, +\infty)$ 连续, 称 $\int_a^{+\infty} f(x)\mathrm{d}x = \lim\limits_{t \to +\infty} \int_a^t f(x)\mathrm{d}x$ 为 $f(x)$ 在 $[a, +\infty)$ 上的广义积分. 如果 $\lim\limits_{t \to +\infty} \int_a^t f(x)\mathrm{d}x$ 存在, 则称广义积分 $\int_a^{+\infty} f(x)\mathrm{d}x$ 收敛; 否则, 称广义积分 $\int_a^{+\infty} f(x)\mathrm{d}x$ 发散.
>
> 　设函数 $f(x)$ 在 $(-\infty, b]$ 连续, 称 $\int_{-\infty}^b f(x)\mathrm{d}x = \lim\limits_{t \to -\infty} \int_t^b f(x)\mathrm{d}x$ 为 $f(x)$ 在 $(-\infty, b]$ 上的广义积分. 如果 $\lim\limits_{t \to -\infty} \int_t^b f(x)\mathrm{d}x$ 存在, 则称广义积分 $\int_{-\infty}^b f(x)\mathrm{d}x$ 收敛; 否则, 称广义积分 $\int_{-\infty}^b f(x)\mathrm{d}x$ 发散.
>
> 　设函数 $f(x)$ 在 $(-\infty, +\infty)$ 连续, 称
> $$\int_{-\infty}^{+\infty} f(x)\mathrm{d}x = \lim\limits_{t \to -\infty} \int_t^0 f(x)\mathrm{d}x + \lim\limits_{t \to +\infty} \int_0^t f(x)\mathrm{d}x$$
> 为 $f(x)$ 在 $(-\infty, +\infty)$ 上的广义积分. 如果 $\lim\limits_{t \to -\infty} \int_t^b f(x)\mathrm{d}x$ 和 $\lim\limits_{t \to +\infty} \int_0^t f(x)\mathrm{d}x$ 都存在, 则称广义积分 $\int_{-\infty}^{+\infty} f(x)\mathrm{d}x$ 收敛; 否则, 称广义积分 $\int_{-\infty}^{+\infty} f(x)\mathrm{d}x$ 发散.

在上述定义中，$\int_a^t f(x)\,dx$ 和 $\int_t^b f(x)\,dx$ 都是通常意义下的定积分. 特别地，设 $F(x)$ 是 $f(x)$ 的一个原函数，则

$$\int_a^{+\infty} f(x)\,dx = \lim_{t\to+\infty} F(t) - F(a)$$

$$\int_{-\infty}^b f(x)\,dx = F(b) - \lim_{t\to-\infty} F(t)$$

$$\int_{-\infty}^{+\infty} f(x)\,dx = \lim_{t\to+\infty} F(t) - \lim_{t\to-\infty} F(t)$$

例 6.29 计算 $\int_0^{+\infty} \dfrac{dx}{2+x^2}$

解
$$\int_0^{+\infty} \frac{dx}{2+x^2} = \lim_{t\to+\infty} \int_0^t \frac{1}{2+x^2}dx$$
$$= \lim_{t\to+\infty} \left(\frac{1}{\sqrt 2}\arctan\frac{x}{\sqrt 2}\Big|_0^t \right)$$
$$= \lim_{t\to+\infty} \left(\frac{1}{\sqrt 2}\arctan\frac{t}{\sqrt 2} \right)$$
$$= \frac{1}{\sqrt 2}\cdot\frac{\pi}{2} = \frac{\sqrt 2}{4}\pi$$

从几何上看，这个广义积分值表示的是曲线 $y=\dfrac{1}{2+x^2}$ 与 x 正半轴和 y 轴所围成的图形的面积.

例 6.30 讨论广义积分 $\int_1^{+\infty} \dfrac{1}{x^p}dx$ 的收敛性.

解 当 $p\neq 1$ 时，
$$\int_1^{+\infty} \frac{1}{x^p}dx = \lim_{t\to+\infty}\int_1^t \frac{1}{x^p}dx$$
$$= \lim_{t\to+\infty} \frac{t^{1-p}-1}{1-p}$$
$$= \begin{cases} \dfrac{1}{p-1}, & p>1 \\ +\infty, & p<1 \end{cases}$$

当 $p=1$ 时，
$$\int_1^{+\infty}\frac{1}{x}dx = \lim_{t\to+\infty}\int_1^t\frac{1}{x}dx = \lim_{t\to+\infty}\ln t = +\infty$$

故当 $p>1$ 时，广义积分 $\int_1^{+\infty}\dfrac{1}{x^p}dx$ 收敛，其值为 $\dfrac{1}{p-1}$；当 $p\leqslant 1$ 时，广义积分 $\int_1^{+\infty}\dfrac{1}{x^p}dx$ 发散.

例 6.31　　讨论广义积分 $\int_0^{+\infty} e^{-px}dx$ 的敛散性，并计算广义积分

$\int_{-\infty}^{+\infty} e^{-|x|}dx$.

解　$\int_0^{+\infty} e^{-px}dx = \lim_{t \to +\infty} \int_0^t e^{-px}dx$

$$= \lim_{t \to +\infty} \left(-\frac{e^{-px}}{p} \bigg|_0^t \right)$$

$$= -\lim_{t \to +\infty} \frac{e^{-pt}}{p} + \frac{1}{p} = \begin{cases} \dfrac{1}{p}, & p > 0 \\[2mm] \infty, & p < 0 \end{cases}$$

故广义积分 $\int_0^{+\infty} e^{-px}dx$ 当 $p > 0$ 时收敛，当 $p < 0$ 时发散.

$$\int_{-\infty}^{+\infty} e^{-|x|}dx = \int_{-\infty}^0 e^x dx + \int_0^{+\infty} e^{-x}dx$$

令 $x = -u$ ，则

$$\int_{-\infty}^0 e^x dx = -\int_{+\infty}^0 e^{-u}du = \int_0^{+\infty} e^{-x}dx$$

于是　　　　$\int_{-\infty}^{+\infty} e^{-|x|}dx = 2\int_0^{+\infty} e^{-x}dx = 2$

6.4.2　无界函数的广义积分

当函数 $f(x)$ 在区间 $(a,b]$ 上连续时，$f(x)$ 在区间 $(a,b]$ 上可以是无界的. 例如，$f(x) = \dfrac{1}{\sqrt{x}}$ 在区间 $(0,1]$ 连续但无界，我们称点 $x = 0$ 是函数 $f(x) = \dfrac{1}{\sqrt{x}}$ 的瑕点. 下面引入无界函数广义积分的定义.

微课视频：
无界函数的
广义积分

定义 6.3　设函数 $f(x)$ 在区间 $(a,b]$ 上连续，点 a 是 $f(x)$ 的瑕点，称 $\int_a^b f(x)dx = \lim_{t \to a^+} \int_t^b f(x)dx$ 为 $f(x)$ 在区间 $(a,b]$ 上的广义积分. 如果 $\lim_{t \to a^+} \int_t^b f(x)dx$ 存在，则称广义积分 $\int_a^b f(x)dx$ 收敛；否则，称广义积分 $\int_a^b f(x)dx$ 发散.

设函数 $f(x)$ 在区间 $[a,b)$ 上连续，点 b 是 $f(x)$ 的瑕点，称 $\int_a^b f(x)dx = \lim_{t \to b^-} \int_a^t f(x)dx$ 为 $f(x)$ 在区间 $[a,b)$ 上的广义积分. 如果 $\lim_{t \to b^-} \int_a^t f(x)dx$ 存在，则称广义积分 $\int_a^b f(x)dx$ 收敛；否则，称广义积分 $\int_a^b f(x)dx$ 发散.

设函数 $f(x)$ 在区间 $[a,c)\cup(c,b]$ 连续，点 c 是 $f(x)$ 的瑕点，称

$$\int_a^b f(x)\,\mathrm{d}x = \lim_{t\to c^-}\int_a^t f(x)\,\mathrm{d}x + \lim_{t\to c^+}\int_t^b f(x)\,\mathrm{d}x$$

为 $f(x)$ 在区间 $[a,b]$ 上的广义积分. 如果 $\lim\limits_{t\to c^-}\int_a^t f(x)\,\mathrm{d}x$ 和 $\lim\limits_{t\to c^+}\int_t^b f(x)\,\mathrm{d}x$ 都存在，则称广义积分 $\int_a^b f(x)\,\mathrm{d}x$ 收敛；否则，称广义积分 $\int_a^b f(x)\,\mathrm{d}x$ 发散.

微课视频：
两种广义积分
能统一吗？

由于无界的点称为瑕点，所以无界函数的积分也称为瑕积分.
类似地，设 $F(x)$ 是 $f(x)$ 的一个原函数，则
当 a 为瑕点时，

$$\int_a^b f(x)\,\mathrm{d}x = F(b) - F(a^+) = F(b) - \lim_{t\to a^+}F(t)$$

当 b 为瑕点时，

$$\int_a^b f(x)\,\mathrm{d}x = F(b^-) - F(a) = \lim_{t\to b^-}F(t) - F(a)$$

例 6.32　　讨论广义积分 $\int_0^1 \dfrac{1}{x^p}\mathrm{d}x$ 的敛散性，其中 $p>0$.

解　　显然，$x=0$ 是瑕点. 当 $p\neq 1$ 时，

$$\int_0^1 \frac{1}{x^p}\mathrm{d}x = \lim_{t\to 0^+}\int_t^1 \frac{1}{x^p}\mathrm{d}x$$

$$= \lim_{t\to 0^+}\Big[\frac{1}{1-p}(1-t^{1-p})\Big]$$

$$= \begin{cases} +\infty, & p>1 \\ \dfrac{1}{1-p}, & p<1 \end{cases}$$

当 $p=1$ 时，

$$\int_0^1 \frac{1}{x^p}\mathrm{d}x = \lim_{t\to 0^+}\int_t^1 \frac{1}{x}\mathrm{d}x$$

$$= \lim_{t\to 0^+}(-\ln t) = +\infty$$

故当 $p<1$ 时，广义积分 $\int_0^1 \dfrac{1}{x^p}\mathrm{d}x$ 收敛，其值为 $\dfrac{1}{1-p}$；当 $p\geqslant 1$ 时，广义积分 $\int_0^1 \dfrac{1}{x^p}\mathrm{d}x$ 发散.

例 6.33　　计算广义积分 $\int_0^1 \dfrac{\mathrm{d}x}{\sqrt{1-x}}$.

解　$x = 1$ 是瑕点，有

$$\int_0^1 \frac{\mathrm{d}x}{\sqrt{1-x}} = \lim_{t \to 1^-} \int_0^t \frac{\mathrm{d}x}{\sqrt{1-x}}$$

$$= -2 \lim_{t \to 1^-} \left(\sqrt{1-x} \Big|_0^t \right)$$

$$= -2 \lim_{t \to 1^-} \sqrt{1-t} + 2$$

$$= 2$$

例 6.34　计算广义积分 $\displaystyle\int_0^3 \frac{\mathrm{d}x}{(x-1)^{\frac{2}{3}}}$.

解　$x = 1$ 是瑕点. 令 $x - 1 = t$，则

$$\int_0^3 \frac{\mathrm{d}x}{(x-1)^{\frac{2}{3}}} = \int_{-1}^2 \frac{\mathrm{d}t}{t^{\frac{2}{3}}} = \int_{-1}^2 \frac{\mathrm{d}x}{x^{\frac{2}{3}}}$$

以瑕点划分积分区间有

$$\int_0^3 \frac{\mathrm{d}x}{(x-1)^{\frac{2}{3}}} = \int_{-1}^2 \frac{\mathrm{d}x}{x^{\frac{2}{3}}}$$

$$= \int_{-1}^0 \frac{\mathrm{d}x}{x^{\frac{2}{3}}} + \int_0^2 \frac{\mathrm{d}x}{x^{\frac{2}{3}}}$$

$$= \lim_{t \to 0^-} \int_{-1}^t \frac{\mathrm{d}x}{x^{\frac{2}{3}}} + \lim_{t \to 0^+} \int_t^2 \frac{\mathrm{d}x}{x^{\frac{2}{3}}}$$

$$= \lim_{t \to 0^-} 3x^{\frac{1}{3}} \Big|_{-1}^t + \lim_{t \to 0^+} 3x^{\frac{1}{3}} \Big|_t^2$$

$$= \lim_{t \to 0^-} 3t^{\frac{1}{3}} - (-3) + 3 \cdot 2^{\frac{1}{3}} - \lim_{t \to 0^+} 3t^{\frac{1}{3}}$$

$$= 3 + 3\sqrt[3]{2}$$

*6.4.3　广义积分的审敛法

我们先讨论无限区间广义积分的审敛法.

定理 6.6　设函数 $f(x)$ 在区间 $[a, +\infty)$ 上连续，且 $f(x) \geqslant 0$. $F(x)$ 是 $f(x)$ 的积分上限函数，即

$$F(x) = \int_a^x f(t)\,\mathrm{d}t$$

则广义积分 $\displaystyle\int_a^{+\infty} f(x)\mathrm{d}x$ 收敛等价于 $F(x)$ 在 $[a, +\infty)$ 上有上界.

由于 $F'(x) = f(x) \geqslant 0$，所以 $F(x)$ 是 $[a, +\infty)$ 上的单调递增函数，故极限 $\displaystyle\lim_{x \to +\infty} F(x) = \lim_{x \to +\infty} \int_a^x f(t)\,\mathrm{d}t$ 存在，即广义积分 $\displaystyle\int_a^{+\infty} f(x)\,\mathrm{d}x$ 收敛等价于 $F(x)$ 有界.

根据定理 6.6 可以得到广义积分的比较审敛原理.

定理 6.7　（比较审敛原理） 设函数 $f(x)$ 和 $g(x)$ 在区间 $[a, +\infty)$ 上连续，且

$$0 \leqslant f(x) \leqslant g(x) \quad (a \leqslant x < +\infty)$$

如果 $\int_a^{+\infty} g(x)\mathrm{d}x$ 收敛，则 $\int_a^{+\infty} f(x)\mathrm{d}x$ 也收敛；反之，如果 $\int_a^{+\infty} f(x)\mathrm{d}x$ 发散，则 $\int_a^{+\infty} g(x)\mathrm{d}x$ 也发散.

下面给出的极限形式的比较审敛法在应用上较为方便.

定理 6.8　（极限审敛法） 设函数 $f(x)$ 在区间 $[a, +\infty)$ $(a > 0)$ 上连续，且 $f(x) \geqslant 0$,

（1）如果存在常数 $p > 1$，使得 $\lim\limits_{x \to +\infty} x^p f(x)$ 存在，则广义积分 $\int_a^{+\infty} f(x)\mathrm{d}x$ 收敛；

（2）如果 $\lim\limits_{x \to +\infty} xf(x) = c > 0$ （或 $\lim\limits_{x \to +\infty} xf(x) = +\infty$），则广义积分 $\int_a^{+\infty} f(x)\mathrm{d}x$ 发散.

上面讨论的广义积分的被积函数都是非负的，对于一般函数的广义积分，我们有下面的定理.

定理 6.9 设函数 $f(x)$ 在区间 $[a, +\infty)$ 上连续. 如果广义积分 $\int_a^{+\infty} |f(x)|\mathrm{d}x$ 收敛，则广义积分 $\int_a^{+\infty} f(x)\mathrm{d}x$ 也收敛.

如果广义积分 $\int_a^{+\infty} |f(x)|\mathrm{d}x$ 收敛，通常称广义积分 $\int_a^{+\infty} f(x)\mathrm{d}x$ **绝对收敛**.

例 6.35　判定广义积分 $\int_1^{+\infty} \dfrac{\sin x}{x\sqrt{1+x^2}}\mathrm{d}x$ 的收敛性.

解　因为

$$\left| \frac{\sin x}{x\sqrt{1+x^2}} \right| \leqslant \frac{1}{x^2}$$

由比较审敛法，广义积分 $\int_1^{+\infty} \dfrac{\sin x}{x\sqrt{1+x^2}}\mathrm{d}x$ 绝对收敛.

微课视频：
广义积分综合题

例 6.36　讨论广义积分 $\int_2^{+\infty} \dfrac{\mathrm{d}x}{x^2\ln x}$ 的收敛性.

解　因为

$$\lim_{x \to +\infty} \left(x^2 \frac{1}{x^2 \ln x} \right) = \lim_{x \to +\infty} \frac{1}{\ln x} = 0$$

由极限审敛法，$\int_2^{+\infty} \dfrac{\mathrm{d}x}{x^2 \ln x}$ 收敛.

无界函数的广义积分也有类似的审敛法.

> **定理 6.10　（极限审敛法）**　设函数 $f(x)$ 在区间 $(a, b]$ 上连续，且 $f(x) \geqslant 0$，$\lim\limits_{x \to a^+} f(x) = +\infty$，
>
> 　（1）如果存在常数 $0 < p < 1$，使得 $\lim\limits_{x \to a^+} (x - a)^p f(x)$ 存在，则广义积分 $\int_a^b f(x) \mathrm{d}x$ 收敛；
>
> 　（2）如果存在常数 $p \geqslant 1$，使得 $\lim\limits_{x \to a^+} (x - a)^p f(x) = C > 0$（或 $\lim\limits_{x \to a^+} (x - a)^p f(x) = +\infty$），则广义积分 $\int_a^b f(x) \mathrm{d}x$ 发散.

例 6.37　讨论 $\int_0^1 \dfrac{\ln x}{\sqrt{x}} \mathrm{d}x$ 的收敛性.

解　因为

$$\lim_{x \to 0^+} \left(x^{\frac{3}{4}} \frac{\ln x}{\sqrt{x}} \right) = \lim_{x \to 0^+} \left(x^{\frac{1}{4}} \ln x \right) = 0$$

由极限审敛法，$\int_0^1 \dfrac{\ln x}{\sqrt{x}} \mathrm{d}x$ 收敛.

部分题目详解与提示

习题 6.4

A 组

判别下列各广义积分的收敛性，如果收敛，计算广义积分的值：

（1）$\int_0^{+\infty} \mathrm{e}^{-ax} \mathrm{d}x \quad (a > 0)$；

（2）$\int_{-\infty}^{+\infty} \dfrac{\mathrm{d}x}{x^2 + 2x + 2}$；

（3）$\int_0^{+\infty} x^n \mathrm{e}^{-x} \mathrm{d}x \quad$（$n$ 为自然数）；

（4）$\int_0^2 \dfrac{\mathrm{d}x}{(1 - x)^2}$；　（5）$\int_2^6 \dfrac{\mathrm{d}x}{\sqrt[3]{(4 - x)^2}}$；

（6）$\int_1^2 \dfrac{x \mathrm{d}x}{\sqrt{x - 1}}$；　（7）$\int_0^1 \ln^n x \mathrm{d}x$；

（8）$\int_1^e \dfrac{\mathrm{d}x}{x \sqrt{1 - (\ln x)^2}}$；

（9）$\int_0^{+\infty} \mathrm{e}^{px} \sin x \mathrm{d}x \quad (p < 0)$；

（10）$\int_0^{+\infty} \mathrm{e}^{kx} \mathrm{e}^{-ax} \mathrm{d}x \quad (a > k)$.

B 组

1. 利用定义判定广义积分 $\int_1^{+\infty} \dfrac{\ln x}{x^p} \mathrm{d}x$ 的敛散性. p 为何值时该积分收敛？p 为何值时该积分发散？

2. 已知 $f(x) = \begin{cases} 0, & x \leqslant 0 \\ \dfrac{1}{2} x, & 0 < x \leqslant 2, \\ 1, & x > 2 \end{cases}$ 求 $\int_{-\infty}^x f(t) \mathrm{d}t$.

3. 讨论广义积分 $\int_a^b \dfrac{\mathrm{d}x}{(x - a)^k} \quad (a < b)$ 的敛散性.

6.5 定积分的几何应用

微课视频:
微元法是什么?

定积分在科学技术的各个领域都有广泛的应用. 通常, 用定积分解决的问题是求非均匀分布的整体量 U (U 与区间 $[a, b]$ 有关, 且关于区间具有可加性). 例如, 面积、体积、弧长、质量、功、引力等量. 本节将重点介绍如何把一个几何量和物理量表示成为一个定积分, 这种方法通常被称为**微元法** (也称元素法), 然后介绍微元法在解决一些几何问题、物理问题中的应用实例.

微元法是定积分思想的具体体现, 即首先在微小的局部取得总体量 U 的微分 dU, 然后通过求和、取极限得到 U 的精确值. 具体做法如下:

(1) 根据问题的实际意义, 确定恰当的坐标系, 并画出草图以帮助分析;

(2) 确定所求总体量 U 的非均匀分布函数 $f(x)$ 及 x 的变化区间 (如$[a, b]$);

(3) 在微小局部 $[x, x+dx]$ 上取得 ΔU 的线性主要部分 $dU = f(x)dx$, dU 称为量 U 的微元, 如 U 表示面积、体积或功时, dU 分别称为面积微元、体积微元或功的微元;

(4) 求和取极限, 得到

$$U = \int_a^b f(x)\,dx$$

这就是所求量 U 的积分表达式.

应用微元法的关键是根据问题的实际意义写出子区间 $[x, x+dx]$ 上部分量 ΔU 的线性主要部分, 即 U 的微元 $dU = f(x)dx$. 在许多定积分应用的实际问题中, 总是在子区间 $[x, x+dx]$ 上把非均匀分布的量近似看成是均匀分布的, 即用特殊点, 如子区间左端点处的函数值 $f(x)$ 代替该子区间上各点的函数值. 例如, 求曲边梯形的面积时, 把左端点处的 "高" $f(x)$ 看成是子区间 $[x, x+dx]$ 上各点的 "高"; 在求变速直线运动的路程时, 把子区间 $[t, t+dt]$ 左端点处的速度 $v(t)$ 看成是子区间 $[t, t+dt]$ 各点的速度. 这样求出的 ΔU 的近似值往往符合微元法的要求. 下面就用此方法解决一些几何问题和物理问题.

本节主要介绍利用定积分计算平面图形面积、旋转体体积和平面曲线的弧长.

　平面图形的面积和平面曲线的弧长

1. 直角坐标系下平面图形的面积

设平面图形由两条连续曲线 $y=f(x)$，$y=g(x)$（其中 $f(x) \geqslant g(x)$，$x \in [a, b]$）及直线 $x=a$，$x=b$ 所围成（见图 6-8），求平面图形的面积.

取 x 为积分变量，变化区间为 $[a, b]$，在 $[a, b]$ 中任意小区间 $[x, x+dx]$ 上的小窄条的面积近似于高为 $f(x)-g(x)$，底为 dx 的矩形面积，所以面积微元为

$$dA = [f(x)-g(x)]dx$$

从而所求平面图形的面积为

$$A = \int_a^b [f(x)-g(x)]dx$$

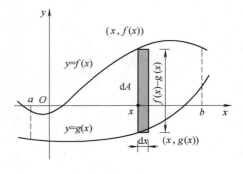

图　6-8

例 6.38　求由曲线 $y^2=x$，$y=x^2$ 所围成的图形的面积.

解　两曲线的交点为 $O(0, 0)$，$A(1, 1)$，所围图形在 $x=0$ 和 $x=1$ 之间（见图 6-9）. 取 x 为积分变量，变化区间为 $[0, 1]$. 在 $[0, 1]$ 中任意小区间 $[x, x+dx]$ 上的小窄条的面积近似于高为 $\sqrt{x}-x^2$，底为 dx 的矩形面积，所以面积微元

$$dA = (\sqrt{x}-x^2)dx$$

所求面积为

$$A = \int_0^1 (\sqrt{x}-x^2)dx = \frac{1}{3}$$

微课视频：
平面图形的面积-
直角坐标情形

设平面图形由 $x=\varphi(y)$，$x=h(y)$，$y=c$，$y=d$ 围成（见图 6-10），且 $h(y) \geqslant \varphi(y)$，求平面图形的面积. 考虑 $[c, d]$ 内任意小区间 $[y, y+dy]$，面积微元

$$dA = [h(y)-\varphi(y)]dy$$

从而平面图形的面积为

$$A = \int_c^d [h(y)-\varphi(y)]dy$$

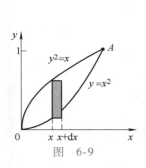

图　6-9

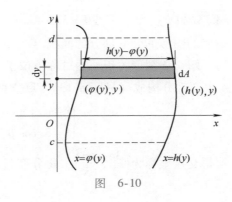

图　6-10

例6.39 求由曲线 $y^2 = 2x$ 与直线 $y = x - 4$ 所围成的图形的面积.

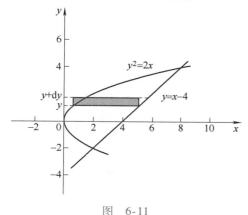

图 6-11

解 两曲线的交点为 $(2，-2)$ 与 $(8，4)$ 所围图形在 $y = -2$ 和 $y = 4$ 之间（见图6-11）. 取 y 为积分变量，变化区间为 $[-2，4]$. $[-2，4]$ 中任意小区间 $[y，y+dy]$ 上的小窄条的面积近似于高为 dy，底为 $\left[(y+4) - \dfrac{1}{2}y^2\right]$ 的矩形面积，所以面积微元

$$dA = \left[(y+4) - \frac{1}{2}y^2\right]dy$$

所求面积为

$$A = \int_{-2}^{4} \left[(y+4) - \frac{1}{2}y^2\right]dy$$

$$= \left[\frac{1}{2}y^2 + 4y - \frac{1}{6}y^3\right]_{-2}^{4} = 18$$

上面的例子也可以取 x 为积分变量，这时需要将围成的图形划分为两部分，计算相对麻烦，留给读者作为练习. 由此例可以看出，积分变量选得适当，可以简化计算.

2. 极坐标系下平面图形的面积

设平面图形是由极坐标方程 $r = r(\theta)$ 给出的连续曲线与射线 $\theta = \alpha$，$\theta = \beta$ 所围成的，求其面积.

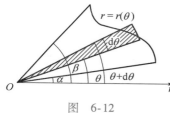

图 6-12

如图6-12所示，取 θ 角为积分变量，变化区间为 $[\alpha，\beta]$. $[\alpha，\beta]$ 中任意的小区间 $[\theta，\theta+d\theta]$ 的窄曲边扇形的面积近似于半径为 $r(\theta)$，中心角为 $d\theta$ 的扇形面积，所以面积元素

$$dA = \frac{1}{2}[r(\theta)]^2 d\theta$$

所求面积为

$$A = \int_{\alpha}^{\beta} \frac{1}{2}[r(\theta)]^2 d\theta$$

例6.40 求心形线 $r = a(1 + \cos\theta)$ $(a > 0)$ 与圆 $r = 3a\cos\theta$ 所围成的图形的公共部分的面积.

解 该图形关于 x 轴对称，位于 x 轴上方部分的面积设为 A，A 由两部分构成（见图6-13）. 联立两曲线方程

$$\begin{cases} r = a(1 + \cos\theta) \\ r = 3a\cos\theta \end{cases}$$

解得交点坐标为 $\left(\dfrac{3a}{2}，\dfrac{\pi}{3}\right)$. 积分变量 θ 从 0 到 $\dfrac{\pi}{3}$ 范围内时对应的

面积

$$A_1 = \int_0^{\frac{\pi}{3}} \frac{1}{2} \left[a(1 + \cos\theta) \right]^2 d\theta$$

$$= \frac{1}{2}a^2 \left[\frac{3}{2}\theta + 2\sin\theta + \frac{1}{4}\sin 2\theta \right]_0^{\frac{\pi}{3}}$$

$$= \frac{a^2}{4}\left(\pi + \frac{9}{4}\sqrt{3} \right)$$

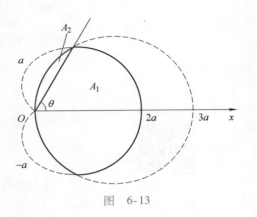

图　6-13

积分变量 θ 从 $\dfrac{\pi}{3}$ 到 $\dfrac{\pi}{2}$ 范围内时对应的面积

$$A_2 = \int_{\frac{\pi}{3}}^{\frac{\pi}{2}} \frac{1}{2}(3a\cos\theta)^2 d\theta$$

$$= \frac{9a^2}{2} \int_{\frac{\pi}{3}}^{\frac{\pi}{2}} \frac{1}{2}(1 + \cos 2\theta) d\theta$$

$$= \frac{9a^2}{4}\left(\frac{\pi}{6} - \frac{\sqrt{3}}{4} \right)$$

故所求的面积为

$$2A = 2(A_1 + A_2) = \frac{5\pi}{4}a^2$$

3. 平面曲线的弧长

表示平面曲线的最一般方式是参数方程

$$L: \begin{cases} x = x(t) \\ y = y(t) \end{cases}, a \leqslant t \leqslant b$$

如果 $x(t)$ 和 $y(t)$ 都可导且 $x'(t)$ 和 $y'(t)$ 不同时为 0，则称 L 是光滑曲线. 光滑曲线 L 可以用定积分求弧长. 此时，弧长微元为

$$ds = \sqrt{\left[x'(t) \right]^2 + \left[y'(t) \right]^2} dt$$

弧长为

$$s = \int_a^b \sqrt{\left[x'(t) \right]^2 + \left[y'(t) \right]^2} dt$$

曲线的极坐标方程 $r = r(\theta)$ $(\alpha \leqslant \theta \leqslant \beta)$ 可以化为

$$\begin{cases} x = r(\theta)\cos\theta \\ y = r(\theta)\sin\theta \end{cases} (\alpha \leqslant \theta \leqslant \beta)$$

这是以极角 θ 为参数的曲线的参数方程. 曲线的直角坐标方程 $y = f(x)$ $(a \leqslant x \leqslant b)$ 也可以看成参数方程

$$\begin{cases} y = f(x) \\ x = x \end{cases} (a \leqslant x \leqslant b)$$

例 6.41　求星形线 $\begin{cases} x = a\cos^3 t \\ y = a\sin^3 t \end{cases}$ $(0 \leqslant t \leqslant 2\pi)$ 的全长及围成图

形的面积.

解　由对称性，星形线的全长是其在第一象限部分的 4 倍，这时参数的变化区间是 $\left[0, \dfrac{\pi}{2}\right]$，弧长微元为

$$ds = \sqrt{(-3a\cos^2 t\sin t)^2 + (3a\sin^2 t\cos t)^2}\,dt$$
$$= 3a\sin t\cos t\,dt$$

星形线的全长为

$$s = 4\int_0^{\frac{\pi}{2}} 3a\sin t\cos t\,dt = 6a$$

由对称性，星形线围成的图形面积

$$A = 4\int_0^a y\,dx$$

微课视频：
平面曲线的弧长

令 $x = a\cos^3 t$，则 $y = a\sin^3 t$，

$$A = 4\int_{\frac{\pi}{2}}^0 a\sin^3 t\,d(a\cos^3 t)$$
$$= -12a^2\int_{\frac{\pi}{2}}^0 \sin^4 t\cos^2 t\,dt$$
$$= 12a^2\left(\int_0^{\frac{\pi}{2}} \sin^4 t\,dt - \int_0^{\frac{\pi}{2}} \sin^6 t\,dt\right)$$
$$= 12a^2\left(\frac{3\times 1}{4\times 2} - \frac{5\times 3\times 1}{6\times 4\times 2}\right)\frac{\pi}{2}$$
$$= \frac{3}{8}\pi a^2$$

6.5.2　已知平行截面面积的立体的体积

已知平行截面面积的立体的体积不仅求法简单，而且在多元积分计算中有重要应用.

设立体在过点 $x = a$ 和 $x = b$，且垂直于 x 轴的两平面之间. 以 $A(x)$ 表示过点 x 且垂直于 x 轴的截面面积，求立体的体积.

取 x 为积分变量，它的变化区间为 $[a, b]$. 则 $[a, b]$ 区间中任意小区间 $[x, x+dx]$ 上的小薄片可以近似看成以 $A(x)$ 为底面积，dx 为高的直柱体（见图 6-14），所以体积微元为

$$dV = A(x)\,dx$$

所求体积为

$$V = \int_a^b A(x)\,dx$$

例 6.42　一圆柱体底面半径为 R，被一平面所截. 该平面经过底圆的中心，并与底面交成角 α（见图 6-15）. 计算平面截圆柱体所得的立体的体积.

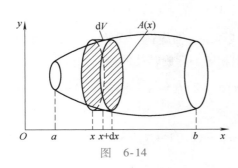

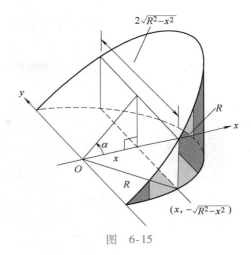

图 6-14 图 6-15

解 取这个平面与底面的交线为 y 轴，底圆圆心为原点，底面上过原点且与 y 轴垂直的直线为 x 轴，则底圆的方程为

$$x^2 + y^2 = R^2$$

$\forall x \in [-R, R]$，过 x 处且垂直于 x 轴、平行于 y 轴的截面为矩形. 矩形的长为 $2\sqrt{R^2 - x^2}$，高为 $x\tan \alpha$，所以截面的面积为

$$A(x) = 2x\sqrt{R^2 - x^2}\tan \alpha$$

于是所求立体的体积为

$$V = \int_0^R A(x)\,dx$$
$$= \int_0^R 2x\sqrt{R^2 - x^2}\tan \alpha\,dx$$
$$= \frac{2}{3}R^3\tan \alpha$$

微课视频：
立体的体积和
旋转体的侧面积

下面考虑旋转体的体积和侧面积。

我们所说的旋转体是指一个平面图形绕着它的一个对称轴或者图形一侧的一条直线旋转一周所形成的立体. 图形旋转所绕的直线就是旋转轴. 常见的旋转体有圆柱体、圆锥体、球体等.

设平面图形是由连续曲线 $y = f(x)$，及直线 $x = a$，$x = b$ 所围成的曲边梯形，其中 $f(x) \geqslant 0$，$x \in [a, b]$ （见图6-16）. 求该平面图形绕 x 轴旋转一周所得旋转体的体积 V 和侧面积.

取 x 为积分变量，变化区间为 $[a, b]$. 区间$[a, b]$ 中任意小区间$[x, x + dx]$上图形绕 x 轴旋转一周所得立体可以近似看成厚度为 dx，

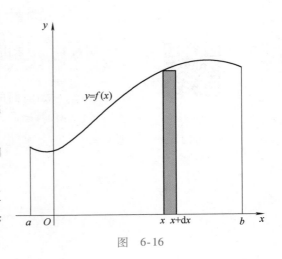

图 6-16

半径为 $f(x)$ 的圆片. 所以体积元素为

$$dV = \pi f^2(x) dx$$

所求旋转体的体积为

$$V = \pi \int_a^b f^2(x) dx$$

$[x, x+dx]$ 上曲线弧绕 x 轴旋转一周的面积与长为 $2\pi f(x)$、宽为 ds 的矩形面积近似相等，即旋转体的侧面积微元为

$$dS = 2\pi f(x) ds = 2\pi f(x) \sqrt{1+(f'(x))^2} dx$$

于是，

$$S = 2\pi \int_a^b f(x) \sqrt{1+(f'(x))^2} dx$$

微课视频：
旋转体的体积

例 6.43 求由椭圆 $\dfrac{x^2}{a^2} + \dfrac{y^2}{b^2} = 1$ 围成的图形绕 x 轴旋转一周所得旋转体的体积.

解 这个旋转体可以看成是由上半椭圆 $y = \dfrac{b}{a}\sqrt{a^2-x^2}$ 与 x 轴围成的图形绕 x 轴旋转一周而成的立体（见图 6-17）. 所以体积微元为

$$dV = \pi\left(\frac{b}{a}\sqrt{a^2-x^2}\right)^2 dx$$

从而所求体积为

$$
\begin{aligned}
V &= \int_{-a}^{a} \pi \frac{b^2}{a^2}(a^2-x^2) dx \\
&= \pi \frac{b^2}{a^2}\left(a^2 x - \frac{1}{3}x^3\right)\Big|_{-a}^{a} \\
&= \frac{4}{3}\pi ab^2
\end{aligned}
$$

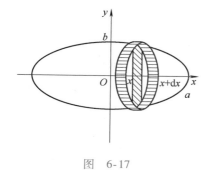

图 6-17

当 $a=b$ 时，旋转体是半径为 a 的球体，体积为 $\dfrac{4}{3}\pi a^3$.

微课视频：
定积分的几何
应用综合题

例 6.44 求由曲线 $y^2 = x$，$y = x^2$ 所围图形绕 x 轴旋转一周的旋转体体积.

解 如前面的图 6-9 所示. 所求体积是图形 $0 \leqslant y \leqslant \sqrt{x}$，$0 \leqslant x \leqslant 1$ 与 $0 \leqslant y \leqslant x^2$，$0 \leqslant x \leqslant 1$ 绕 x 轴旋转体体积之差，即

$$
\begin{aligned}
V &= \pi \int_0^1 (\sqrt{x})^2 dx - \pi \int_0^1 (x^2)^2 dx \\
&= \pi \int_0^1 (x - x^4) dx \\
&= \frac{3\pi}{10}
\end{aligned}
$$

例 6.45 　（托利拆利的小号）求 $y = \dfrac{1}{\sqrt{1+x^2}}$，$0 \leqslant x < +\infty$ 绕 x

轴旋转一周的旋转体的体积和侧面积.

解 　$$V = \pi \int_0^{+\infty} y^2 \mathrm{d}x = \pi \int_0^{+\infty} \frac{\mathrm{d}x}{1+x^2} = \frac{\pi^2}{2}$$

$$S = 2\pi \int_0^{+\infty} y \sqrt{1+y'^2} \mathrm{d}x$$

注意到 $y\sqrt{1+y'^2} > y > 0$，而

$$\int_0^{+\infty} y \mathrm{d}x = \int_0^{+\infty} \frac{\mathrm{d}x}{\sqrt{1+x^2}} = +\infty$$

所以 $S = +\infty$

注 　上例中的旋转体形如无限长的小号. 小号的体积为有限值 $\dfrac{\pi^2}{2}$，而侧面积为无穷大. 设想小号内装满油漆，则用有限的油漆涂满了无穷大的面积.

部分题目详解与提示

习题 6.5

A 组

1. 求由下列曲线所围成的图形的面积：

（1）$y = x$ 与 $y = \sqrt{x}$；

（2）$y = 2x$ 与 $y = 3 - x^2$；

（3）$y = \sin x$ 与 $y = \sin 2x$，$(0 \leqslant x \leqslant \pi)$；

（4）$y = \dfrac{1}{x}$ 与直线 $y = x$ 及 $x = 2$；

（5）$y = \mathrm{e}^x$，$y = \mathrm{e}^{-x}$ 与直线 $x = 1$；

（6）$y = \ln x$ 与直线 $x = 0$，$y = \ln a$ 及 $y = \ln b(b > a > 0)$；

（7）$y = x^2$ 与直线 $y = x$ 及 $y = 2x$；

（8）$y = 2x$ 与 $xy = 2$ 及 $y = \dfrac{x^2}{4}$.

2. 求由下列各曲线所围成的图形的面积：

（1）$r = 2a\cos\theta$；

（2）$r = \sqrt{\cos 2\theta}$.

3. 求下列已知曲线所围成的图形，按指定的轴旋转所产生的旋转体的体积：

（1）$y^2 = 4ax$ 及直线 $x = 2$，绕 x 轴；

（2）$y = x^2$，$x = y^2$，绕 y 轴；

（3）$x^2 + (y-5)^2 = 16$，绕 x 轴；

（4）$x^2 + y^2 = 9$，绕直线 $x = -4$；

（5）摆线 $x = a(t - \sin t)$，$y = a(1 - \cos t)$ 的一拱，$y = 0$，绕直线 $y = 2a$.

4. 计算曲线 $y = \ln(1 - x^2)$ 上相应于 $0 \leqslant x \leqslant \dfrac{1}{2}$ 的一段弧的长度.

5. 求对数螺线 $r = \mathrm{e}^{a\theta}$ 相应于 $0 \leqslant \theta \leqslant \varphi$ 的一段弧的长度.

6. 求曲线（圆的渐伸线）$x = a(\cos t + t\sin t)$，$y = a(\sin t - t\cos t)$ $(a > 0，0 \leqslant t \leqslant 2\pi)$ 的弧长.

7. 求曲线 $y = \displaystyle\int_0^x \sqrt{\sin t} \mathrm{d}t$ 相应于 $0 \leqslant x \leqslant \pi$ 的一段弧的长度.

B 组

1. 求由曲线 $y = -x^2 + 4x - 3$ 及其在点 $(0, -3)$ 和点 $(3, 0)$ 处的切线所围成的图形的面积.

2. 求由抛物线 $y^2 = 4ax$ 与过焦点的弦所围成的图形的面积的最小值.

3. 求下列各曲线所围成图形的面积

（1）$r = 2a(2 + \cos\theta)$；

（2）$r = \sqrt{2}\sin\theta$ 及 $r^2 = \cos 2\theta$.

6.6　定积分的物理应用

数量都是可加的. 本节我们以变力沿直线做功问题、液体的静压力问题和引力问题为例, 说明如何用定积分求物理问题的"数量".

6.6.1　变力沿直线所做的功

微课视频:
定积分的
物理应用

从物理学可知, 如果物体在做直线运动时受到一个常力 F 的作用, 且运动方向与力的方向平行, 那么, 在物体自点 a 移到点 b 力所做的功 W 为

$$W = F \cdot (b - a)$$

如果物体在做直线运动时受到一个变力的作用, 就会遇到变力对物体做功的问题. 由于功对区间具有可加性 (即力在总位移上所做的功等于在各小位移内所做的功之和), 因此可以用定积分来处理.

例 6.46　已知距离为 r 的两个点电荷 q_1 与 q_2 间的作用力的大小为

$$F = k \frac{q_1 q_2}{r^2} \quad (k \text{ 是常数})$$

方向平行于两点间的连线. 把一个带有 $+q$ 电荷量的点电荷放在 r 轴上坐标原点 O 处, 它产生一个电场. 求电场力将单位电荷从 $r = a$ 处移到 $r = b (a < b)$ 处时电场力对它所做的功 (见图 6-18).

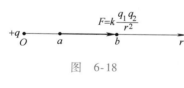

图　6-18

解　由于电场力的大小随点的位置不同而改变, 因此这个问题属于变力沿直线做功的问题. 取 r 为积分变量, 其变化区间为 $[a, b]$. 在 $[a, b]$ 中的任意小区间 $[r, r + \mathrm{d}r]$ 上电场力可近似看作常数 $F(r)$, 从而可得功的微元为

$$\mathrm{d}W = F(r)\,\mathrm{d}r = k \frac{q \cdot 1}{r^2}\,\mathrm{d}r = k \frac{q}{r^2}\,\mathrm{d}r$$

故电场对它所做的功为

$$W = \int_a^b \mathrm{d}W = \int_a^b k \frac{q}{r^2}\,\mathrm{d}r = kq \left(\frac{1}{a} - \frac{1}{b} \right)$$

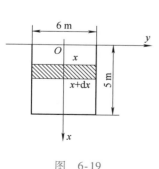

图　6-19

例 6.47　一圆柱形储水桶高为 5m, 底面半径为 3m, 桶内装满了水, 问把桶内的水全部抽出需做多少功?

解　如图 6-19 所示, 建立坐标系. 取深度 x 为积分变量, 变化区间为 $[0, 5]$. $[0, 5]$ 中任意小区间 $[x, x + \mathrm{d}x]$ 的薄层水的高度为 $\mathrm{d}x$, 其重力为 $9.8\pi \cdot 3^2 \mathrm{d}x$, 把这薄层水抽出桶外

所做的功的近似值，即所谓的功微元为

$$dW = 9.8\pi \cdot 3^2 x dx = 88.2\pi x dx$$

从而所求的功为

$$W = \int_0^5 88.2\pi x dx = 88.2\pi \left(\frac{1}{2}x^2\right)\bigg|_0^5 \approx 3462(\text{kJ})$$

6.6.2 液体的静压力

在设计水库的闸门和管道的阀门时，常常需要计算液体（如水或油类等）对它们的静压力. 讨论液体静压力时，需要用到一些简单的物理知识，即

（1）压力 = 压强 × 受力面积；

（2）在液体中任一点处，各个方向的压强都是相等的；

（3）压强 = 深度 × 液体密度 × g（g 为重力加速度），即压强与深度成正比.

例 6.48 某水库的闸门形状为等腰梯形，上底长为 10m，下底长为 6m，高为 20m，闸门与水面垂直，上底恰好位于水平面上，求闸门所受的静压力.

解 由物理学可知，液体深度为 h 处的压强 $p = \rho g h$，其中 ρ 是液体的密度，g 为重力加速度. 面积为 S 的薄板水平放置于深度为 h 处的液体中，薄板一侧所受液体压力为

$$F = pS = \rho g h S$$

如图 6-20 所示，取闸门上底边的中点为原点，垂直向下为 x 轴. 取 x 为积分变量，变化区间为 $[0, 20]$，在 $[0, 20]$ 中任意小区间 $[x, x+dx]$ 上的窄条各点处所受的水压强近似于 $9.8x(\text{kN/m}^2)$，该窄条的长近似于 $10 - \dfrac{x}{5}$，高为 dx，故小窄条的一侧所受静压力近似值，即压力微元为

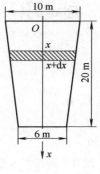

图 6-20

$$dF = 9.8\left(10 - \frac{x}{5}\right)x dx$$

从而闸门所受的压力为

$$\begin{aligned}
F &= \int_0^{20} 9.8\left(10 - \frac{x}{5}\right)x dx \\
&= 9.8\left(5x^2 - \frac{1}{15}x^3\right)\bigg|_0^{20} \approx 14373(\text{kN})
\end{aligned}$$

6.6.3 引力

由物理学可知，质量分别为 m_1 和 m_2、相距为 r 的两质点间的

引力大小为 $F = G\dfrac{m_1 m_2}{r^2}$，其中 G 是引力常数，引力的方向平行于两质点间的连线方向．

例 6.49 设 x 轴上有一均匀细杆，其线密度为 ρ，长度为 l，细杆的右端点位于坐标原点，有一质量为 m 的质点位于 $x = a\,(a > 0)$ 点，求细杆对质点的引力．

解 取 x 为积变量，变化区间为 $[-l, 0]$（见图 6-21）．区间 $[-l, 0]$ 中任意小区间 $[x, x + \mathrm{d}x]$ 上，细杆对质点的引力近似于

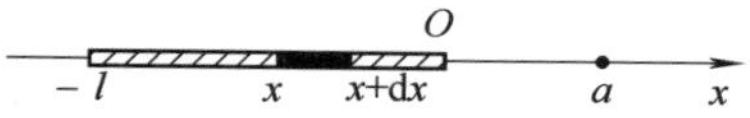

$$\mathrm{d}F = G\frac{m\rho\mathrm{d}x}{(a-x)^2}$$

图 6-21

所求引力为

$$F = \int_{-l}^{0} G\frac{m\rho\mathrm{d}x}{(a-x)^2}$$
$$= G\rho m\left(\frac{1}{a} - \frac{1}{a+l}\right)$$
$$= G\frac{m m_{\text{杆}}}{a(a+l)}$$

其中，$m_{\text{杆}} = \rho l$ 为细杆的质量．

部分题目详解与提示

注 当所求量是向量时，可以先将向量在坐标轴方向进行分解，然后利用微分元素法求每个坐标分量．

习题 6.6

A 组

1. 设有一圆锥形水池，深 15m，口径 20m，其内盛满水，欲将水抽尽需做多少功？

2. 用铁锤将一铁钉击入木板，设木板对铁钉的阻力与铁钉击入木板的深度成正比，在击铁锤第一次时将铁钉击入木板 1cm，如果铁锤每次打击铁钉所做的功相等，问第二次击铁锤时能把铁钉击入多少？

3. 一长为 28m、质量为 20kg 的均匀链条悬挂于一建筑物顶部，问需要做多少功才能把这一链条全部拉到建筑物的顶部．

4. 薄板形状为一椭圆，其长、短轴分别为 $2a$ 和 $2b\,(a > b)$，此薄板的一半垂直沉入水中，而其短轴与水的表面相齐，计算液体对此薄板每面压力的大小．

5. 设有一长度为 l，线密度为 ρ 的均匀细直棒，在直棒的垂线上距棒 a 单位处有一质量为 m 的质点 M，试求该棒对质点 M 的引力．

6. 设有一半径为 R，中心角为 φ 的圆弧形细棒，其线密度为常数 ρ，在圆心处有一质量为 m 的质点 M，试求细棒对质点 M 的引力．

7. 细杆的线密度 $\rho = 6 + 0.3x\,(\mathrm{kg/m})$，其中 x 为与杆左端的距离，杆长为 10cm，求细杆的质量．

B 组

1. 半径为 r 的球沉入水中，球的上部与水面相切，球的密度与水相同，现将球从水中取出，需做多少功？

2. 设有一薄板其边缘为一抛物线，如图 6-22 所

示，现将其铅直沉入水中.

（1）若顶点恰在水平面上，试求薄板所受的静压力. 将薄板下沉多深，压力加倍？

（2）若将薄板倒置，使弦恰在水面，求薄板所受的静压力. 将薄板下沉多深，压力加倍？

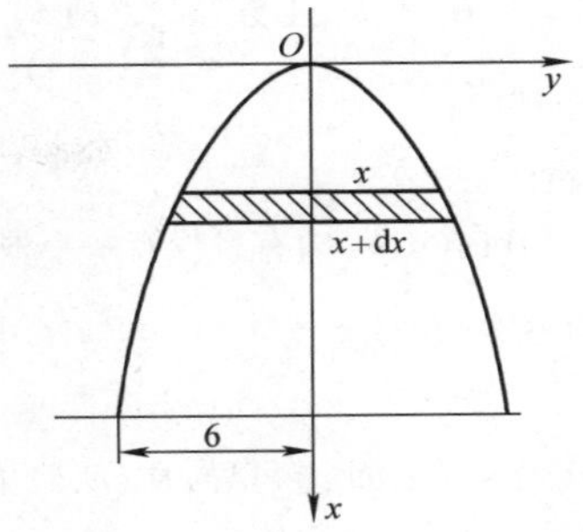

图　6-22

综合习题 6

部分题目详解与提示

1. 将下列极限表示成定积分，并计算.

（1）
$$\lim_{n\to+\infty}\left(\frac{1}{\sqrt{n^2+1^2}}+\frac{1}{\sqrt{n^2+2^2}}+\cdots+\frac{1}{\sqrt{n^2+n^2}}\right);$$

（2）$\lim\limits_{n\to+\infty}\left(\dfrac{1}{n}+\dfrac{1}{n+1}+\cdots+\dfrac{1}{n+n}\right);$

（3）$\lim\limits_{n\to+\infty}\sum\limits_{k=1}^{n}\dfrac{1}{n}\sin\dfrac{k\pi}{n};$

（4）$\lim\limits_{n\to+\infty}\left[\left(1+\dfrac{1}{n}\right)\left(1+\dfrac{2}{n}\right)\cdots\left(1+\dfrac{n}{n}\right)\right]^{\frac{1}{n}};$

（5）$\lim\limits_{n\to+\infty}\dfrac{1}{n}\sqrt[n]{n(n+1)\cdots(2n-1)}.$

2. 求下列积分：

（1）$\displaystyle\int_{-1}^{2}|x|\operatorname{sgn}(x-1)\mathrm{d}x;$　（2）$\displaystyle\int_{-1}^{1}x\sqrt{|x|}\mathrm{d}x;$

（3）$\displaystyle\int_{0}^{3}x\mathrm{e}^{-|x-\mathrm{e}|}\mathrm{d}x;$　　　（4）$\displaystyle\int_{-\pi}^{\pi}\sin|x|\mathrm{d}x;$

（5）$\displaystyle\int_{-4}^{-3}\dfrac{\mathrm{d}x}{x\sqrt{x^2-4}};$

（6）$\displaystyle\int_{0}^{\frac{\pi}{2}}\dfrac{\mathrm{d}x}{a^2\sin^2x+b^2\cos^2x}\quad(a,b>0);$

（7）$\displaystyle\int_{0}^{\frac{\pi}{2}}\dfrac{\cos x\mathrm{d}x}{a^2\sin^2x+b^2\cos^2x}\quad(a,b>0);$

（8）$\displaystyle\int_{0}^{1}x^3\sqrt{1-x}\mathrm{d}x;$

（9）$\displaystyle\int_{0}^{\frac{\pi}{2}}\sin^2x\cos x\mathrm{d}x;$

（10）$\displaystyle\int_{0}^{1}\ln(x+\sqrt{1+x^2})\mathrm{d}x;$

（11）$\displaystyle\int_{0}^{1}x(\arctan x)^2\mathrm{d}x;$　（12）$\displaystyle\int_{0}^{\pi}x^2\sin nx\mathrm{d}x;$

（13）$\displaystyle\int_{-\pi}^{\pi}\mathrm{e}^x\cos nx\mathrm{d}x;$　（14）$\displaystyle\int_{0}^{1}\dfrac{\mathrm{d}x}{(2-x^2)^2};$

（15）$\displaystyle\int_{1}^{2}x^2\ln x\mathrm{d}x;$　　（16）$\displaystyle\int_{0}^{1}x^2\mathrm{e}^{\sqrt{x}}\mathrm{d}x.$

3. 求下列极限：

（1）$\lim\limits_{n\to+\infty}\displaystyle\int_{n}^{n+1}x^2\mathrm{e}^{-x^2}\mathrm{d}x;$　（2）$\lim\limits_{n\to+\infty}\displaystyle\int_{0}^{1}\dfrac{x^n\mathrm{e}^x}{1+\mathrm{e}^x}\mathrm{d}x.$

4. 计算下列导数：

（1）设 $f(x)=\displaystyle\int_{\mathrm{e}^x}^{x^3}\dfrac{\mathrm{d}t}{\sqrt{1+t^3}}$，求 $f'(x)$；

（2）求 $\dfrac{\mathrm{d}}{\mathrm{d}x}\left[\displaystyle\int_{0}^{1}\sin^2(xt)\mathrm{d}t\right].$

5. 用洛必达法则求下列极限：

（1）$\lim\limits_{x\to0^+}\dfrac{\displaystyle\int_{0}^{\sin x}\sqrt{\tan t}\mathrm{d}t}{\displaystyle\int_{0}^{\tan x}\sqrt{\sin t}\mathrm{d}t};$

（2）$\lim\limits_{x\to0^+}\dfrac{\displaystyle\int_{0}^{\sin^2x}\ln(1+t)\mathrm{d}t}{\sqrt{1+x^4}-1}.$

6. 设 $f(x)$ 为连续函数，证明：$\displaystyle\int_{0}^{x}f(t)(x-t)\mathrm{d}t=\int_{0}^{x}\left[\int_{0}^{t}f(u)\mathrm{d}u\right]\mathrm{d}t.$

7. （第二积分中值定理）设 $f(x)$ 在 $[a,b]$ 上连续，$g(x)$ 在 $[a,b]$ 上连续且不变号. 证明：存在 $\xi\in[a,b]$，使得
$$\int_{a}^{b}f(x)g(x)\mathrm{d}x=f(\xi)\int_{a}^{b}g(x)\mathrm{d}x.$$

8. 设函数 $f(x)=x^2-\displaystyle\int_{0}^{a}f(x)\mathrm{d}x$，其中 a 为不等于 -1 的常数，证明：
$$\int_{0}^{a}f(x)\mathrm{d}x=\dfrac{a^3}{3(a+1)}.$$

9. 设函数 $f(x) > 0$ 在 $[a,b]$ 上连续,令 $F(x) = \int_a^x f(t)\mathrm{d}t + \int_b^x \frac{1}{f(t)}\mathrm{d}t$,证明:

(1) $F'(x) \geqslant 2$;

(2) 方程 $F(x) = 0$ 在 (a,b) 内有且仅有一个根.

10. 设函数 $g(x)$ 连续,$f(x) = \frac{1}{2}\int_0^x (x-t)^2 g(t)\mathrm{d}t$,求 $f'(x)$.

11. 已知函数 $f(x)$ 在 $[a,b]$ 上可导,在 (a,b) 内连续,且 $f(0) = 3\int_{\frac{2}{3}}^1 f(x)\mathrm{d}x$. 证明:在 (a,b) 内存在一点 ξ,使得 $f'(\xi) = 0$.

12. 设函数 $f(x)$ 连续,试证明:$\int_0^a x^3 f(x^2)\mathrm{d}x = \frac{1}{2}\int_0^{a^2} xf(x)\mathrm{d}x.$

13. 设函数 $f(x)$ 连续且为奇函数,证明其原函数必为偶函数,反之成立吗?如果不成立,请举出反例.

14. 求常数 c,使得 $\lim\limits_{x\to+\infty}\left(\dfrac{x+c}{x-c}\right)^x = \int_{-\infty}^c te^{2t}\mathrm{d}t.$

15. 判断下列广义积分的收敛性,若收敛,计算其值.

(1) $\int_0^{+\infty} \dfrac{\mathrm{d}x}{x\ln x}$;

(2) $\int_0^{+\infty} \dfrac{\mathrm{d}x}{(1+x^2)(1+x^\alpha)}$ $(\alpha \geqslant 0)$;

(3) $\int_1^{+\infty} \dfrac{\arctan x}{x^2}\mathrm{d}x$;　(4) $\int_0^2 \dfrac{e^x}{(e^x-1)^{\frac{1}{3}}}\mathrm{d}x.$

16. (1) 设 $f(x)$ 是 $[a,b]$ 上单调增加的连续函数,证明:
$$\int_a^b xf(x)\mathrm{d}x \geqslant \frac{a+b}{2}\int_a^b f(x)\mathrm{d}x.$$

(2) 设 $f(x)$ 在 $[a,b]$ 上单调增加,且 $f''(x) > 0$,证明:
$$(b-a)f(a) < \int_a^b f(x)\mathrm{d}x < (b-a)\frac{f(a)+f(b)}{2}.$$

17. 设 $f(x), g(x)$ 在 $[a,b]$ 上连续,证明:
$$\left(\int_a^b f(x)g(x)\mathrm{d}x\right)^2 \leqslant \int_a^b (f(x))^2\mathrm{d}x\int_a^b (g(x))^2\mathrm{d}x.$$

18. 已知 $u(x)$ 在 $[0,1]$ 上连续可微,$u(0) = 0$,证明:$\int_0^1 u^2(x)\mathrm{d}x \leqslant \frac{1}{2}\int_0^1 [u'(x)]^2\mathrm{d}x.$

19. 已知 $f(x)$ 在 $[0,b]$ 上连续,$(0,b)$ 内连续可微且 $|f'(x)| \leqslant M$,$f(0) = 0$. 证明:
$$\left|\int_0^b xf(x)\mathrm{d}x\right| \leqslant \frac{b^3}{3}M.$$

1. 导函数的介值定理及其应用

导函数的介值定理也称达布定理，叙述如下：

定理 （**达布定理**） 设 $f(x)$ 在 $[a, b]$ 可导，则对介于 $f'(a)$ 和 $f'(b)$ 之间的每个值 μ，都存在 $\xi \in (a, b)$，使得 $f'(\xi) = \mu$.

证明 这里只证明 $f'(a) < f'(b)$ 的情况. 设 $f'(a) < \mu < f'(b)$

令 $F(x) = f(x) - \mu x$，则 $F'(x) = f'(x) - \mu, x \in [a, b]$. 由导数定义，有

$$\lim_{x \to a^+} \frac{F(x) - F(a)}{x - a} = f'(a) - \mu < 0$$

$$\lim_{x \to b^-} \frac{F(x) - F(b)}{x - b} = f'(b) - \mu > 0$$

故存在 x_1，x_2 满足 $a < x_1 < x_2 < b$，且

$$F(x_1) < F(a), \quad F(x_2) < F(b)$$

由 $F(x)$ 在 $[a, b]$ 可导，有 $F(x)$ 在 $[a, b]$ 连续. 设 $\xi \in [a, b]$，$F(\xi)$ 为 $F(x)$ 在 $[a, b]$ 上的最小值，则 $\xi \in (a, b)$. 由费马引理，有 $F'(\xi) = 0$，即

$$f'(\xi) = \mu, \quad \xi \in (a, b)$$

推论 如果 $f(x)$ 在 $[a, b]$ 上连续，在 (a, b) 内可导，且 $f'(x) \neq 0$，则 $f(x)$ 在 $[a, b]$ 上严格单调，进而存在反函数.

证明 这里只需要证明 $f(x)$ 在 $[a, b]$ 上严格单调.

如果存在 x_1，$x_2 \in (a, b)$，使得 $f'(x_1) \cdot f'(x_2) < 0$，则由达布定理，存在 $\xi \in (a, b)$，$f'(\xi) = 0$，与 $f'(x) \neq 0$ 矛盾. 故 $f'(x) > 0$，$x \in (a, b)$ 或 $f'(x) < 0$，$x \in (a, b)$，所以，$f(x)$ 在 $[a, b]$ 上严格单调，因而存在反函数.

利用推论，我们可以重新审视几个求导法则以及柯西中值

定理.

（1）反函数的求导法则

> **定理 3.3**　设 $y=f(x)$ 在区间 I_x 内单调、可导，且 $f'(x)\neq 0$，则它的反函数 $x=\varphi(y)$ 在区间 $I_y=\{y\,|\,y=f(x),\ x\in I_x\}$ 内也可导，且有 $\varphi'(y)=\dfrac{1}{f'(x)}$，即 $\dfrac{\mathrm{d}x}{\mathrm{d}y}=\dfrac{1}{\dfrac{\mathrm{d}y}{\mathrm{d}x}}$.

由 $f'(x)\neq 0$ 可以推出 $y=f(x)$ 在区间 I_x 内单调，定理把单调性作为条件就多余了.

（2）由参数方程确定函数的导数

> **定理 3.6**　设有参数方程
> $$\begin{cases} x=\varphi(t) \\ y=\psi(t) \end{cases} \quad t\in I$$
> 如果 $x=\varphi(t)$ 与 $y=\psi(t)$ 在区间 I 内可导，且 $\dfrac{\mathrm{d}\varphi}{\mathrm{d}t}\neq 0$，$x=\varphi(t)$ 有反函数，则 y 是由参数方程确定的 x 的函数，且
> $$\frac{\mathrm{d}y}{\mathrm{d}x}=\frac{\dfrac{\mathrm{d}y}{\mathrm{d}t}}{\dfrac{\mathrm{d}x}{\mathrm{d}t}}=\frac{\psi'(t)}{\varphi'(t)}$$

由 $\dfrac{\mathrm{d}\varphi}{\mathrm{d}t}\neq 0$，$t\in I$ 及达布定理的推论，有 $x=\varphi(t)$ 在区间 I 严格单调且可导，于是有 $y=\psi(t)=\psi(\varphi^{-1}(x))$. 由复合函数的求导数法则即可得到参数方程的求导法则.

（3）柯西中值定理

> **定理 4.10**　（**柯西中值定理**）
> 如果函数 $f(x)$ 和 $F(x)$ 满足：
> 1）在闭区间 $[a,b]$ 上连续；
> 2）在开区间 (a,b) 内可导；
> 3）$F'(x)\neq 0$，$x\in(a,b)$，
> 则，在 (a,b) 内至少存在一点 ξ，使得
> $$\frac{f(b)-f(a)}{F(b)-F(a)}=\frac{f'(\xi)}{F'(\xi)}$$

由定理条件，$F(x)$ 在闭区间 $[a,b]$ 上严格单调，有可导的反函数，完全可以用拉格朗日中值定理证明.

设 $t = F(x)$ 在 $[a, b]$ 上的反函数为 $x = F^{-1}(t)$，其中 $a = F^{-1}(\alpha)$，$b = F^{-1}(\beta)$，即 $\alpha = F(a)$，$\beta = F(b)$. 由拉格朗日中值定理得

$$\frac{f(F^{-1}(\beta)) - f(F^{-1}(\alpha))}{\beta - \alpha} = \frac{\mathrm{d}f(F^{-1}(t))}{\mathrm{d}t}\Bigg|_{t = \xi}$$

即

$$\frac{f(b) - f(a)}{F(b) - F(a)} = \frac{f'(\xi)}{F'(\xi)}$$

在一些教材中，如附图 1 所示，在几何上解释柯西中值定理，其本质上已经假定了 $F(x)$ 是严格增加的. 但当 $F(x)$ 不单调时，曲线就会出现"打结"的情况.

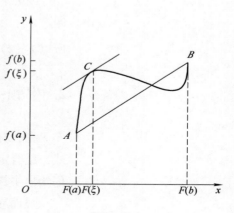

(4) 如果 $f(x) = F'(x)$，$x \in (a, b)$，则 $f(x)$ 在 (a, b) 内没有第一类间断点

首先，假设 x_0 是 $f(x)$ 的跳跃间断点，不妨设

$$\lim_{x \to x_0^-} f(x) = A, \lim_{x \to x_0^+} f(x) = B, 且 A < B$$

附图 1

特别地，存在 $\delta > 0$，当 $0 < x_0 - x < \delta$ 时，$f(x) < A + \dfrac{B - A}{4}$；当 $0 < x - x_0 < \delta$ 时，$f(x) > B - \dfrac{B - A}{4}$. 所以，$f(x)$ 在 $\mathring{U}(x_0, \delta)$ 内取不到 $\left[A + \dfrac{B-A}{4}, B - \dfrac{B-A}{4}\right]$ 中的值，即 $f(x)$ 在 x_0 附近不满足介值定理. 因此，$f(x)$ 没有跳跃间断点.

另外，如果 $\lim\limits_{x \to x_0} f(x)$ 存在，且 $F(x)$ 在点 x_0 连续，则由洛必达法则有

$$\lim_{x \to x_0} \frac{F(x) - F(x_0)}{x - x_0} = \lim_{x \to x_0} f(x)$$

即 $F(x)$ 在点 x_0 可导，且 $f(x)$ 在点 x_0 连续，所以 $f(x)$ 没有可去间断点.

所以，有第一类间断点的函数都没有原函数.

同时再说明一点：不用达布定理，同样可以证明函数的导函数没有第一类间断点. 请看下述证明：

假设 $\lim\limits_{x \to x_0^+} F'(x)$ 和 $\lim\limits_{x \to x_0^-} F'(x)$ 都存在，由 $F(x)$ 在点 x_0 可导，有

$$\lim_{x \to x_0^-} \frac{F(x) - F(x_0)}{x - x_0} = \lim_{x \to x_0^+} \frac{F(x) - F(x_0)}{x - x_0}$$

利用拉格朗日定理得到

$$\lim_{x\to x_0^-}\frac{F(x)-F(x_0)}{x-x_0}=\lim_{x\to x_0^-}F'(\xi_x)=\lim_{x\to x_0^-}F'(x)$$

$$\lim_{x\to x_0^+}\frac{F(x)-F(x_0)}{x-x_0}=\lim_{x\to x_0^+}F'(\eta_x)=\lim_{x\to x_0^+}F'(x)$$

因为 $F(x)$ 在 x_0 可导，所以 $F'(x_0)=F'_-(x_0)=F'_+(x_0)$

即
$$\lim_{x\to x_0^-}F'(x)=\lim_{x\to x_0^+}F'(x)=F'(x_0)$$

所以 $F'(x)$ 在点 x_0 连续.

2. 牛顿-莱布尼茨公式

在教材中，我们证明了闭区间上连续函数的牛顿-莱布尼茨公式，结合定积分的可加性，可以计算常见的定积分问题. 下面我们给出牛顿-莱布尼茨公式成立的充分必要条件.

显而易见，如果牛顿-莱布尼茨公式成立，即

$$\int_a^b f(x)\,\mathrm{d}x=F(b)-F(a)$$

其中 $F(x)$ 是 $f(x)$ 在 $[a,b]$ 上的原函数，则 $f(x)$ 在 $[a,b]$ 上必然是可积的而且原函数存在.

下面我们证明，如果 $f(x)$ 在 $[a,b]$ 上可积且原函数存在，则牛顿-莱布尼茨公式成立.

定理　（牛顿-莱布尼茨公式）　如果 $f(x)$ 在 $[a,b]$ 上可积且 $F(x)$ 是 $f(x)$ 在 $[a,b]$ 上的一个原函数，则

$$\int_a^b f(x)\,\mathrm{d}x=F(b)-F(a)$$

证明　在 $[a,b]$ 区间任意插入 $n-1$ 个分点，把区间 $[a,b]$ 分成 n 个小区间 $[x_{k-1},x_k]$，记 $\Delta x_k=x_k-x_{k-1}$ $(k=1,2,\cdots,n)$. 在每个小区间 $[x_{k-1},x_k]$ 上，$F(x)$ 连续、可导，由拉格朗日中值定理，存在 $\xi_k\in[x_{k-1},x_k]$，使得

$$F(x_k)-F(x_{k-1})=F'(\xi_k)\Delta x_k=f(\xi_k)\Delta x_k$$

等式两边对 $k=1,2,\cdots,n$ 求和，得

$$F(b)-F(a)=\sum_{k=1}^n\left[F(x_k)-F(x_{k-1})\right]=\sum_{k=1}^n f(\xi_k)\Delta x_k$$

令 $\lambda=\max_{1\le k\le n}\{\Delta x_k\}$，由 $f(x)$ 在 $[a,b]$ 上可积，有

$$F(b)-F(a)=\lim_{\lambda\to 0}\sum_{k=1}^n f(\xi_k)\Delta x_k=\int_a^b f(x)\,\mathrm{d}x$$

即为牛顿-莱布尼茨公式.

需要指出的是，此定理中 $f(x)$ 在 $[a,b]$ 上可积与 $f(x)$ 在

$[a,b]$ 上存在原函数是两个相互独立的条件. 也就是说, $f(x)$ 在 $[a,b]$ 上可积不能保证 $f(x)$ 在 $[a,b]$ 存在原函数, 而 $f(x)$ 在 $[a,b]$ 上存在原函数也不能保证 $f(x)$ 在 $[a,b]$ 可积. 我们考察两个具体的例子.

例1

$$令 f(x)=\begin{cases}\dfrac{4}{3}x^{\frac{1}{3}}\sin\dfrac{1}{x}-x^{-\frac{2}{3}}\cos\dfrac{1}{x}, & x\neq0\\ 0, & x=0\end{cases}, 则 f(x) 存$$

在原函数, 但 $f(x)$ 在 $[0,1]$ 上不可积.

证明　容易验证 $F(x)=\begin{cases}x^{\frac{4}{3}}\sin\dfrac{1}{x}, & x\neq0\\ 0, & x=0\end{cases}$, 是 $f(x)$ 在 $(-\infty,+\infty)$ 的一个原函数. 由于 $f(x)$ 在点 $x=0$ 附近无界, 所以 $f(x)$ 在 $[0,1]$ 上不可积.

注　本例中, 如果把 $\int_0^1 f(x)\mathrm{d}x$ 看作瑕积分, 则它是收敛的, 广义积分的牛顿-莱布尼茨公式仍然成立.

例2

$$令 f(x)=\begin{cases}1, & 0\leqslant x<1\\ 2, & 1\leqslant x\leqslant2\end{cases}, 则 f(x) 在 [0,1] 上可$$

积, 但 $f(x)$ 不存在原函数.

证明　$f(x)$ 在 $[0,2]$ 上分段连续, 因而可积. 由于 $x=1$ 是 $f(x)$ 的跳跃间断点, 所以 $f(x)$ 在 $[0,2]$ 上不存在原函数.

3. 定积分的换元积分法

我们首先回顾定理 6.4 的证明.

证明　设 $F(x)$ 是 $f(x)$ 的一个原函数. 因为 $x=\varphi(t)$ 有连续导数, 所以 $F(\varphi(t))$ 是 $f(\varphi(t))\varphi'(t)$ 的一个原函数. 在等式两边应用牛顿-莱布尼茨公式, 有

$$左边=\int_a^b f(x)\mathrm{d}x=F(x)\Big|_a^b=F(b)-F(a)$$

$$右边=\int_\alpha^\beta f(\varphi(t))\varphi'(t)\mathrm{d}t$$
$$=F(\varphi(t))\big|_\alpha^\beta$$
$$=F(\varphi(\beta))-F(\varphi(\alpha))$$
$$=F(b)-F(a)$$

即原式成立.

在定理的证明中, $x=\varphi(t)$ 的单调性没有直接用到. 实际上, 即使 $x=\varphi(t)$ 不单调, 换元公式仍然可能是成立的.

例 3　　计算 $\int_0^1 \sqrt{1-x^2}\mathrm{d}x.$

解　由定积分的几何意义，$\int_0^1 \sqrt{1-x^2}\mathrm{d}x = \dfrac{\pi}{4}$ ，而

$$
\begin{aligned}
\int_0^{\frac{5\pi}{2}} \sqrt{\cos^2 t} \cdot \cos t\,\mathrm{d}t &= \int_0^{\frac{5\pi}{2}} |\cos t| \cdot \cos t\,\mathrm{d}t \\
&= \int_0^{\frac{\pi}{2}} \cos^2 t\,\mathrm{d}t - \int_{\frac{\pi}{2}}^{\frac{3\pi}{2}} \cos^2 t\,\mathrm{d}t + \int_{\frac{3\pi}{2}}^{\frac{5\pi}{2}} \cos^2 t\,\mathrm{d}t \\
&= \int_0^{\frac{\pi}{2}} \cos^2 t\,\mathrm{d}t = \dfrac{\pi}{4}
\end{aligned}
$$

这说明，对非单调的变量代换 $x = \sin t$，$t \in \left[0, \dfrac{5}{2}\pi\right]$，换元公式仍然成立.

一般地，只要 $x = \varphi(t)$ 有连续导数，且 $a \leqslant \varphi(t) \leqslant b$ 对 α、β 之间的一切 t 成立，换元公式就成立. 定理中要求 $x = \varphi(t)$ 单调是为了简化计算.

综合习题 1

1. （1）定义域 $(-\infty, \infty)$，值域 $(-\infty, 2]$；

   （2）定义域 $(-\infty, \infty)$，值域 $(-\infty, \infty)$.

2. （1）$f(x-1) = \begin{cases} 2x-1, & x \geq 1 \\ x^2 - 2x + 5, & x < 1 \end{cases}$

   $\quad f(x+1) = \begin{cases} 2x+3, & x \geq -1 \\ x^2 + 2x + 5, & x < -1 \end{cases}$；

   （2）$f(x) = x^2 - 2$；

   （3）$f(x) = \dfrac{1 - \sqrt{1 + x^2}}{x} \ (x < 0)$；

   （4）$f(\cos x) = 2\sin^2 x$.

3. （1）$y = 10^{x-1} - 2$；

   （2）$y = \dfrac{1}{3}\arcsin\dfrac{x}{2}$；

   （3）$y = \log_2 \dfrac{x}{1-x}$；

   （4）$y = \log_3(\tan x - 2)$；

   （5）$y = \ln(x + \sqrt{x^2 + 1})$；

   （6）$y = \begin{cases} \dfrac{x-1}{2}, & x \geq 1 \\ x^{\frac{1}{3}}, & x < 0 \end{cases}$.

4. （1）是；（2）一种结果；（3）有，$f(x) = 0$.

5. 略.

6. （1）$u[v(f(x))] = 4\left(\dfrac{1}{x}\right)^2 - 5$；

   （2）$v[u(f(x))] = \left(4\dfrac{1}{x} - 5\right)^2 = \left(\dfrac{4}{x} - 5\right)^2$；

$$(3)\ f[u(v(x))] = \frac{1}{4x^2 - 5}.$$

7. 略.

8. （1）奇；（2）偶；（3）奇；（4）奇.

9. （1）略；（2）略；（3）提示：设 $f(x) = g(x) + h(x)$.

10. （1）$x + y = 1$；

　　（2）$x + y = \dfrac{x}{\sqrt{x^2 + y^2}}.$

11. （1）$r = \dfrac{7}{\cos\theta}$；

　　（2）$r = \dfrac{6}{\sqrt{4\cos^2\theta + 9\sin^2\theta}}$；

　　（3）$r = 4\sin\theta$；

　　（4）$r = \dfrac{3\cos\theta}{\sin^2\theta}.$

12. 略.

习题 2.1

A 组

1. （1）数列发散；（2）数列发散；

　（3）数列收敛于 0；（4）数列收敛于 0.

2. （1）$\exists N = \left[\dfrac{1}{\varepsilon}\right] + 1$；（2）$\exists N = \left[\dfrac{1}{\varepsilon^2}\right] + 1.$

B 组

1. 略.

2. 证明略. 例 $u_n = (-1)^n$，$\lim\limits_{n\to\infty}|u_n| = 1$，但 u_n 极限不存在.

习题 2.2

A 组

1. （1）$\exists\delta = \dfrac{\varepsilon}{4}$；（2）$\exists X = \sqrt[3]{\dfrac{1}{\varepsilon}}.$

2. 略.

3. 略.

4. （1）不妨设 $|x - 3| < \dfrac{1}{2}$；（2）略.

B 组

1. （1）不妨设 $0 < |x - 1| < 1$；（2）略；

（3）不妨设 $|x-2|<1$；

（4）略；（5）略；（6）略.

2. 取 $x_n = \dfrac{1}{2n\pi}$；$y_n = \dfrac{1}{2n\pi + \dfrac{\pi}{2}}$.

3. 略.

4. 略.

习题 2.3

A 组

1. （1）0；（2）$\sqrt{3}$；（3）$\dfrac{2}{3}$；（4）$\dfrac{1}{2}$；

（5）-1；（6）-2；（7）2；（8）∞；

（9）0；（10）0；（11）5；（12）$\left(\dfrac{3}{4}\right)^{30}$；

（13）∞；（14）1；（15）1；（16）$-4\sqrt{2}$.

2. （1）$\dfrac{a+b}{2}$；（2）$\dfrac{1}{2}$；（3）1；（4）-1.

3. 分别取 $n=2k$ 和 $n=2k+1$，求极限.

4. 分别取 $x_n = \left(\dfrac{1}{2n\pi}\right)^2$，$y_n = \left(\dfrac{1}{2n\pi + \dfrac{\pi}{2}}\right)^2$，求极限.

B 组

1. （1）$\dfrac{m}{n}$；（2）$\dfrac{n(n+1)}{2}$；（3）$\dfrac{1}{2}$；

（4）$\dfrac{2\sqrt{5}}{5}$；（5）$\dfrac{1}{2}$；（6）1.

2. （1）-2；（2）5；（3）$f(x_0)$.

3. （1）$a=-3$；（2）$a=1$；$b=-2$；

（3）$a=1$；$b=-\dfrac{1}{2}$；（4）$a=-1$，$b=\dfrac{1}{2}$.

4. 略.

5. 略.

6. 略.

习题 2.4

A 组

1. （1）$\dfrac{\omega}{3}$；（2）$\dfrac{2}{3}$；（3）1；（4）1；

(5) 0；(6) 2；(7) 2；(8) x；

(9) -1；(10) $\dfrac{2}{\pi}$；(11) $\dfrac{1}{2}$；(12) 1；

(13) $\dfrac{1}{2}$；(14) 1；(15) $\dfrac{1}{2}$；(16) $\dfrac{1}{3}$.

2. (1) e^{-3}；(2) e^4；(3) e^{-k}；(4) e^2；

(5) e^{mn}；(6) e^2，(7) e；(8) e.

3. (1) 0；(2) e，1，不存在.

B 组

1. 略.

2. (1) 2；(2) 2.

3. 略.

4. 略.

5. $a = \ln 2$，$b = -1$.

习题 2.5

A 组

1. (1) 1；(2) 0；(3) e^{-1}；

(4) e^{2mn}；(5) 3；(6) 4.

2. 略.

3. (1) $x = 1$ 为第一类（可去型）间断点，$x = 2$ 为第二类间断点；

(2) $x = 0$ 和 $x = k\pi + \dfrac{\pi}{2}$ 为第一类（可去型）间断点，$x = k\pi$，$(k \neq 0)$ 为第二类间断点；

(3) $x = 0$ 为第一类（可去型）间断点；

(4) $x = 0$ 为第一类（跳跃型）间断点；

(5) $x = 0$ 为第一类（可去型）间断点；

(6) $x = 0$ 为第二类（无穷）间断点.

4. (1) $x = 1$ 为第一类（跳跃型）间断点；

(2) $x = 0$ 为第一类（可去型）间断点，补充定义 $f(0) = \ln 10$；

(3) $x = 0$ 为第一类（跳跃型）间断点；

(4) $x = 0$ 为第一类（可去型）间断点，补充定义 $f(0) = e^2$.

5. (1) $a = -2$；(2) $a = -\dfrac{\pi}{2}$；(3) $a = 2$，$b = -\dfrac{3}{2}$；(4) $a = -\pi$，$b = 0$.

6. 略.

7. 略.

8. 略.

9. 略.

10. 略.

B 组

1. （1）正确；（2）错误；（3）正确；
　　（4）错误；（5）错误.

2. D.

3. $x = \pm 1$ 为 $f(x)$ 的第一类（跳跃型）间断点.

4. 反证法.

5. 略.

6. 略.

习题 2.6

A 组

1. （1）$k = 5$；（2）$k = 0$.

2. 略.

3. $a = -\dfrac{3}{2}$.

4. （1）1；（2）4；（3）1；（4）$-\dfrac{1}{2}$；

　　（5）$-\dfrac{3}{2}$；（6）-2；（7）$\dfrac{1}{4}$；（8）2；

　　（9）1；（10）$\dfrac{1}{2}$；（11）$\dfrac{1}{e}$；（12）$\dfrac{\alpha - \beta}{2}$.

B 组

1. （1）1 阶；（2）阶数不存在；（3）1 阶；（4）$\dfrac{5}{3}$ 阶.

2. 略.

3. 略.

4. $a = 1$，$b = \dfrac{1}{2}$.

5. $a = 2$，$b = -\dfrac{3}{2}$.

6. （1）$\ln a$；（2）0；（3）3；

　　（4）$\dfrac{1}{5}$；（5）0；（6）当 $a > b$ 时，极限为 $+\infty$；当 $a = b$

时，极限为 x；当 $a < b$ 时，极限为 0.

综合习题 2

1. 略.

2. 略.

3. $a = \dfrac{1}{2}$.

4. （1）$\dfrac{1}{2}$；（2）$\dfrac{3}{7}$；（3）$-\dfrac{\sqrt{2}}{2}$；（4）$\ln a$；（5）$\dfrac{1}{e}$；

（6）$e^{-\frac{1}{2}}$；（7）$\sqrt{6}$；（8）$\sqrt[3]{abc}$；（9）$\sqrt[m]{a_1 a_2 \cdots a_m}$；

（10）$\max\limits_{1 \le i \le m}\{a_i\}$.

5. （1）$b = -\dfrac{5}{3}$，a 任意；

（2）$a = -1$，$b = 1$；

（3）$a = 6$，$b = -4$ 或 $a = -4$，$b = 16$.

6. $c = 4A$，$k = 3$.

7. （1）$f(x)$ 在定义域 **R** 上连续.

（2）$x = 1$ 是 $f(x)$ 的第一类（跳跃型）间断点. 在其他点处，$f(x)$ 是连续的.

（3）$x = 2$ 是 $f(x)$ 的第一类（跳跃型）间断点. 在其他点处，$f(x)$ 是连续的.

8. 略.

9. 略.

10. 作辅助函数 $F(x) = f(x) - f\left(x + \dfrac{1}{2}\right)$.

11. 作辅助函数 $F(x) = f(x) - f(x + a)$.

12. 略.

13. 略.

习题 3.1

A 组

1. （1）$2x + 2$；

（2）$-\dfrac{1}{x^2}$.

2. （1）$f(x)$ 在 $x = 0$ 处可导，

$$f'(x) = \begin{cases} 2x, & x \ge 0, \\ -2x, & x < 0. \end{cases}$$

(2) $f(x)$ 在 $x=0$ 处不连续,

$$f'(x)=\frac{1}{x},\ x\neq0.$$

(3) $f(x)$ 在 $x=0$ 处连续,但不可导.

$$f'(x)=\begin{cases}2x,&x\geqslant0\\ \mathrm{e}^x,&x<0\end{cases}$$

3. (1) $-f'(x_0)$;(2) $2f'(x_0)$;(3) $x_0f'(x_0)-f(x_0)$;

(4) $2f'(x_0)f(x_0)$;(5) $f'(x_0)$;(6) $(\alpha+\beta)f'(x_0)$.

4. 在 $(4,2)$ 处的切线方程为:$y-2=\frac{1}{4}(x-4)$;

在 $(4,2)$ 处的法线方程为:$y-2=-4(x-4)$.

5. 解:由题意知 $\begin{cases}ax^2=\ln x\\ 2ax=\frac{1}{x}\end{cases}\Rightarrow\begin{cases}a=\frac{1}{2\mathrm{e}}\\ x=\sqrt{\mathrm{e}}\end{cases}$

则在 $\left(\sqrt{\mathrm{e}},\frac{1}{2}\right)$ 处的切线方程为:$y-\frac{1}{2}=\frac{1}{\sqrt{\mathrm{e}}}(x-\sqrt{\mathrm{e}})$.

6. $a=2$,$b=0$.

7. 利用定义证明.

B 组

1. (1) 不正确.只能说明 $f'_+(x_0)=A$.

例如:$f(x)=\begin{cases}x^2,&x\geqslant0\\ x^2+1,&x<0\end{cases}$,考虑在 $x=0$ 处.

(2) 不正确.

例如:$f(x)=x$ 在 $x_0=0$ 可导,但 $|f(x)|=|x|$ 在 $x_0=0$
不可导.

(3) 不正确.

例如:$f(x)=\begin{cases}1,&x\geqslant0\\ -1,&x<0\end{cases}$

(4) 不正确.

例如:$f(x)=\begin{cases}x^3,&x\neq0\\ 1,&x=0\end{cases}$

则 $f'(x)=\begin{cases}3x^2,&x\neq0\\ \text{不存在},&x=0\end{cases}$

但 $\lim\limits_{x\to0^-}f'(x)=\lim\limits_{x\to0^+}f'(x)=0$.

2. (1) B;(2) C.

3. 提示:根据题目条件及导数定义证明.

4. 提示:利用偶函数性质.

5. 证明：利用定义.

6. 证明：取曲线上任意一点求出面积.

习题 3. 2

A 组

1. （1）$y' = 8x^3 - 9x^2 + 2x^{-3}$;

（2）$y' = \dfrac{1}{2\sqrt{x}}\left(\dfrac{1}{x} - 1\right) - \dfrac{\sqrt{x} + 1}{x^2}$;

（3）$y' = 4e^x \cdot \left(\ln x + \dfrac{1}{x}\right)$;

（4）$y' = a^x(\ln a \cdot x^a + ax^{a-1})$;

（5）$y' = \dfrac{2 + \sin x}{\cos^2 x}$;

（6）$y' = \dfrac{1 - \ln x}{x^2}$;

（7）$y' = -\dfrac{2\cos x}{(1 + \sin x)^2}$;

（8）$y' = \dfrac{-2x - \sin 2x}{(x\sin x - \cos x)^2}$;

（9）$y' = 3\tan^2 x \cdot \dfrac{1}{\cos^2 x}$;

（10）$y' = n\sin^{n-1} x \cdot \cos(n+1)x$;

（11）$y' = \dfrac{4\sqrt{x} \cdot \sqrt{x + \sqrt{x}} + 2\sqrt{x} + 1}{8\sqrt{x} \cdot \sqrt{x + \sqrt{x}} \cdot \sqrt{x + \sqrt{x + \sqrt{x}}}}$;

（12）$y' = \dfrac{2}{x} + \dfrac{2\ln x}{x} = \dfrac{2(1 + \ln x)}{x}$;

（13）$y' = \dfrac{2(1 - x^2)}{|1 - x^2|(1 + x^2)} = \dfrac{2|1 - x^2|}{1 - x^4}$;

（14）$y' = \dfrac{\arccos x + \arcsin x}{\sqrt{1 - x^2}(\arccos x)^2}$;

（15）$y' = -\dfrac{e^x}{1 + e^{2x}}$;

（16）$y' = -\dfrac{1}{1 + x^2}$;

（17）$y' = -3\sin(2\cos 3x)\sin 3x$;

（18）$y' = e^{ax}[(a - b)\sin bx + (a + b)\cos bx]$;

（19）$y' = \dfrac{3(\arctan \sqrt{x})^2}{2\sqrt{x} \cdot (1 + x)}$;

$$(20)\ y' = \frac{\left(e^x + xe^x - \frac{1}{x}\right)\sin x - \cos x (xe^x - \ln x)}{\sin^2 x};$$

$$(21)\ y' = \frac{x}{(1 - x^2)^{\frac{3}{2}}};$$

$$(22)\ y' = \frac{-\sqrt{1 - x^2} + 1}{x^2 \sqrt{1 - x^2}};$$

$$(23)\ y' = \frac{a}{a^2 - x^2};$$

$$(24)\ y' = \frac{1}{\sqrt{x^2 + a^2}};$$

$(25)\ y' = \csc x;$

$(26)\ y' = \sec x;$

$$(27)\ y' = 2\sec\frac{x}{a} \cdot \frac{\sin\frac{x}{a}}{\cos^2\frac{x}{a}} \cdot \frac{1}{a} + 2\csc\frac{x}{a} \cdot \left(-\frac{\cos\frac{x}{a}}{\sin^2\frac{x}{a}}\right) \cdot \frac{1}{a};$$

$(28)\ y' = \sqrt{a^2 - x^2}.$

2. $(1)\ y'\big|_{t=0} = \dfrac{4}{(e^0 + e^0)^2} = 1;$

$(2)\ \dfrac{d\rho}{d\theta}\bigg|_{\theta = \frac{\pi}{4}} = \dfrac{\sqrt{2}}{8}(2 + \pi).$

3. $(1)\ x \neq 0$ 时, $f'(x) = \dfrac{\sin 2x}{x} - \dfrac{\sin^2 x}{x^2},$

$\quad x = 0$ 时, $f'(0) = 1.$

$(2)\ x \neq 0$ 时, $f'(x) = \dfrac{1 + e^{\frac{1}{x}} + x^{-1}e^{\frac{1}{x}}}{(1 + e^{\frac{1}{x}})^2},$

$\quad x = 0$ 时不可导.

4. $(1)\ y'' = \dfrac{2 - 2x^2}{(1 + x^2)^2};$

$(2)\ y'' = (4\cos 2x - 3\sin 2x) \cdot e^x;$

$(3)\ y'' = 6xe^{x^2} + 4x^3 e^{x^2};$

$(4)\ y'' = -\dfrac{a^2}{(a^2 - x^2)^{\frac{3}{2}}}.$

5. $(1)\ y^{(n)} = \dfrac{n!}{2}\left[\dfrac{1}{(1 - x)^{n+1}} + \dfrac{(-1)^n}{(1 + x)^{n+1}}\right];$

$(2)\ y^{(n)} = (n + x)e^x;$

$(3)\ y^{(n)} = \dfrac{(-1)^{n-2}(n-2)!}{x^{n-1}}, n \geq 2.$

6. 提示：求出导函数，代入验证.

7. （1）$\dfrac{\mathrm{d}y}{\mathrm{d}x} = -\dfrac{y}{x + \mathrm{e}^y + 1}$；

   （2）$\dfrac{\mathrm{d}y}{\mathrm{d}x} = \dfrac{y - x^2}{y^2 - x}$；

   （3）$\dfrac{\mathrm{d}y}{\mathrm{d}x} = \dfrac{xy\ln y - y^2}{xy\ln x - x^2}$；

   （4）$\dfrac{\mathrm{d}y}{\mathrm{d}x} = \dfrac{\mathrm{e}^{x+y} - y}{x - \mathrm{e}^{x+y}}$.

8. （1）$\dfrac{\mathrm{d}^2 y}{\mathrm{d}x^2} = \dfrac{\mathrm{e}^{2y}(y - 3)}{(y - 2)^3}$；

   （2）$\dfrac{\mathrm{d}^2 y}{\mathrm{d}x^2} = -\dfrac{2(x^2 + y^2)}{(x + y)^3}$.

9. 切线方程：$x + y - \dfrac{\sqrt{2}}{2}a = 0$；

   法线方程：$x - y = 0$.

10. 切线方程：$y = -x + 2$.

11. （1）$\dfrac{\mathrm{d}y}{\mathrm{d}x} = \dfrac{3b}{2a}t$，$\dfrac{\mathrm{d}^2 y}{\mathrm{d}x^2} = \dfrac{3b}{4a^2 t}$；

   （2）$\dfrac{\mathrm{d}y}{\mathrm{d}x} = -\dfrac{2}{3}\mathrm{e}^{2t}$，$\dfrac{\mathrm{d}^2 y}{\mathrm{d}x^2} = \dfrac{4}{9}\mathrm{e}^{3t}$；

   （3）$\dfrac{\mathrm{d}y}{\mathrm{d}x} = -\dfrac{b}{a}\cos t$，$\dfrac{\mathrm{d}^2 y}{\mathrm{d}x^2} = -\dfrac{b}{a^2} \cdot \dfrac{1}{\sin^3 t}$；

   （4）$\dfrac{\mathrm{d}y}{\mathrm{d}x} = -1$，$\dfrac{\mathrm{d}^2 y}{\mathrm{d}x^2} = \dfrac{0}{-2\cos t\sin t} = 0$；

   （5）$\dfrac{\mathrm{d}y}{\mathrm{d}x} = \dfrac{1}{2t}$，$\dfrac{\mathrm{d}^2 y}{\mathrm{d}x^2} = -\dfrac{1 + t^2}{4t^3}$；

   （6）$\dfrac{\mathrm{d}y}{\mathrm{d}x} = t$，$\dfrac{\mathrm{d}^2 y}{\mathrm{d}x^2} = \dfrac{1}{f''(t)}$.

12. $\dfrac{\mathrm{d}y}{\mathrm{d}x}\Big|_{t = \frac{\pi}{3}} = -\mathrm{e}^{-\frac{2}{3}\pi}$.

13. （1）$y' = \left(\dfrac{x}{1 + x}\right)^x \cdot \left(\ln\dfrac{x}{1 + x} + \dfrac{1}{1 + x}\right)$；

   （2）$y' = \dfrac{(1 - x)(2 + x)^3}{\sqrt{(x + 1)^5}} \cdot \left[-\dfrac{1}{1 - x} + \dfrac{3}{2 + x} - \dfrac{5}{2(1 + x)}\right]$；

   （3）$y' = \sqrt[3]{\dfrac{x + 3}{\sqrt[3]{x^2 + 7}}} \cdot \left[\dfrac{1}{3(x + 3)} - \dfrac{2x}{9(x^2 + 7)}\right]$；

   （4）$y' = (x - a_1)^{a_1} \cdot (x - a_2)^{a_2}\cdots(x - a_n)^{a_n}\displaystyle\sum_{i=1}^{n}\dfrac{a_i}{x - a_i}$.

B 组

1. (1) $y' = \sin 2x[f'(\sin^2 x) - f'(\cos^2 x)]$;

   (2) $y' = [f'(e^x) \cdot e^x + f(e^x) \cdot f'(x)] \cdot e^{f(x)}$;

   (3) $y' = \dfrac{f(x)f'(x) + g(x)g'(x)}{\sqrt{f^2(x) + g^2(x)}}$;

   (4) $y' = f'[f(f(x))] \cdot f'(f(x)) \cdot f'(x)$.

2. (1) $y'' = 6xf'(x^2) + 4x^3 f''(x^2)$;

   (2) $y'' = 2f(\arctan x) + \dfrac{2xf'(\arctan x) + f''(\arctan x)}{1 + x^2}$.

3. $\dfrac{\mathrm{d}y}{\mathrm{d}x} = -\dfrac{e^{t-y}}{e^t(1+t)} = -\dfrac{1}{e^y(1+t)}$;

   $\dfrac{\mathrm{d}^2 y}{\mathrm{d}x^2} = \dfrac{e^{y-t} - (1+t)}{e^{2y}(1+t)^3}$;

   $\dfrac{\mathrm{d}^2 y}{\mathrm{d}x^2}\bigg|_{t=0} = 0$.

4. 提示：写出曲线 C 的参数方程.

5. $\dfrac{16}{25\pi}$ m/min.

习题 3.3

A 组

1. $\Delta y = 0.0201$，$\mathrm{d}y = 0.02$.

2. (a) $\Delta y > 0$，$\mathrm{d}y > 0$，$\Delta y - \mathrm{d}y > 0$;

   (b) $\Delta y > 0$，$\mathrm{d}y < 0$，$\Delta y - \mathrm{d}y < 0$;

   (c) $\Delta y < 0$，$\mathrm{d}y < 0$，$\Delta y - \mathrm{d}y < 0$;

   (d) $\Delta y < 0$，$\mathrm{d}y < 0$，$\Delta y - \mathrm{d}y > 0$.

3. (1) $\mathrm{d}y = \left(-\dfrac{1}{x^2} + \dfrac{3}{2\sqrt{x}}\right)\mathrm{d}x$;

   (2) $\mathrm{d}y = (\cos 2x - 2x\sin 2x)\mathrm{d}x$;

   (3) $\mathrm{d}y = \dfrac{1}{\sqrt{(x^2+1)^3}}\mathrm{d}x$;

   (4) $\mathrm{d}y = -\dfrac{2\ln(1-x)}{1-x}\mathrm{d}x$;

   (5) $\mathrm{d}y = \dfrac{-x}{|x|\sqrt{1-x^2}}\mathrm{d}x$;

   (6) $\mathrm{d}y = 8x\tan(2x^2+1)\sec^2(2x^2+1)\mathrm{d}x$;

(7) $\mathrm{d}y = -\dfrac{2x}{1+x^4}\mathrm{d}x$;

(8) $\mathrm{d}y = 2x \cdot \mathrm{e}^{2x}(1+x)\mathrm{d}x$;

(9) $\mathrm{d}y = \dfrac{4\ln(1+\sin 2x) \cdot \cos 2x}{1+\sin 2x}\mathrm{d}x$;

(10) $\mathrm{d}y = \mathrm{e}^{1-3x}(-3\tan 2x + 2\sec^2 2x)\mathrm{d}x$.

B 组

1. (1) D; (2) B.

2. (1) $\dfrac{1}{3}x^3 + C$; (2) $\cos x + C$;

   (3) $-\dfrac{1}{3}\mathrm{e}^{-3x} + C$; (4) $\dfrac{1}{2}\tan 2x + C$;

   (5) $\dfrac{1}{3}\arctan\dfrac{x}{3} + C$; (6) $2\sqrt{x} + C$;

   (7) $\dfrac{1}{2}\ln^2 x + C$; (8) $\ln|2+x| + C$;

   (9) $\dfrac{1}{2}\arcsin 2x + C$; (10) $\dfrac{1}{n}\ln|2+x^n| + C$.

3. $\mathrm{d}y = \dfrac{y - \mathrm{e}^{x+y}}{\mathrm{e}^{x+y} - x}\mathrm{d}x$.

4. (1) 0.8748; (2) 5.004; (3) 0.001.

5. $277\mathrm{cm}^3$.

综合习题 3

1. (1) 充要; (2) 充分不必要, 充要; (3) 100!;
   (4) $6g'(2)$.

2. (1) $y' = \left(\dfrac{a}{b}\right)^x \left(\dfrac{b}{x}\right)^a \left(\dfrac{x}{a}\right)^b \left(\ln\dfrac{a}{b} + \dfrac{b-a}{x}\right)$;

   (2) $y' = a^a \cdot x^{a^a-1} + \ln a \cdot x^{a-1} \cdot a^{x^a+1} + (\ln a)^2 \cdot a^x \cdot a^{a^x}$;

   (3) $y' = 1 + x^x(1+\ln x) + x^{x^x}[x^{x-1} + x^x\ln x(1+\ln x)]$;

   (4) $y' = \dfrac{\cos x}{|\cos x|}$;

   (5) $y' = \begin{cases} 3x^2 - 6x, & x > 3, x < 0 \\ 6x - 3x^2, & 0 < x < 3 \\ 0, & x = 0 \\ \text{不可导}, & x = 3 \end{cases}$;

   (6) $y' = 1$.

3. 提示：设 (x_0, y_0) 是两条曲线的交点，证明过交点切线的斜率相同.

4. $a = -1$，$b = 1$.

$$f'(x) = \begin{cases} -e^{-x}, & x < 0 \\ -1, & x = 0 \\ 2x - 1, & x > 0. \end{cases}$$

5. （1）$f(x)$ 在 $x = 0$ 处连续，则 $n > 0$ 即可；

　（2）$f(x)$ 在 $x = 0$ 处可导，则 $n > 1$ 即可；

　（3）$f(x)$ 在 $x = 0$ 处导函数连续，$n > 2$ 即可.

6. 切线方程分别为 $x + y = 0$ 和 $x + 25y = 0$.

7. 提示：可导的定义.

8. 提示：函数在一点可导的定义.

9. $\lim\limits_{n \to \infty} \left[\dfrac{f\left(a + \dfrac{1}{n}\right)}{f(a)} \right]^n = e^{\frac{f'(a)}{f(a)}}$.

10. $m = \dfrac{1}{c}$.

11. 提示：求出切线方程及与坐标轴的交点.

12. （1）$\dfrac{d^2 x}{dy^2} = \dfrac{-1}{y'^2} \cdot \dfrac{dy'}{dy} = -\dfrac{1}{y'^2} \cdot \dfrac{y''}{y'} = -\dfrac{y''}{y'^3}$；

　（2）$\dfrac{d^3 x}{dy^3} = \dfrac{-y''' \cdot \dfrac{1}{y'} \cdot y'^3 + y'' \cdot 3y'^2 \cdot y'' \cdot \dfrac{1}{y'}}{y'^6} = \dfrac{3y''^2 - y'y'''}{y'^5}$.

13. 提示：周期函数的性质.

14. $f'(5) = -2$.

15. 提示：可导定义.

16. 提示：设 $f(x) = \dfrac{P_n(x)}{Q_m(x)}$.

习题 4.1

A 组

1.（1）最大值是 $y(3) = 45$，最小值是 $y(-2) = -20$；

　（2）最大值是 $y\left(\dfrac{3}{4}\right) = \dfrac{5}{4}$，最小值是 $y(-5) = \sqrt{6} - 5$；

　（3）最大值是 $y(0) = \dfrac{\pi}{4}$，最小值是 $y(1) = 0$；

　（4）最大值是 $y(0) = y(1) = 1$，最小值是 $y\left(\dfrac{\sqrt{2}}{2}\right) = \dfrac{1}{2}$.

2. $a = 2$，$b = 3$.

B 组

1. 以 $10\sqrt[3]{3}$ km/h 的速度航行才能使 20km 航程的总费用最小，总费用为 $\dfrac{1440}{\sqrt[3]{3}}$ 元.

2. $x = \dfrac{a}{2}$ 时反应速率最快.

3. 观察者应站在 2.4m 处看图最清楚.

4. 中心角 φ 为 $\dfrac{2\sqrt{2}}{3}\pi$ 时做成的漏斗体积最大.

5. 房租定为 7200 元时可获得最大收入.

习题 4.2

A 组

1. 提示：验证定理条件，找出导数为 0 的点.

2. $f'(x) = 0$ 仅有 3 个根，分别在区间 $(1,2)$、$(2,3)$、$(3,4)$ 内.

3. 提示：罗尔中值定理.

4. 提示：令 $f(x) = a_0 x^n + a_1 x^{n-1} + \cdots + a_{n-1} x$ 再利用罗尔定理.

5. 提示：零点定理、罗尔定理、反证法.

6. 提示：反证法.

B 组

1. （1）提示：构造函数满足罗尔中值定理；
   （2）证明：令 $F(x) = x^\lambda f(x)$，用罗尔定理.

2. （1）提示：因子法作辅助函数；
   （2）提示：因子法作辅助函数.

3. 提示：因子法作辅助函数.

4. 提示：常数 k 法.

5. 提示：常数 k 法.

习题 4.3

A 组

1. 提示：拉格朗日中值定理.

2. 提示：令 $F(x) = \arcsin x + \arccos x$，证明导函数为 0.

3. 提示：令 $F(x) = 2\arctan x + \arcsin \dfrac{2x}{1+x^2}$，

证明当 $x \geq 1$ 时，$F'(x)=0$，再用拉格朗日中值定理.

4.（1）y 在 $(0,+\infty)$ 上单调增加；

（2）y 在 $[0,n]$ 上单调增加，在 $[n,+\infty)$ 上单调减少；

（3）y 在 $(-\infty,0)$、$(1,+\infty)$ 上单调增加，在 $(0,1)$ 上单调减少；

（4）y 在 $(-\infty,+\infty)$ 上单调增加.

B 组

1.（1）提示：令 $f(x)=\arctan x$，再用拉格朗日中值定理.

（2）提示：令 $f(x)=\sin x$，再用拉格朗日中值定理.

2. 证明：令 $f(x)=\tan x$，再用拉格朗日中值定理.

3. 提示：证明 $F(x)=\mathrm{e}^{-x}f(x)$ 为常值函数.

4. $a>\dfrac{1}{\mathrm{e}}$时，$f(x)=0$ 无实根.

$a=\dfrac{1}{\mathrm{e}}$时，$f(x)=0$ 有一个实根.

$0<a<\dfrac{1}{\mathrm{e}}$时，$f(x)=0$ 有两个实根.

5. 提示：令 $f(x)=\sin x-x$，再利用单调性.

习题 4.4

A 组

1.（1）不正确.

（2）不正确.

（3）不正确.

（4）不正确.

2.（1）极小值为 $y(0)=0$.

（2）极大值为 $y(-1)=-2$；$x=1$ 为极小值点，$y(1)=2$.

（3）极大值为 $y(2)=4\mathrm{e}^{-2}$；

极小值为 $y(0)=0$.

（4）极大值为 $y(-1)=\mathrm{e}^{-2}$，$y(1)=1$；

极小值为 $y(0)=0$；

（5）无极值.

（6）极大值为 $y(\mathrm{e})=\mathrm{e}^{\frac{1}{\mathrm{e}}}$.

（7）极大值为 $y\left(2k\pi+\dfrac{\pi}{4}\right)=\dfrac{\sqrt{2}}{2}\mathrm{e}^{2k\pi+\frac{\pi}{4}}$；

$$\text{极小值为 } y\left(2k\pi+\frac{5\pi}{4}\right)=-\frac{\sqrt{2}}{2}e^{2k\pi+\frac{5\pi}{4}}.$$

（8）极小值为 $y(-2)=\dfrac{8}{3}$；

　　　极大值为 $y(0)=4$.

（9）极大值为 $y\left(\dfrac{3}{4}\right)=\dfrac{5}{4}$.

（10）无极值.

3. $a=\dfrac{1}{2}$, $b=\sqrt{3}$, $x=\dfrac{\sqrt{3}}{3}$ 为极大值点.

4. （1）在 $(-\infty,0)\cup\left(\dfrac{2}{3},+\infty\right)$ 向下凸, 在 $\left(0,\dfrac{2}{3}\right)$ 向上凸, 拐点为 $(0,1)$, $\left(\dfrac{2}{3},\dfrac{11}{27}\right)$；

（2）$\left(-\infty,-\dfrac{\sqrt{3}}{3}\right)\cup\left(\dfrac{\sqrt{3}}{3},+\infty\right)$ 向下凸, 在 $\left(-\dfrac{\sqrt{3}}{3},\dfrac{\sqrt{3}}{3}\right)$ 向上凸, 拐点为 $\left(-\dfrac{\sqrt{3}}{3},\dfrac{3}{4}\right)$, $\left(\dfrac{\sqrt{3}}{3},\dfrac{3}{4}\right)$.

（3）$[0,\pi]$ 向上凸, 在 $[\pi,2\pi]$ 向下凸, 拐点为 (π,π).

（4）$\left(-\infty,\dfrac{1}{2}\right)$ 向下凸, 在 $\left(\dfrac{1}{2},+\infty\right)$ 向上凸, 拐点为 $\left(\dfrac{1}{2},e^{\arctan\frac{1}{2}}\right)$.

（5）$(-\infty,2)$ 向上凸, 在 $(2,+\infty)$ 向下凸, 拐点为 $\left(2,\dfrac{2}{e^2}\right)$.

（6）$(-\infty,+\infty)$ 向下凸, 无拐点.

5. （1）$x=1$ 为垂直渐近线；$y=2$ 为水平渐近线；不存在斜渐近线.

（2）$x=1$ 为垂直渐近线；无水平渐近线；$y=x$ 为斜渐近线.

（3）$x=2$, $x=-2$ 为垂直渐近线；无水平渐近线与斜渐近线.

（4）$x=0$ 为垂直渐近线；无水平渐近线与斜渐近线.

B 组

1. （1）C；

　（2）B；

　（3）C；

　（4）C；

(5) C.

2. 若 n 为偶数，无极值；

若 n 为奇数，极大值为 $f(0)=1$.

3. $a=-\dfrac{1}{2}$，$b=\dfrac{3}{2}$，$c=d=0$.

4. 略.

5. 略.

6. $k=\pm\dfrac{\sqrt{2}}{8}$.

7. 略.

习题 4.5

答案略.

习题 4.6

A 组

1. (1) $\dfrac{2}{3}$；(2) $\cos a$；(3) 0；(4) $\dfrac{1}{3}$；(5) 1；(6) 2；

(7) $-\dfrac{1}{2}$；(8) 0；(9) $e^{-\frac{2}{\pi}}$；(10) 1；(11) $\dfrac{1}{5}$；(12) $\dfrac{e}{2}$；

(13) e^{-1}；(14) $-\dfrac{2}{\pi}$；(15) e^2；(16) $e^{\frac{1}{6}}$；(17) 3；

(18) $\sqrt{6}$.

2. $a=1$，$b=-\dfrac{5}{2}$.

3. 略.

B 组

1. $f(x)$ 在 $x=0$ 处可导，且 $f'(0)=\dfrac{1}{2}g''(0)$.

2. (1) 错；(2) 错.

3. $f(x)$ 在 $x=0$ 处连续.

习题 4.7

A 组

1. $f(x)=5-13(x+1)+11(x+1)^2-2(x+1)^3$.

2. (1) $f(x) = 1 + x + x^2 + \cdots + x^{2n} + o(x^{2n})$;

(2) $f(x) = x + x^2 + \dfrac{x^3}{2!} + \cdots + \dfrac{x^{2n}}{(2n-1)!} + o(x^{2n})$;

(3) $f(x) = \dfrac{1 - \cos 2x}{2} = x^2 - \dfrac{2^3}{4!}x^4 + \cdots +$

$\qquad (-1)^{n-1}\dfrac{2^{2n-1}}{(2n)!}x^{2n} + o(x^{2n+1})$.

3. $f(x) = 1 + x + \dfrac{x^2}{2} + o(x^2)$.

4. $f(x) = 2\left(x + \dfrac{x^3}{3} + \dfrac{x^5}{5} + \cdots + \dfrac{x^{2n-1}}{2n-1}\right) + o(x^{2n})$;

$f^{(9)}(0) = -2 \cdot 8!$.

B 组

1. (1) 一阶; (2) 三阶; (3) 三阶; (4) 四阶.

2. (1) $\dfrac{1}{2}$; (2) $-\dfrac{1}{3}$; (3) 1; (4) $\dfrac{1}{2}$.

3. 略.

4. $a = \dfrac{1}{2}$, $b = -\dfrac{1}{2}$.

5. (1) 3.10725, 误差 $\Delta < \left\|\dfrac{f^{(4)}()3}{4!}(x-27)^4\right\| = \dfrac{10}{3^{12}} <$

1.882×10^{-5};

(2) 略.

习题 4.8

A 组

1. (1) $\mathrm{d}s = \sqrt{1 + (\sin x + x \cos x)^2}\,\mathrm{d}x$;

(2) $\mathrm{d}s = \sqrt{1 + \dfrac{p^2}{y^2}}\,\mathrm{d}x$;

(3) $\mathrm{d}s = \sqrt{1 + \left(\dfrac{\sin t}{1 - \cos t}\right)^2}\,\mathrm{d}x$;

(4) $\mathrm{d}s = \sqrt{2}\,\mathrm{d}x$.

2. (1) $k(2, -1) = 2$;

(2) $k(0, b) = \dfrac{b}{a^2}$;

(3) $k|_{t=t_0} = \dfrac{2}{3|a \sin 2t_0|}$;

(4) $k(1,1) = \dfrac{6}{(1 + (-1)^2)^{3/2}} = \dfrac{3\sqrt{2}}{2}$.

B 组

1. 点（0,0）与（π,0）处曲率最小为0.

2. 12600N.

综合习题 4

1. （1）1；（2）$\dfrac{1}{6}$；（3）$\dfrac{2}{3}$；（4）1.

2. 略.

3. 略.

4. （1）$f(0) = -3$，$f'(0) = 0$，$f''(0) = 9$；（2）$\dfrac{9}{2}$.

5. 略.

6. 略.

7. 略.

8. 略.

9. 略.

10. 当 $k > -2$ 时，方程无实根；

   当 $k = -2$ 时，方程有唯一实根；

   当 $k < -2$ 时，方程有两个实根.

11. 略.

12. 略.

13. 略.

14. $f(0) = f'(0) = 0$，$f''(0) = 4$，$\lim\limits_{x \to 0}\left[1 + \dfrac{f(x)}{x}\right]^{\frac{1}{x}} = \mathrm{e}^2$.

15. （1）$f(x)$ 在 $x = \dfrac{1}{\mathrm{e}}$ 取极小值 $f\left(\dfrac{1}{\mathrm{e}}\right) = \mathrm{e}^{-\frac{2}{\mathrm{e}}}$；在 $x = 0$ 处取

极大值，$f(0) = 3$.

   （2）$\max\{\sqrt{2}, \sqrt[3]{3}\} = \sqrt[3]{3}$.

16. 略.

17. $A = 3$，$B = -\dfrac{4}{3}$.

18. 略.

19. 略.

20. $P\left(\dfrac{\sqrt{2}}{2}a, \dfrac{\sqrt{2}}{2}b\right)$.

21. 略.

习题 5.1

A 组

1. （1） $-\dfrac{2}{3}x^{-\frac{3}{2}}+C$；

　（2） $\dfrac{1}{3}x^3-\dfrac{3}{2}x^2+2x+C$；

　（3） $\dfrac{1}{3}x^3-\dfrac{2}{3}x^{\frac{3}{2}}+\dfrac{2}{5}x^{\frac{5}{2}}-x+C$；

　（4） $2x^{\frac{1}{2}}-\dfrac{4}{3}x^{\frac{3}{2}}+\dfrac{2}{5}x^{\frac{5}{2}}+C$；

　（5） $x-\arctan x+C$；

　（6） $2x-5\dfrac{\left(\dfrac{2}{3}\right)^x}{\ln\dfrac{2}{3}}+C$；

　（7） $\dfrac{1}{2}\sin x+\dfrac{x}{2}+C$；

　（8） $-\cot x-\tan x+C$；

　（9） $\dfrac{4}{7}x^{\frac{7}{4}}+4x^{-\frac{1}{4}}+C$；

　（10） $4x-5\arctan x+C$；

　（11） $\ln|x|-\dfrac{2}{x}-\dfrac{3}{2}x^{-2}+C$；

　（12） $-\dfrac{1}{x}-\arctan x+C$.

2. $y=\ln|x|+1$.

3. 略.

B 组

　（1） $f(x)$；

　（2） $f(x)\,\mathrm{d}x$；

　（3） $F(x)+C$；

　（4） $F(x)+C$.

习题 5.2

A 组

1. （1） $\dfrac{1}{b}$；（2） -2；（3） 2；（4） $\dfrac{1}{3}$；（5） -1；（6） $\ln x+1$.

2. (1) $\frac{1}{3}e^{3x}+C$；(2) $-\frac{1}{8}(5-2x)^4+C$；

(3) $-\frac{1}{2}\ln|1-2x|+C$；(4) $-\frac{1}{6}(3-5x)^{\frac{6}{5}}+C$；

(5) $3e^{\frac{1}{3}x}+\frac{1}{6}\cos 6x+C$；(6) $2\sin\sqrt{x}+C$；

(7) $\frac{1}{3}\ln^3 x+C$；(8) $\frac{1}{2}\arctan^2 x+C$；

(9) $-\frac{1}{3}e^{-x^3}+C$；(10) $\ln|\arcsin x|+C$；

(11) $\frac{1}{3}\ln\left|\frac{x-2}{x+1}\right|+C$；(12) $\arctan(x-1)+C$；

(13) $-\ln\left|\cos\sqrt{1+x^2}\right|+C$；(14) $\frac{2}{9}(1+x^3)^{\frac{3}{2}}+C$；

(15) $\frac{3}{2}(\sin x-\cos x)^{\frac{2}{3}}+C$；

(16) $\frac{1}{2}\arcsin\frac{2}{3}x+\frac{1}{4}\sqrt{9-4x^2}+C$；

(17) $\frac{1}{2}x^2-\frac{9}{2}\ln(9+x^2)+C$；(18) $\frac{2}{3}e^{3\sqrt{x}}+C$；

(19) $(\arctan\sqrt{x})^2+C$；(20) $\frac{1}{99}(2-x)^{-99}+C$；

(21) $-\frac{1}{2}\cdot\frac{1}{\ln 10}10^{2\arccos x}+C$；(22) $\frac{1}{2}\ln^2(\ln x)+C$；

(23) $\frac{2\sqrt{1+3\tan x}}{3}+C$；(24) $\ln|\ln(\ln x)|+C$.

3. (1) $\sqrt{x^2-9}-3\arccos\frac{3}{x}+C$；(2) $\frac{x}{\sqrt{1+x^2}}+C$；

(3) $\arccos\frac{1}{x}+C$；(4) $\frac{1}{5}\ln\left|1-\frac{1}{x^5}\right|+C$.

B 组

1. (1) $\arctan e^x+C$；(2) $\frac{1}{2}\arctan(\sin^2 x)+C$；

(3) $-\frac{1}{\cos x}+3\frac{1}{\cos^3 x}+C$；(4) $\ln\left|\frac{\sin x}{\cos x}\right|+C$；

(5) $\frac{1}{2}\ln^2\tan x+C$；(6) $\frac{1}{3}\cot^3 x-\cot x-x+C$.

2. (1) $=\frac{x}{2(1+x^2)}+\arctan x+C$；(2) $\arcsin\frac{2x+1}{\sqrt{5}}+C$；

(3) $\ln\left|\sqrt{\frac{4}{3}\left(x+\frac{1}{2}\right)^2-1}+\frac{2}{\sqrt{3}}\left(x+\frac{1}{2}\right)\right|+C$；

(4) $\dfrac{1}{\sqrt{2}}\sqrt{x^2-2x}+\dfrac{1}{\sqrt{2}}\ln\left|x-1+\sqrt{x^2-2x}\right|+C$;

(5) $2\arctan\sqrt{\mathrm{e}^x-1}+C$;

(6) $\sqrt{x^2+4x+3}-2\ln\left|x+2+\sqrt{x^2+4x+3}\right|+C$.

习题 5.3

A 组

1. (1) $x\ln x-x+C$;

(2) $\dfrac{1}{2}x^2\arcsin x+\dfrac{1}{4}x\sqrt{1-x^2}-\dfrac{1}{4}\arcsin x+C$;

(3) $-x\mathrm{e}^{-x}-\mathrm{e}^{-x}+C$;

(4) $2x\sin\dfrac{x}{2}+4\cos\dfrac{x}{2}+C$;

(5) $\dfrac{1}{2}x^2\sin x+x\cos x-\sin x+\dfrac{1}{6}x^3+C$;

(6) $-\dfrac{(\ln x)^3}{x}-\dfrac{3(\ln x)^2}{x}-\dfrac{6\ln x}{x}-\dfrac{6}{x}+C$;

(7) $\dfrac{a\cos bx+b\sin bx}{a^2+b^2}\mathrm{e}^{ax}+C$;

(8) $\dfrac{2}{3}\sqrt{x}\mathrm{e}^{\sqrt[3]{x}}-\dfrac{2}{9}\mathrm{e}^{\sqrt[3]{x}}+C$;

(9) $-\dfrac{1}{2}t\mathrm{e}^{-2t}-\dfrac{1}{4}\mathrm{e}^{-2t}+C$;

(10) $x\ln(1+x^2)-2x+2\arctan x+C$.

2. (1) $x\mathrm{e}^{-x}+\mathrm{e}^{-x}+C$;

(2) $-x\mathrm{e}^{-x}-\mathrm{e}^{-x}+C$.

B 组

1. (1) $\dfrac{1}{2}x[\cos(\ln x)+\sin(\ln x)]+C$;

(2) $\dfrac{\ln x}{1-x}+\ln\left|\dfrac{1-x}{x}\right|+C$;

(3) $-\dfrac{x\mathrm{e}^x}{1+x}+\mathrm{e}^x+C$;

(4) $x\arctan\sqrt{x}-\sqrt{x}+\arctan\sqrt{x}+C$;

(5) $\dfrac{1}{2}x\sqrt{x^2+a^2}+\dfrac{a^2}{2}\ln\left|x+\sqrt{x^2+a^2}\right|+C$;

(6) $\dfrac{1}{2}x\sqrt{a^2-x^2}+\dfrac{a^2}{2}\arcsin\dfrac{x}{a}+C$.

2. 略.

习题 5.4

A 组

(1) $-\dfrac{1}{2}\ln|x+1|+2\ln|x+2|-\dfrac{3}{2}\ln|x+3|+C$;

(2) $-\dfrac{1}{4}\ln|x^2+1|-\dfrac{1}{2}\arctan x+\ln|x|-\dfrac{1}{2}\ln|x+1|+C$;

(3) $\dfrac{1}{2}\ln|x^2-1|+\dfrac{1}{x+1}+C$;

(4) $-\dfrac{1}{5}\ln|x+2|+\dfrac{6}{5}\ln|x-3|+C$;

(5) $\dfrac{1}{2}\ln|x^2+2x|+C$;

(6) $\ln|1+x|-\dfrac{1}{2}\ln|x^2-x+1|+\sqrt{3}\arctan\dfrac{2\left(x-\frac{1}{2}\right)}{\sqrt{3}}+C$;

(7) $\dfrac{1}{\sqrt{2}}\arctan\left(\dfrac{1}{\sqrt{2}}\tan\dfrac{x}{2}\right)+C$;

(8) $\ln\left|\tan\dfrac{x}{2}+1\right|+C$;

(9) $\dfrac{\sqrt{5}}{5}\arctan\left(\dfrac{3\tan\frac{x}{2}+1}{\sqrt{5}}\right)+C$;

(10) $\dfrac{1}{2}\ln|\cos x+\sin x|+\dfrac{x}{2}+C$;

(11) $2\sqrt{x}-2\ln|1+\sqrt{x}|+C$;

(12) $6\sqrt[6]{x}-6\arctan\sqrt[6]{x}+C$;

(13) $\dfrac{2}{a}\left(\sqrt{ax+b}-m\ln|\sqrt{ax+b}+m|\right)+C$;

(14) $2\sqrt{x}-4\sqrt[4]{x}+4\ln|1+\sqrt[4]{x}|+C$;

(15) $\sqrt{2x}-4\ln(1+\sqrt{2x})+C$;

(16) $2\sqrt{x}-3\sqrt[3]{x}+6\sqrt[6]{x}-\ln(1+\sqrt[6]{x})+C$;

(17) $4a\arctan\sqrt{\dfrac{a+x}{a-x}}-2a\arctan\sqrt{\dfrac{a+x}{a-x}}+\dfrac{2a\sqrt{\frac{a+x}{a-x}}}{\left(\frac{a+x}{a-x}+1\right)}+C.$

B 组

(1) $-\dfrac{1}{24}\ln\left|\dfrac{4}{x^6}+1\right|+C$;

(2) $-\dfrac{1}{3x^3}+\dfrac{1}{x}-\arctan\dfrac{1}{x}+C$;

(3) $\dfrac{\sqrt{3}}{6}\arctan\left(\dfrac{2\sqrt{3}}{3}\tan x\right)+C$;

(4) $-\dfrac{1}{5}x-\dfrac{3}{5}\ln|\sin x+2\cos x|+C$;

(5) $x+2\ln|x|-4\sqrt{x+1}-2\ln\left|\dfrac{\sqrt{x+1}-1}{\sqrt{x+1}+1}\right|+C$;

(6) $\ln\left|x+\dfrac{1}{2}+\sqrt{x^2+x}\right|+C$;

(7) $-\dfrac{3}{2}\sqrt[3]{\dfrac{x+1}{x-1}}+C$;

(8) $\dfrac{1}{2}\ln|x^2+1|-\dfrac{1}{2}\ln|1-x-x^2|-2\arctan x+\dfrac{5}{2}\cdot\dfrac{2}{\sqrt{3}}\arctan$

$\left(\dfrac{2}{\sqrt{3}}\left(x-\dfrac{1}{2}\right)\right)+C.$

综合习题 5

(1) $\dfrac{1}{2}x^2-\dfrac{2}{3}\sqrt{x^3}+x+C$;

(2) $\dfrac{1}{3}(x+1)^{\frac{3}{2}}-\dfrac{1}{3}(x-1)^{\frac{3}{2}}+C$;

(3) $\sqrt{x^2+x+1}+\dfrac{1}{2}\ln\left|x+\dfrac{1}{2}+\sqrt{x^2+x+1}\right|+C$;

(4) $\sqrt{x}+\dfrac{1}{2}x-\dfrac{1}{2}\sqrt{x(1+x)}-\dfrac{1}{2}\ln(\sqrt{1+x}+\sqrt{x})+C$;

(5) $\ln\left|x+\dfrac{1}{2}+\sqrt{x(1+x)}\right|+C$;

(6) $-\dfrac{4}{3}\sqrt{1-x\sqrt{x}}+C$;

(7) $-\dfrac{1}{5x^5}+\dfrac{1}{3x^3}-\dfrac{1}{x}+\arctan\dfrac{1}{x}+C$;

(8) $\dfrac{1}{2}\ln\left|\dfrac{e^x-1}{e^x+1}\right|+C$;

(9) $\dfrac{1}{2}x^2+\dfrac{1}{3}\ln|x+1|-\dfrac{1}{6}\ln|x^2-x+1|-\dfrac{1}{\sqrt{3}}\arctan$

$\left(\dfrac{2}{\sqrt{3}}\left(x-\dfrac{1}{2}\right)\right)+C$;

(10) $-\dfrac{1}{2\sqrt{2}}\left(\dfrac{1}{2}\ln\left|\left(x-\dfrac{\sqrt{2}}{2}\right)^2+\dfrac{1}{2}\right|\right)+$

$$\frac{1}{2\sqrt{2}}\left(\frac{1}{2}\ln\left|\left(x+\frac{\sqrt{2}}{2}\right)^2+\frac{1}{2}\right|\right)+C;$$

(11) $\arctan(x+1)+\dfrac{1}{x^2+2x+2}+C;$

(12) $x\tan\dfrac{x}{2}+2\ln\left|\cos\dfrac{x}{2}\right|+C;$

(13) $\dfrac{1}{2}(-\cot x+x)+C;$

(14) $-2x\cos\sqrt{x}+4\sqrt{x}\sin\sqrt{x}+4\cos\sqrt{x}+C;$

(15) $\dfrac{1}{2}x^2\ln(1+x^2)-\dfrac{1}{2}x^2+\dfrac{1}{2}\ln(1+x^2)+C;$

(16) $-\arctan(\cos 2x)+C;$

(17) $\dfrac{1}{2}(xe^x\sin x-e^x\cos x+xe^x\cos x)+C;$

(18) 1) 当 $a=0$ 时, $-\dfrac{1}{b}\ln|\cos x|+C;$

　　　2) 当 $b=0$ 时, $\dfrac{1}{a}x+C;$

　　　3) 当 $a\neq 0$, $b\neq 0$ 时, $\dfrac{ax-b\ln|a\sin x+b\cos x|}{a^2+b^2}+C.$

(19) $\begin{cases}\dfrac{1}{2}x^2+2x+C,\ x\leqslant 1\\[2mm]\dfrac{3}{2}x^2+C,\ x>1.\end{cases}$

(20) $-\mathrm{sgn}(x)\cos x+C.$

习题 6.1

A 组

1. 略.

2. 略.

3. (1) $\displaystyle\int_0^1 x^2\mathrm{d}x>\int_0^1 x^3\mathrm{d}x;$

　(2) $\displaystyle\int_1^2 x^2\mathrm{d}x<\int_1^2 x^3\mathrm{d}x;$

　(3) $\displaystyle\int_0^1 x\mathrm{d}x>\int_0^1\ln(1+x)\mathrm{d}x;$

　(4) $\displaystyle\int_1^2\ln x\mathrm{d}x>\int_1^2(\ln x)^2\mathrm{d}x;$

　(5) $\displaystyle\int_0^1 e^x\mathrm{d}x>\int_0^1(1+x)\mathrm{d}x;$

$（6）\displaystyle\int_0^{\frac{\pi}{2}} \sin x\mathrm{d}x < \int_0^{\frac{\pi}{2}} x\mathrm{d}x.$

4. $（1）6\leqslant \displaystyle\int_1^3 (x^2+2)\,\mathrm{d}x\leqslant 22；$

$（2）\dfrac{1}{9}\pi\leqslant \displaystyle\int_{\frac{\sqrt{3}}{3}}^{\sqrt{3}} x\arctan x\mathrm{d}x\leqslant \dfrac{2}{3}\pi；$

$（3）2\pi\leqslant \displaystyle\int_{\frac{\pi}{4}}^{\frac{5}{4}\pi} (1+\sin^2 x)\,\mathrm{d}x\leqslant 3\pi；$

$（4）-2\mathrm{e}^2\leqslant \displaystyle\int_2^0 \mathrm{e}^{x^2-x}\mathrm{d}x\leqslant -2\mathrm{e}^{-\frac{1}{4}}.$

5. 略.

B 组

1. $（1）\displaystyle\int_0^1 \dfrac{\mathrm{d}x}{1+x}；（2）\int_0^1 \dfrac{\mathrm{d}x}{1+x^2}.$

2. 0.

3. 0.

4. 略.

5. $200k.$

习题 6.2

A 组

1. $（1）-\mathrm{e}^{-y}\cos x；（2）-\dfrac{1}{2t^2\ln t}；$

$（3）-\sin x\cdot\cos (\pi(\cos x)^2)-\cos x\cdot\cos (\pi(\sin x)^2)；$

$（4）-2.$

2. $（1）1；（2）\mathrm{e}；（3）0；（4）\dfrac{1}{10}.$

3. $（1）\dfrac{17}{6}；（2）\dfrac{\pi}{3}；（3）1+\dfrac{\pi}{4}；$

$（4）\dfrac{\pi}{3a}；（5）\dfrac{\pi}{6}；（6）1-\dfrac{\pi}{4}；$

$（7）4；（8）\dfrac{17}{4}；（9）\dfrac{8}{3}.$

4. 略.

5. 略.

B 组

1. 极小值为 $I(0)=0.$

2. $\varphi(x) = \begin{cases} 0, & x < 0 \\ -\dfrac{1}{2}\cos x + \dfrac{1}{2}, & 0 \leqslant x \leqslant \pi, \\ 1, & x > \pi \end{cases}$ $\varphi(x)$ 在 $(-\infty, +\infty)$

连续.

3. $F'(x) = -2f(x) - 2xf'(x) + 2f(0)$,

　$F''(x) = -4f'(x) - 2xf''(x)$.

4. $y_1'(x) = y_2'(x) = \displaystyle\int_a^x f(t)\,\mathrm{d}t$.

5. $\dfrac{3}{7}$.

习题 6.3

A 组

1. (1) $\dfrac{1}{4}$; (2) $\dfrac{6\sqrt{2} - 4\sqrt{3}}{6}$; (3) $1 - 2\ln 2$;

　(4) $\sqrt{3} - \dfrac{\pi}{3}$; (5) 0; (6) $\dfrac{\pi}{2}$;

　(7) $\dfrac{2\pi^3}{3 \cdot 6^3}$; (8) 0; (9) $-2\mathrm{e}^{-1} + 1$;

　(10) $\dfrac{1}{4}\mathrm{e}^2 + \dfrac{1}{4}$; (11) $\left(\dfrac{1}{4} - \dfrac{\sqrt{3}}{9}\right)\pi + \ln\left(\dfrac{3}{2}\right)^{\frac{1}{2}}$;

　(12) $\dfrac{\pi}{4} - \dfrac{1}{2}$; (13) $-\dfrac{\sqrt{3}}{2} + \ln(2 + \sqrt{3})$;

　(14) $2\sqrt{2}$; (15) $-\dfrac{2\pi}{w^2}$; (16) $2 - \dfrac{3}{4\ln 2}$;

　(17) $\dfrac{3}{2}\pi$; (18) $4(2\ln 2 - 1)$; (19) $\dfrac{\mathrm{e}^\pi - 2}{5}$;

　(20) $\dfrac{\pi^3}{6} - \dfrac{\pi}{4}$; (21) $\dfrac{1}{2}[\mathrm{e}\sin 1 - \mathrm{e}\cos 1 + 1]$;

　(22) $2(1 - \mathrm{e}^{-1})$; (23) $\dfrac{\pi^2}{4} - 2$; (24) $\ln 2 - 2 + \dfrac{\pi}{2}$.

2. $\ln(\mathrm{e} + 1)$.

3. 略.

4. 略.

5. 略.

B 组

1. 8.

2. 略.

3.　$-\dfrac{1}{2}$.

习题 6.4

A 组

（1）$\dfrac{1}{a}$；（2）π；（3）$n!$；（4）发散；（5）2；（6）$\dfrac{8}{3}$；

（7）$(-1)^n n!$；（8）$\dfrac{\pi}{2}$；（9）$\dfrac{1}{p^2+1}$；（10）$\dfrac{1}{a-k}$.

B 组

1. 当 $p=1$ 时，发散；

当 $p\neq 1$ 时，$\displaystyle\int_1^{+\infty}\dfrac{\ln x}{x^p}\mathrm{d}x=\begin{cases}\text{发散},\quad p\leqslant 1\\[2mm]\dfrac{1}{1-p^2},\ p>1.\end{cases}$

2. $\displaystyle\int_{-\infty}^{x}f(t)\,\mathrm{d}t=\begin{cases}0,\qquad x\leqslant 0\\[2mm]\dfrac{x^2}{4},\quad\ 0<x\leqslant 2\\[2mm]x-1,\qquad x>2\end{cases}$.

3. 当 $k>1$ 时，$\dfrac{1}{1-k}(b-a)^{1-k}$；

当 $k\leqslant 1$ 时，发散.

习题 6.5

A 组

1. （1）$\dfrac{1}{6}$；（2）$\dfrac{32}{3}$；（3）$\dfrac{5}{2}$；（4）$\dfrac{3}{2}-\ln 2$；（5）$\mathrm{e}+\mathrm{e}^{-1}-2$；

（6）$b-a$；（7）$\dfrac{7}{6}-\ln 2$；（8）$\dfrac{64}{3}$.

2. （1）πa^2；（2）$\dfrac{\pi}{6}+\dfrac{1}{2}-\dfrac{\sqrt{3}}{2}$.

3. （1）$8\pi a$；（2）$\dfrac{3\pi}{10}$；（3）160π；（4）72π；（5）$4\pi^3 a^3$.

4. $\ln 3-\dfrac{1}{2}$.

5. $\dfrac{\sqrt{1+a^2}}{a}(\mathrm{e}^{a\varphi}-1)$.

6. $2a\pi^2$.

7. 4.

B 组

1. $\dfrac{9}{4}$.

2. $\dfrac{16}{3}a^2$.

3. （1）$18\pi a^2$；（2）$\dfrac{\pi}{6}+\dfrac{1}{2}-\dfrac{\sqrt{3}}{2}$.

习题 6.6

A 组

1. $57727(\mathrm{kJ})$.

2. $(\sqrt{2}-1)\mathrm{cm}$.

3. $2744(\mathrm{J})$.

4. $6.53ab(\mathrm{kN})$.

5. $\dfrac{2Gmpl}{a(4a^2+l^2)^{\frac{1}{2}}}$.

6. $\dfrac{2Gm\rho}{R}\sin\dfrac{\varphi}{2}$.

7. $0.6015(\mathrm{kg})$.

B 组

1. $\dfrac{4}{3}g\pi r^4$.

2. （1）设抛物薄板高为 h，则下沉 $\dfrac{3}{5}h$；

   （2）设抛物薄板高为 h，则下沉 $\dfrac{2}{5}h$.

综合习题 6

1. （1）$\ln(1+\sqrt{2})$；

   （2）$\ln 2$；

   （3）0；

   （4）$\dfrac{4}{e}$；

   （5）$\dfrac{4}{e}$.

2. （1）$\dfrac{1}{2}$；

（2）0；

（3）$2\mathrm{e}+\mathrm{e}^{-\mathrm{e}}-4\mathrm{e}^{\mathrm{e}-3}$；

（4）4；

（5）$-\dfrac{1}{2}\left(\arccos\left(-\dfrac{2}{3}\right)-\dfrac{2}{3}\pi\right)$；

（6）$\dfrac{\pi}{2ab}$；

（7）$a=b$，则，原式 $=\dfrac{1}{b^{2}}$，

$\quad\quad a>b$，则，原式 $=\dfrac{1}{a^{2}-b^{2}}\cdot\dfrac{\sqrt{a^{2}-b^{2}}}{b}\arctan\dfrac{\sqrt{a^{2}-b^{2}}}{b}$，

$\quad\quad a<b$，则，原式 $=\dfrac{1}{a^{2}-b^{2}}\cdot\dfrac{\sqrt{b^{2}-a^{2}}}{2b}\ln\left|\dfrac{1-\sqrt{\dfrac{b^{2}}{b^{2}-a^{2}}}}{1+\sqrt{\dfrac{b^{2}}{b^{2}-a^{2}}}}\right|$；

（8）$\dfrac{32}{315}$；

（9）$\dfrac{1}{3}$；

（10）$\ln(1+\sqrt{2})-\sqrt{2}+1$；

（11）$\dfrac{1}{2}\ln 2$；

（12）$-\dfrac{\pi^{2}}{n}\cos(n\pi)+\dfrac{2\pi}{n^{2}}\sin(n\pi)+\dfrac{2}{n^{3}}\cos(n\pi)-\dfrac{2}{n^{3}}$；

（13）$\dfrac{1}{1+n^{2}}(\cos(n\pi)(\mathrm{e}^{\pi}-\mathrm{e}^{-\pi})+n\sin(n\pi)(\mathrm{e}^{\pi}+\mathrm{e}^{-\pi}))$；

（14）$\displaystyle\int_{0}^{1}\dfrac{1}{(x^{2}-2)^{2}}\mathrm{d}x=\dfrac{1}{4}\left(1-\dfrac{\sqrt{2}}{2}\ln(\sqrt{2}-1)\right)$；

（15）$\dfrac{8}{3}\ln 2-\dfrac{7}{9}$；

（16）$-88\mathrm{e}+240$.

3.（1）0；（2）0.

4.（1）$f'(x)=\dfrac{3x^{2}}{\sqrt{1+x^{9}}}-\dfrac{\mathrm{e}^{x}}{\sqrt{1+\mathrm{e}^{3x}}}$；

（2）$\dfrac{\mathrm{d}\left[\displaystyle\int_{0}^{1}\sin^{2}(xt)\,\mathrm{d}t\right]}{\mathrm{d}x}=-\dfrac{1}{x^{2}}\displaystyle\int_{0}^{x}\sin^{2}t\,\mathrm{d}t+\dfrac{\sin^{2}x}{x}$.

5.（1）1；

（2）1.

6. 略.

7. 略.

8. 略.

9. 略.

10. $f'(x) = \displaystyle\int_0^x (x-t)g(t)\,\mathrm{d}t.$

11. 略.

12. 略.

13. 略.

14. 略.

15. （1）发散；（2）收敛；（3）收敛；（4）收敛.

16. 略.

17. 略.

18. 略.

19. 略.

参 考 文 献

[1]　林群. 写给高中生的微积分 [M]. 北京：人民教育出版社, 2010.

[2]　张景中. 从数学难学谈起 [J]. 世界科技研究与发展, 1996, 18（2）.

[3]　韩云瑞. 微积分概念解析 [M]. 北京：高等教育出版社, 2007.

[4]　韩云瑞, 扈志明, 张广远. 微积分教程 [M]. 北京：清华大学出版社, 2006.

[5]　李心灿. 微积分的创立者及其先驱 [M]. 3 版. 北京：高等教育出版社, 2007.

[6]　同济大学数学系. 高等数学：上册 [M]. 6 版. 北京：高等教育出版社, 2007.

[7]　PRINT T L. 身边的数学 [M]. 2 版. 北京：机械工业出版社, 2009.

[8]　EDWARDS C H, PENNEY D E. 常微分方程基础：英文版　原书第 5 版 [M]. 北京：机械工业出版社, 2006.

[9]　TAN S T. 应用微积分 [M]. 5 版. 北京：机械工业出版社, 2004.

[10]　王绵森, 马知恩. 工科数学分析基础 [M]. 北京：高等教育出版社, 1999.

[11]　GIORDAND F W. 托马斯微积分：第 10 版 [M]. 叶其孝, 王耀东, 唐兢, 译. 北京：高等教育出版社, 2003.

[12]　柯朗 R, 罗宾 H. 什么是数学 [M]. 左平, 张饴慈, 译. 上海：复旦大学出版社, 2005.

[13]　克莱因 M. 西方文化中的数学 [M]. 张祖贵, 译. 上海：复旦大学出版社, 2005.

[14]　常庚哲, 史济怀. 数学分析教程 [M]. 北京：高等教育出版社, 2003.

[15]　张筑生. 数学分析新讲 [M]. 北京：北京大学出版社, 1990.

[16]　郭镜明, 韩云瑞, 章栋恩. 美国微积分教材精粹选编 [M]. 北京：高等教育出版社, 2012.